Der Kapitelaufbau in Formel M9

Kapitel bearbeitet, abgehakt – und vergessen? Damit das nicht passiert, werden auf den Seiten **Kreuz und quer** frühere Lernbereiche aufgegriffen. Versuche hier ohne Taschenrechner und Formelsammlung zu arbeiten.

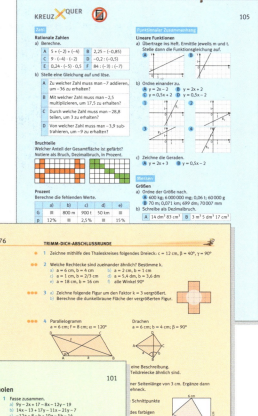

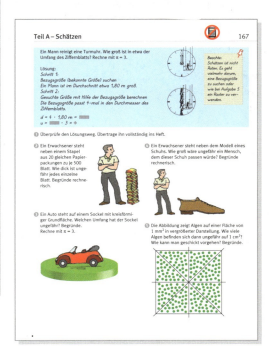

Bist du fit? In den **Trimm-dich-Abschlussrunden** kannst du es testen.

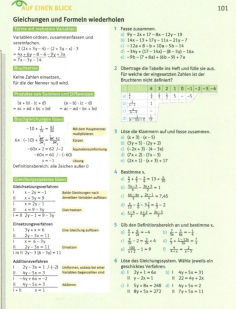

Auf einen Blick: Der Stoff des Kapitels ist jetzt komplett. In unterschiedlichen Anforderungsstufen kannst du dein Wissen und Können vertiefen. Zur Kontrolle findest du die Lösungen ab Seite 191.

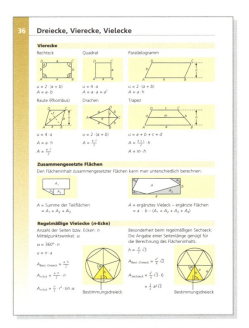

In der 9. Jahrgangsstufe darfst du bei Probearbeiten und beim Quali eine **Formelsammlung** verwenden. Übe rechtzeitig und immer wieder den Umgang damit.

Karl Haubner • Walter Sailer •
Engelbert Vollath • Simon Weidner

FORMEL M9

Mathematik für Mittelschulen

Bearbeitet von Anja Bräu, Kurt Breu, Karl Haubner, Esther Hoffmann, Walter Sailer, Silke Schmid, Anke Schraml-Michl, Irene Träxler, Engelbert Vollath und Simon Weidner

C.C.Buchner
Klett

FORMEL M9
Mathematik für Mittelschulen

Herausgegeben von Karl Haubner, Walter Sailer, Engelbert Vollath und Simon Weidner

Bearbeitet von Anja Bräu, Kurt Breu, Karl Haubner, Esther Hoffmann, Walter Sailer, Silke Schmid, Anke Schraml-Michl, Irene Träxler, Engelbert Vollath und Simon Weidner

Zu diesem Lehrwerk sind erhältlich:
- Formel – neu Lehrerband M9   (Buchner: 8249; Klett: 747601)
- Formelsammlung Mathematik   (Buchner: 6240)

Weitere Materialien finden Sie unter: www.ccbuchner.de
Dieser Titel ist auch als digitale Ausgabe unter www.ccbuchner.de erhältlich.

> Bitte beachten: An keiner Stelle im Schülerbuch dürfen Eintragungen vorgenommen werden. Das gilt besonders für die Lösungswörter und die Leerstellen in Aufgaben und Tabellen.

1. Auflage, 1. Druck 2014
Alle Drucke dieser Auflage sind, weil untereinander unverändert, nebeneinander benutzbar.

Dieses Werk folgt der reformierten Rechtschreibung und Zeichensetzung. Ausnahmen bilden Texte, bei denen künstlerische und lizenzrechtliche Gründe einer Änderung entgegenstehen.

© 2014 C.C.Buchner Verlag, Bamberg und Ernst Klett Verlag GmbH, Stuttgart

Das Werk und seine Teile sind urheberrechtlich geschützt. Jede Verwertung in anderen als den gesetzlich zugelassenen Fällen bedarf der vorherigen schriftlichen Einwilligung des Verlages. Das gilt insbesondere auch für Vervielfältigungen, Übersetzungen und Mikroverfilmungen. Hinweis zu § 52a UrhG: Weder das Werk noch seine Teile dürfen ohne eine solche Einwilligung in ein Netzwerk eingestellt werden. Dies gilt auch für Intranets von Schulen und sonstigen Bildungseinrichtungen.

www.ccbuchner.de
www.klett.de

Redaktion: Sonja Krause

Grafik und Satz: ARTBOX Satz und Grafik GmbH, Bremen
Druck- und Bindearbeiten: creo Druck & Medienservice GmbH, Bamberg

Buchner   ISBN   978-3-7661-**8239**-5
Klett   ISBN   978-3-12-**747600**-2

Inhaltsverzeichnis

Prozent- und Zinsrechnung ... 6, 7
Mit Brüchen rechnen ... 8
Brüche in Prozent umwandeln ... 9
Prozentwert berechnen ... 10
Grundwert berechnen ... 11
Prozentsatz berechnen ... 12
Prozentsätze in Schaubildern darstellen ... 13
Mit der Prozentformel rechnen ... 14
Vermehrten und verminderten Grundwert bestimmen ... 15, 16, 17
Preise mit dem Computer kalkulieren ... 18
Besondere Seite: Promille – Alkohol im Straßenverkehr ... 19
Wachstumsfaktoren verketten ... 20, 21
Jahreszinsen berechnen ... 22, 23
Monats- und Tageszinsen berechnen ... 24
Zinsfaktoren verketten ... 25
Besondere Seite: Familie Lindner kauft ein Haus. ... 26, 27
Zinsfaktoren verketten ... 28
Trimm-dich-Zwischenrunde ... 28
Auf einen Blick: Prozent- und Zinsrechnung wiederholen ... 29, 30, 31
Trimm-dich-Abschlussrunde ... 32

Kreuz und quer ... 33

Potenzen und Wurzeln ... 34, 35
Große Zahlen in Zehnerpotenzen schreiben ... 36
Kleine Zahlen in Zehnerpotenzen schreiben ... 37
Große und kleine Zahlen in Zehnerpotenzen schreiben ... 38
Besondere Seite: Nano bis Giga ... 39
Quadratzahlen und Quadratwurzeln berechnen ... 40
Näherungswerte von Quadratwurzeln ermitteln ... 41
Quadratzahlen und Quadratwurzeln berechnen ... 42
Kubikwurzeln berechnen ... 43
Reinquadratische Gleichungen lösen ... 44, 45
Aufgaben aus der Geometrie lösen ... 46
Trimm-dich-Zwischenrunde ... 46
Auf einen Blick: Potenzen und Wurzeln wiederholen ... 47, 48, 49
Trimm-dich-Abschlussrunde ... 50

Kreuz und quer ... 51

Geometrie 1 ... 52, 53
Geometrisches Zeichnen wiederholen ... 54
Dreiecke unterscheiden und zeichnen ... 55
Vierecke unterscheiden und zeichnen ... 56
Dreiecke und Vierecke zeichnen und berechnen ... 57
Regelmäßige Vielecke zeichnen ... 58, 59
Regelmäßige Vielecke berechnen ... 60
Den Satz des Thales verstehen ... 61
Den Satz des Thales anwenden ... 62
Den Satz des Pythagoras verstehen ... 63
Mit dem Satz des Pythagoras rechnen ... 64

Besondere Seite: Den Satz des Pythagoras beweisen 65
Den Satz des Pythagoras anwenden 66, 67
Den Satz des Pythagoras im Raum anwenden 68
Figuren vergrößern und verkleinern 69
Mit ähnlichen Figuren rechnen 70, 71, 72
Trimm-dich-Zwischenrunde 72
Auf einen Blick: Zeichnen von und Berechnen an Flächen wiederholen .. 73, 74, 75
Trimm-dich-Abschlussrunde 76

Kreuz und quer 77

Gleichungen und Formeln 78, 79
Terme umformen 80, 81
Gleichungen äquivalent umformen 82
Gleichungen mit Brüchen lösen 83
Bruchterme umformen 84
Bruchgleichungen lösen 85, 86
Gleichungen aufstellen und lösen 87, 88
Mit Formeln rechnen 89, 90
Trimm-dich-Zwischenrunde 90
Lineare Gleichungssysteme kennen lernen 91
Das Gleichsetzungsverfahren anwenden 92
Das Einsetzungsverfahren anwenden 93
Das Additionsverfahren anwenden 94
Gleichungssysteme verschiedenartig lösen 95
Gleichungssysteme aufstellen und lösen 96, 97, 98, 99
Trimm-dich-Zwischenrunde 99
Besondere Seite: Die richtige Mischung 100
Auf einen Blick: Gleichungen und Formeln wiederholen 101, 102, 103
Trimm-dich-Abschlussrunde 104

Kreuz und quer 105

Geometrie 2 .... 106, 107
Ansichten von Körpern erkennen und zeichnen 108
Schrägbilder von Pyramide und Kegel zeichnen 109
Volumen von Pyramiden berechnen 110, 111
Besondere Seite: Die Pyramiden von Gizeh 112, 113
Volumen von Kegeln berechnen 114, 115
Oberfläche von Pyramiden berechnen 116
Oberfläche von Kegeln berechnen 117
Regelmäßige Prismen berechnen 118, 119
Größen von Körpern mit dem Computer berechnen 120
Trimm-dich-Zwischenrunde 120
Auf einen Blick: Geometrische Körper wiederholen 121, 122, 123
Trimm-dich-Abschlussrunde 124

Kreuz und quer 125

Funktionen 126, 127
Lineare Funktionen darstellen und berechnen 128, 129, 130
Steigungsfaktoren bestimmen 131
Funktionsgleichungen bestimmen 132, 133
Funktionsgraphen zeichnen 134
Umgekehrt proportionale Funktionen erkennen 135, 136
Umgekehrt proportionale Funktionen darstellen 137
Umgekehrt proportionale Funktionen berechnen 138, 139
Funktionsgleichungen bestimmen 140
Funktionen mit dem Computer bearbeiten 141
Trimm-dich-Zwischenrunde 141
Besondere Seite: Abschlussfahrt nach Wien 142
Auf einen Blick: Funktionen wiederholen 143, 144, 145
Trimm-dich-Abschlussrunde 146

Kreuz und quer 147

Beschreibende Statistik 148, 149
Daten sammeln und aufbereiten 150
Diagramme mit dem Computer erstellen 151
Besondere Seite: Irreführende Diagramme 152
Ranglisten erstellen 153
Mittelwerte und Zentralwerte berechnen 154
Statistische Kennwerte berechnen 155, 156
Trimm-dich-Zwischenrunde 156
Auf einen Blick: Beschreibende Statistik wiederholen 157, 158, 159
Trimm-dich-Abschlussrunde 160

Kreuz und quer 161

Quali-Training 162
Teil A – Gleichungen aufstellen und lösen 163
Teil A – Mit Prozenten rechnen 164
Teil A – Schaubilder lesen 165
Teil A – Aufgaben aus der Geometrie lösen 166
Teil A – Schätzen 167
Teil B – Gleichungen aufstellen und lösen 168, 169
Teil B – Mit Prozenten rechnen 170, 171
Teil B – Mit Zinsen rechnen 172
Teil B – Im Koordinatensystem zeichnen 173
Teil B – Flächen berechnen 174, 175
Teil B – Körper berechnen 176, 177
Teil B – Funktionswerte berechnen 178, 179
Teil B – Statistik auswerten und erstellen 180, 181

Zur Leistungsorientierung 182, 183
Grundwissen 184, 185, 186, 187, 188, 189, 190
Lösungen 191, 192, 193, 194, 195, 196, 197, 198, 199, 200
Stichwortverzeichnis 201
Bildnachweis 202

Prozent- und Zinsrechnung

Das kann ich schon

a) 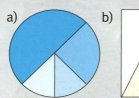 b) 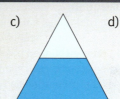 c) d)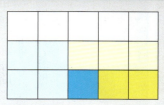

① Bestimme die Bruchteile. Schreibe als Bruch und als Dezimalbruch.

② a) Erweitere die Brüche mit 5: $\frac{1}{2}, \frac{3}{4}, \frac{5}{6}$ b) Kürze soweit wie möglich: $\frac{4}{8}, \frac{18}{24}, \frac{25}{100}$

③ Bestimme zunächst den Hauptnenner und ordne dann die Brüche der Größe nach.
a) $\frac{3}{4}, \frac{7}{10}, \frac{2}{5}$ b) $\frac{18}{27}, \frac{5}{6}, \frac{7}{9}$ c) $\frac{1}{2}, 2\frac{2}{3}, \frac{15}{6}$ d) $1\frac{2}{5}, \frac{17}{10}, 2\frac{3}{20}$

④ Verwandle in Dezimalbrüche bzw. in Brüche und kürze so weit wie möglich.
a) $\frac{57}{20}$ b) $\frac{71}{125}$ c) $4\frac{7}{8}$ d) $\frac{81}{5}$ e) 15,25   f) 14,125   g) 0,85   h) 1,312

⑤ Löse im Kopf.
a) $1\frac{7}{12} - \frac{5}{4}$ b) 0,8 + 2,4   c) $2,4 + 1\frac{4}{10}$ d) $1\frac{2}{7} + 2\frac{3}{14}$ e) $1\frac{5}{10} - 0,8$
f) $\frac{1}{2} \cdot \frac{3}{5}$ g) $2\frac{1}{4} \cdot \frac{1}{3}$ h) $0,2 \cdot 2,5$ i) $90 \cdot \frac{5}{100}$ j) $\frac{9}{10} \cdot 0,2$
k) $\frac{3}{4} : 3$ l) $\frac{3}{4} : 6$ m) $1\frac{1}{5} : 2$ n) $4\frac{8}{12} : 4$ o) $3 : 1\frac{1}{2}$

⑥ Im nebenstehenden Diagramm ist der Stromverbrauch eines Haushalts an einem Werktag dargestellt.
a) Erkläre den hohen Stromverbrauch zu den markierten Zeiten.
b) Berechne den gesamten täglichen Stromverbrauch des Haushalts.

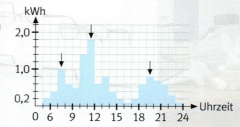

⑦ Löse im Kopf.
a) 6,7 + 1,8   b) 2,05 − 0,9   c) 1,56 · 100   d) 4 : 0,2
   8,2 − 3,5   4,7 + 1,24   7,85 : 10   0,8 · 0,05

⑧ In Windischeschenbach (Nordostbayern) steht die größte Landbohranlage der Welt. Die durchschnittliche Bohrleistung betrug $6{,}2\,\frac{m}{Tag}$. Welche Tiefe wurde nach 100 Bohrtagen erreicht?

⑨ Gib den gefärbten Anteil in Prozent an.
a) b) c) d)

Bei welchen Aufgaben hast du noch Schwierigkeiten? Versuche, diese zu beschreiben.

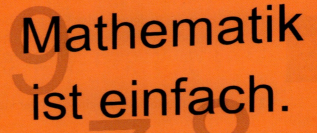

Mathematik ist einfach.

75% +25% = 100%
auf die auf die Rabatt
Fassung Gläser

Bei uns zahlt sich Prozentrechnen aus!

Werbung verspricht manches, aber nicht immer stimmt alles.
- Was würde nämlich 100% Rabatt wirklich bedeuten?
- Wie viel Euro muss man noch zahlen, wenn die Fassung mit 100 € und die Gläser mit 300 € ausgezeichnet sind? Rechne im Kopf. Wie viel % Rabatt sind das?
- Welchen Fehler macht der Werbetexter?
- Was verspricht sich die Firma von solcher Werbung?

Mit Brüchen rechnen

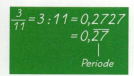
$\frac{3}{11} = 3 : 11 = 0{,}2727$
$= 0{,}\overline{27}$
| Periode

1 a) Erkläre die Bedeutung des Striches über den Ziffern 2 und 7.
b) Verwandle die Brüche in Dezimalbrüche.

$\frac{1}{6}$ $\frac{38}{32}$ $\frac{7}{9}$ $\frac{5}{6}$ $\frac{1}{7}$ $\frac{9}{10}$ $\frac{63}{99}$ $\frac{19}{64}$ $\frac{2}{3}$ $\frac{4}{7}$ $\frac{51}{50}$ $2\frac{1}{16}$ $\frac{13}{4}$ $\frac{21}{28}$ $\frac{10}{33}$

2 Ordne der Größe nach. Beginne mit der kleinsten Zahl. $4{,}25$ $3{,}2$ $\frac{68}{20}$ $\frac{63}{14}$ $4{,}\overline{3}$

3 a) $\frac{4}{5} + \frac{3}{4} - \frac{7}{10}$ b) $6\frac{3}{8} - 2\frac{3}{4} + 5\frac{7}{16}$ c) $8\frac{7}{9} - 6\frac{11}{27}$ d) $5\frac{2}{3} - 2\frac{5}{6}$
e) $1\frac{1}{3} \cdot 2\frac{3}{4}$ f) $2\frac{6}{25} \cdot 3\frac{3}{4}$ g) $2\frac{3}{10} \cdot 3\frac{3}{4}$ h) $3\frac{4}{7} : 5$ i) $2\frac{1}{2} : \frac{1}{4}$

– Komma unter Komma
– Fehlende Endziffern ergänzen
– Ganze Zahlen umwandeln

4 Überschlage, schreibe untereinander und addiere bzw. subtrahiere. Überprüfe dein Ergebnis mit dem Taschenrechner.
a) $7{,}045 + 4{,}817 + 128{,}0034 + 18{,}461$
b) $50{,}501 - 24{,}05 - 2{,}020202 - 18{,}989$
c) $110{,}75 - 80{,}325 + 40{,}7325$

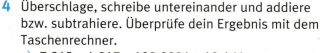

5 Rechne möglichst vorteilhaft.
a) $3{,}7 - 2\frac{1}{8} - \frac{3}{10}$ b) $9{,}75 - \frac{3}{4} + \frac{17}{25}$ c) $1{,}01 + \frac{5}{2} + 0{,}1$ d) $10{,}8 - \frac{3}{4}$

6 Überschlage vorher, rechne und überprüfe mit dem Taschenrechner.
a) $42{,}05 \cdot 1{,}7$ b) $52{,}4 \cdot 3{,}05$
c) $7{,}36 \cdot 2{,}08$ d) $10{,}06 \cdot 0{,}999$
e) $146{,}2 \cdot 1{,}88$ f) $5{,}51 \cdot 1{,}55$
g) $17{,}3 \cdot 0{,}084$ h) $0{,}37 \cdot 1{,}0042$
i) $0{,}092 \cdot 76{,}5$ j) $0{,}87 \cdot 26{,}2$
k) $0{,}045 \cdot 0{,}6$ l) $0{,}98 \cdot 0{,}19$

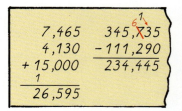

– Stellen im Ergebnis von rechts abstreichen

7 a) $\frac{2}{7} \cdot 1{,}5 - \frac{12}{21} \cdot 0{,}25$ b) $(\frac{7}{8} \cdot 3\frac{1}{7} - 2{,}5) \cdot 12{,}06$ c) $5\frac{3}{4} \cdot 2\frac{1}{2} - 2 \cdot 1\frac{1}{8}$
d) $2\frac{1}{4} + (2{,}8 - \frac{3}{4}) \cdot 0{,}11$ e) $24\frac{4}{5} - (17{,}08 - 3\frac{3}{8} \cdot \frac{4}{5})$ f) $(3\frac{7}{10} \cdot 2 - 1{,}1) \cdot 0{,}1$

8 Löse im Kopf.
a) $3{,}5 : 0{,}7$ b) $15 : 0{,}2$ c) $3{,}6 : 0{,}02$ d) $0{,}3 \cdot 0{,}5$ e) $0{,}6 : 2$
f) $0{,}45 : 15$ g) $1 : 0{,}5$ h) $1{,}5 \cdot 0{,}5$ i) $8{,}8 : 4$ j) $2{,}5 \cdot 4$

– Teiler in ganze Zahl verwandeln
– Komma beim Überschreiten setzen

9 a) $207{,}42 : 6$ b) $108 : 0{,}4$ c) $274{,}5 : 0{,}9$
d) $31{,}4 : 8$ e) $3{,}77 : 1{,}45$ f) $11{,}52 : 0{,}45$

10 Jeweils drei Aufgaben haben dasselbe Ergebnis.
a) $10{,}5 : 2$ b) $1050 : 200$ c) $105 : 0{,}2$
d) $105 : 20$ e) $10{,}5 : 0{,}02$ f) $1050 : 2$

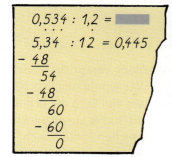

11 Rechne mit Brüchen oder Dezimalbrüchen.
a) $4\frac{1}{8} : 3\frac{8}{9} \cdot 2{,}8$ b) $1\frac{1}{3} \cdot 0{,}6 : \frac{8}{9}$ c) $1\frac{3}{4} \cdot 0{,}2 : \frac{1}{2}$
d) $1\frac{1}{6} : 3{,}6 \cdot 2{,}1$ e) $2{,}9 \cdot \frac{4}{5} : 0{,}8$ f) $1{,}3 : \frac{4}{3} \cdot 0{,}6$

Brüche in Prozent umwandeln

1 Das Schaubild zeigt die häufigsten Unfallursachen bei Pkw-Unfällen mit Personenschaden bezogen auf 100 Unfälle.
  a) Erkläre das Schaubild und gib in Prozenten an (z.B. 16 von 100 = $\frac{16}{100}$ = 16%).
  b) Wie viel Prozent treffen auf sonstige Ursachen zu?

Fehlverhalten der Fahrzeugführer bei Unfällen mit Personenschaden im Straßenverkehr 2012

Ursache	Anzahl
Abbiegen, Wenden, Rückwärtsfahren, Ein- und Anfahren	16
Vorfahrt, Vorrang	15
Geschwindigkeit	14
Abstand	12
Falsche Straßenbenutzung	7
Falsches Verhalten gegenüber Fußgängern	5
Alkoholeinfluss	4
Überholen	4
Sonstige Ursachen	

2 Vergleiche die Anteile und drücke in Prozenten aus.

> 30 € von 120 €
> = $\frac{30}{120}$ = $\frac{1}{4}$ = $\frac{25}{100}$ = 25%
> 30 € von 120 € sind 25%.
> 25% von 120 € sind 30 €.

  a) 14 € von 56 €
  b) 42 kg von 60 kg
  c) 23 km von 115 km
  d) 60 t von 50 t
  e) 300 m² von 120 m²
  f) 99 m³ von 66 m³

3 Löse mündlich wie im Beispiel.

	Bsp.	a)	b)	c)	d)	e)	f)	g)	h)	i)
gekürzter Bruch	$\frac{11}{25}$							$\frac{3}{4}$	$\frac{2}{5}$	
Hundertstelbruch	$\frac{44}{100}$	$\frac{25}{100}$	$\frac{60}{100}$							$\frac{95}{100}$
Dezimalbruch	0,44			0,85	0,20					
Prozent	44%					50%	12%			

> Anteile werden oft in Prozent (%) angegeben:
> $\frac{1}{100}$ = 0,01 = 1%
> Das Ganze hat 100%.

4 Lies die Anteile als Bruch, Dezimalbruch und Prozentsatz ab.

> $\frac{3}{4}$ = $\frac{75}{100}$ = 0,75 = 75%
> $\frac{1}{4}$ = $\frac{25}{100}$ = 0,25 = 25%

a)   b)  c)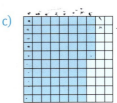

5 Schreibe als Dezimalbruch.

> 13,4% = $\frac{13,4}{100}$ = $\frac{134}{1000}$ = 0,134

  a) 24,7%   b) 35,1%   c) 42,7%   d) 50,5%
  e) 0,3%   f) 5,2%   g) 92,8%   h) 102,4%

6 Gib in Prozenten an.

> 0,048 = $\frac{48}{1000}$ = $\frac{4,8}{100}$ = 4,8%

  a) 0,055   b) 0,103   c) 0,244   d) 0,421
  e) 0,541   f) 0,888   g) 1,026   h) 1,149

7 Rechne wie im Beispiel.

> 4,7% = 0,047
> 0,025 = 2,5%

  a) 3,2%   b) 22,1%   c) 105,5% d) 4,08%   e) 220,2%
  f) 0,115   g) 1,15   h) 0,1   i) 0,001   j) 0,005

8 Gib in Prozenten mit einer Kommastelle an.

> 2 von 7 = $\frac{2}{7}$
> 2 ÷ 7 = 0.2857 1
> ≈ 0,286 = 28,6%

  a) 5 von 130   b) 24 von 103   c) 3,5 von 42,5
  d) 4,18 von 42,5 e) 17 von 275   f) 96 von 156
  g) 7,9 von 42,5   h) 27,4 von 42,5 i) 18 von 52
  j) 25 von 60   k) 3,7 von 5   l) 45 von 80

Prozentwert berechnen

Prozentwert berechnen

Dreisatz	Operator	Formel
100 % ≙ 119,90 € 1 % ≙ 119,90 € : 100 = 1,199 € 20 % ≙ 1,199 € · 20 = 23,98 €	· $\frac{20}{100}$ 119,90 € → 23,98 € · 0,20	$G \cdot \frac{p}{100} = P$ 119,90 € · $\frac{20}{100}$ = P 23,98 € = P

1 a) Was wird jeweils berechnet? Erkläre die Rechenwege.
  b) Finde zu den Abbildungen weitere Aufgaben und berechne verschiedenartig.

Lösungen zu 2 und 3

46,008	80,984
19,24	83,04
239,274	481
900	121
3,43	116,40
1909,24	115,02
141,12	110,16
238	237,60

2 a) 3,7 % von 520 ha   b) 10,8 % von 426 l   c) 17,3 % von 480 t
  d) 42,2 % von 567 m²   e) 19,1 % von 424 kg   f) 2,6 % von 18 500 m³

3

16,4 % von 5840 € = P
5840 · $\frac{\square}{100}$ = P
$\frac{5840 \cdot 16,4}{\square}$ = P
5840 · ▓ = P
58,40 · ▓ = P

Welcher Rechenweg ist hier aufgezeigt? Erkläre und berechne ebenso.
a) 15,3 % von 720 €   b) 80,9 % von 2360 €
c) 14,7 % von 960 €   d) 3,5 % von 98 €
e) 35,5 % von 324 €   f) 110 % von 110 €
g) 99 % von 240 €   h) 119 % von 200 €
i) 97 % von 120 €   j) 250 % von 360 €

4 Bayern ist etwa 70 500 Quadratkilometer groß.
Die Waldfläche beträgt ungefähr 36 %.
Wie groß ist Bayerns Waldfläche?

Lösungen zu 5

187,94	1 425,90
116,40	

5 a) Frau Huber müsste für ihr Auto halbjährlich 291 € Versicherung bezahlen. Da sie bisher unfallfrei gefahren ist, beträgt der Beitragssatz nur noch 40 %.
  b) Für seinen neuen Pkw muss Herr Schütze als Führerscheinneuling 245 % des normalen Tarifbeitrags von 582 € im Jahr bezahlen.
  c) Der Beitragssatz von Herrn Schulz wurde wegen eines Unfalls von 120 % auf 155 % erhöht. Der bisherige Tarifbeitrag betrug vierteljährlich 145,50 €.

6

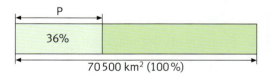

12,5 % von 492 €
Tastenfolge:
Peter: [492] [×] [12.5] [:] [100] [=]
Petra: [492] [×] [0.125] [=]

Vergleiche die Lösungswege und berechne möglichst vorteilhaft. Wenn nötig, runde sinnvoll.
a) 15,8 % von 190 m²   b) 13,4 % von 2,5 t
c) 23,2 % von 75 hl   d) 110,5 % von 42,50 €
e) 119 % von 290 €   f) 200,5 % von 9,90 l

Grundwert berechnen

Bei Barzahlung 15% Nachlass
Wir schenken Ihnen 99 €!

Bei Barzahlung 5% Nachlass
Wir schenken Ihnen 2 €!

Grundwert berechnen

Dreisatz	Operator	Formel
15% ≙ 99 €	$:\frac{15}{100}$	$G = P \cdot \frac{100}{p}$
1% ≙ 99 € : 15 = 6,60 €	99 € → 660 €	$G = 99 € \cdot \frac{100}{15}$
100% ≙ 6,60 € · 100 = 660 €	: 0,15	G = 660 €

1 a) Was wird jeweils berechnet? Erkläre die Rechenwege.
b) Berechne auch den Preis für den Helm verschiedenartig.

2 a) 9,7% von ■ sind 50,44 € b) 19,1% ≙ 23,493 kg c) 23,8% von ■ sind 119 m²
d) 37,4% ≙ 124,542 km e) 4% von ■ sind 89 l f) 19% ≙ 418 €

Lösungen zu 2

123	333
2200	520
500	2225

3

Last-minute-Reise
2 Wochen Kreta: 660 €
60% des Katalogpreises

Frau Fröhlich nimmt nebenstehendes Angebot wahr und macht 2 Wochen Urlaub auf Kreta. Wie viel hätte sie bezahlen müssen, wenn sie aus dem Katalog gebucht hätte?

4 Berechne jeweils den Grundwert (G).
a) G = · 57,2% ⇒ 286 m   b) G = · 43,4% ⇒ 303,8 dm   c) G = · 0,5% ⇒ 3 cm

5 a) Bei einer Verkehrskontrolle werden bei 15% (20,5%) der überprüften Fahrzeuge Mängel festgestellt. 36 (41) Fahrzeuge wurden beanstandet.
b) Eine Feuerversicherung übernimmt 90% (75%) des entstandenen Schadens. Sie zahlt 58 500 € (183 750 €) aus.

Lösungen zu 4 bis 6

500	600
700	240
65 000	200
1 010	245 000
850	512,12
901,25	409,33
1275,31	

6 3,2% von G sind 40,81 €.
Tastenfolge:
Stefan: 40.81 : 0.032 =
Tanja: 40.81 : 3.2 × 100 =
Martin: 40.81 × 100 : 3.2 =
Sven: 4081 : 3.2 =

Vergleiche die Lösungswege und berechne möglichst vorteilhaft. Wenn nötig, runde sinnvoll.
a) 7,3% von G sind 73,73 €.
b) 9,4% von G sind 79,90 €.
c) 82,4% von G sind 421,99 €.
d) 0,8% von G sind 7,21 €.
e) 118,2% von G sind 483,83 €.

12   Prozentsatz berechnen

Wachstum der Weltbevölkerung
in Milliarden Menschen

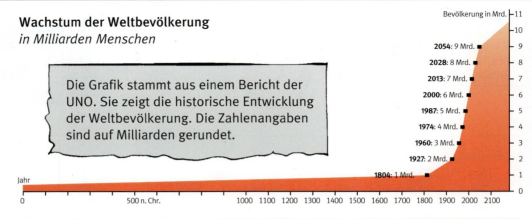

Die Grafik stammt aus einem Bericht der UNO. Sie zeigt die historische Entwicklung der Weltbevölkerung. Die Zahlenangaben sind auf Milliarden gerundet.

Prozentsatz berechnen

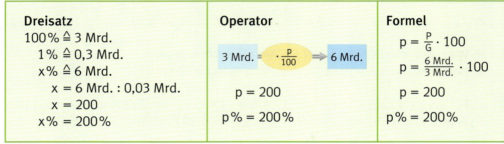

Dreisatz	Operator	Formel
100 % ≙ 3 Mrd. 1 % ≙ 0,3 Mrd. x % ≙ 6 Mrd. x = 6 Mrd. : 0,03 Mrd. x = 200 x % = 200 %	3 Mrd. = · $\frac{p}{100}$ ⇒ 6 Mrd. p = 200 p % = 200 %	$p = \frac{P}{G} \cdot 100$ $p = \frac{6\,\text{Mrd.}}{3\,\text{Mrd.}} \cdot 100$ p = 200 p % = 200 %

1   a) Was wird jeweils berechnet? Erkläre die Rechenwege.
     b) Berechne verschiedenartig, um wie viel Prozent die Weltbevölkerung zwischen 1960 und 2013 gestiegen ist.

2   Gib den Anteil in Prozent an. Rechne im Kopf.
     a) 6 m von 24 m   b) 18 l von 90 l   c) 150 g von 150 g   d) 9 m³ von 72 m³

Lösungen zu 2

100	12,5
20	25

3   Löse verschiedenartig.
     a) 57,96 € von 4 830 €   b) 540 km ≙ 100 %; 621 km ≙ x %

4   Gib in Prozentsätzen mit einer Kommastelle an. Benutze den Taschenrechner.

	a)	b)	c)	d)	e)	f)	g)	h)
Grundwert G	375 hl	120,50 €	18 m	2,7 a	12,4 hl	47,25 €	13,7 m	3,95 a
Prozentwert P	94 hl	37,24 €	7,4 m	1,1 a	98 l	46 Ct	71 cm	42 m²

5   Die Ergebnisse der Klassensprecherwahl der Klasse 9a stehen an der Tafel. Wie viel Prozent der Stimmen entfielen auf Uli, wie viel auf Jenny und wie viel auf Mike?

Uli	⌿⌿⌿⌿ I
Jenny	⌿⌿⌿⌿ III
Mike	⌿⌿⌿⌿ ⌿⌿⌿⌿ I

Lösungen zu 6

85	65
76,8	52
4	75
72,4	5
80	79,2
30	44

6   a) Von 420 (350) untersuchten Mofas hatten 273 (182) Fahrzeuge keine, 126 (154) leichte Mängel. Der Rest musste sofort aus dem Verkehr gezogen werden. Berechne die prozentualen Anteile.
     b) 153 (192) von 180 (250) überprüften Mofafahrern trugen einen Sturzhelm, 135 (181) hatten ihren Versicherungsnachweis, 144 (198) ihre Fahrerlaubnis dabei.

Prozentsätze in Schaubildern darstellen

1 Die Tabelle enthält das Ergebnis einer Verkehrszählung.

Fahrzeugart	Lkw	Pkw	Sonstige
Anteil	15%	75%	10%

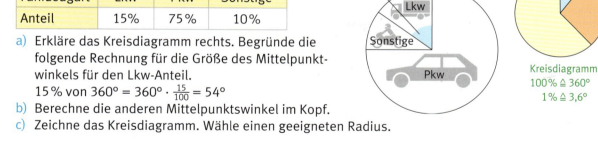

Kreisdiagramm
100% ≙ 360°
1% ≙ 3,6°

a) Erkläre das Kreisdiagramm rechts. Begründe die folgende Rechnung für die Größe des Mittelpunktwinkels für den Lkw-Anteil.
15% von 360° = 360° · $\frac{15}{100}$ = 54°
b) Berechne die anderen Mittelpunktswinkel im Kopf.
c) Zeichne das Kreisdiagramm. Wähle einen geeigneten Radius.

2 Deutschland umfasst 16 Bundesländer. Das Kreisdiagramm veranschaulicht die prozentuale Verteilung der Bevölkerung. Mithilfe der Bevölkerungszahl von Deutschland (ca. 80 Mio. im Jahr 2013) und den prozentualen Anteilen kannst du die Einwohnerzahlen der einzelnen Bundesländer berechnen.
Beispiel: Bayern $P = G \cdot \frac{p}{100}$ $P = 82\,000\,000 \cdot \frac{15,3}{100}$ P =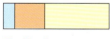

Bremen 0,8%
Schleswig-Holstein 3,5%
Hamburg 2,2%
Mecklenburg-Vorpommern 2,0%
Berlin 4,2%
Brandenburg 3,1%
Sachsen 5,1%
Sachsen-Anhalt 2,9%
Thüringen 2,7%
Hessen 7,4%
Rheinland-Pfalz 4,9%
Saarland 1,2%
Niedersachsen 9,7%
Nordrhein-Westfalen 21,8%
Bayern 15,3%
Baden-Württemberg 13,2%

3 a) Lies die prozentualen Anteile der einzelnen Flächen ab und berechne ihre Größen in km².

Waldfläche — Landwirtschaftsfläche
Gebäude- und Freifläche
Sonstige Fläche
Verkehrsfläche

Deutschland hat eine Fläche von rund 357 000 km².

Streifendiagramm
Gesamtlänge ≙ 100%

b) Stelle den Sachverhalt in einem Kreis- und in einem Säulendiagramm dar.

4 Das nebenstehende Säulendiagramm zeigt die Auswertung einer Schülerbefragung zum PC-Einsatz. Mehrfachnennungen waren dabei nicht zulässig.
a) Lies die prozentualen Anteile ab.
b) Stelle die Befragung in einem Streifen- und in einem Kreisdiagramm dar.
c) Führt an eurer Schule ebenfalls eine Befragung durch und veranschaulicht die Ergebnisse.

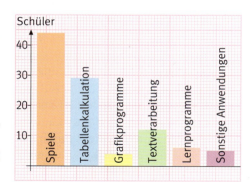

Säulendiagramm

Mit der Prozentformel rechnen

Formeln zur Prozentrechnung

Prozentwert gesucht
$$P = G \cdot \frac{p}{100} = \frac{G \cdot p}{100}$$
geg: $G = 4280$ €
$p = 12,5\%$
ges: P

$P = \frac{4280 \cdot 12,5}{100} = 535$ (€)

Grundwert gesucht
$$G = P \cdot \frac{100}{p} = \frac{P \cdot 100}{p}$$
geg: $P = 384$ €
$p = 19,2\%$
ges: G

$G = \frac{384 \cdot 100}{19,2} = 2000$ (€)

Prozentsatz gesucht
$$p = \frac{P \cdot 100}{G}$$
geg: $G = 750$ €
$P = 225$ €
ges: p

$p = \frac{225 \cdot 100}{750} = 30$ (%)

1 Erkläre die obigen Formeln sowie Rechnungen. Vergleiche mit der Formelsammlung.

2

	a)	b)	c)	d)	e)	f)	g)
Grundwert	425 m²	■	3 270 €	816 l	1 604 t	■	1 500 g
Prozentsatz	■	24 %	■	25 %	75 %	12 %	14 %
Prozentwert	80,75 m²	289,68 m	1 046,40 €	■	■	180 €	■

Lösungen zu 3, 4 und 5

102	24,32
112	68,4 %
36	170
28	700
7	40
196	250
1 500	40

Schema Textaufgabe:
Geg.: ...
Ges.: ...
Formel: ...
Rechnung: ...
Antwort: ...

3 Bestimme, was gegeben und gesucht ist und löse mit der entsprechenden Formel.
a) Herr Greiner ist im Außendienst beschäftigt. In einem Jahr fährt er mit seinem Pkw 38 600 km, davon aus beruflichen Gründen 26 400 km.
b) Bernd muss 128 € zuzüglich 19 % MwSt. für die Reparatur seines Computers bezahlen.
c) Ein Wohnwagen, der in der Hauptsaison täglich für 160 € vermietet wird, kostet in der Vorsaison nur 70 % des Hauptsaisonpreises.
d) Ein Betrieb plant, innerhalb eines bestimmten Zeitraums 425 Beschäftigte einzusparen. Davon gehen 24 % der Mitarbeiter in den Ruhestand und 153 Beschäftigte in den Vorruhestand. Der Rest sind Entlassungen.

4 Familie Kurz stehen für die monatlichen Ausgaben 2 800 € zur Verfügung. Dieser Betrag wird in nebenstehende vier Bereiche aufgeteilt.
a) Berechne die in der Tabelle fehlenden €-Beträge und Prozentsätze.
b) Erstelle ein Kreisdiagramm (r = 5 cm).

Bereich	€	%
Wohnen	784	■
Nahrung und Kleidung	1 120	■
Fahrtkosten	■	■
Sonstiges und Rücklagen	■	25

5 Eine Firma wirbt in einer Zeitung mit einer Anzeige für ein neues Handy. Die Zeitung hat eine Auflage von 125 000. Die Geschäftsleitung schätzt, dass 40 % aller Zeitungsleser auch die Anzeige lesen und 0,5 % davon ein Handy kaufen.
a) Mit wie vielen Käufern durch die Anzeige rechnet die Firma?
b) Lohnt sich die Werbung, wenn die Firma pro Handy 12 € Gewinn erzielt und die Anzeige 1 500 € kostet?

Vermehrten und verminderten Grundwert bestimmen

Eine Autofirma hat die Preise für diese Modelle um 2% erhöht.

Eine andere Autofirma beabsichtigt wegen des bevorstehenden Modellwechsels die Preise um 5% zu senken.

1 Erkläre die Grafiken und Rechenwege im Kasten.

Grundwert 100%	Erhöhung 2%	Grundwert 100%	
Endwert 102%		Endwert 95%	Nachlass 5%

Vermehrter Grundwert
Preis   24 500 €
Erhöhung
2% von 24 500 €   490 €
neuer Preis   24 990 €

Preis – Wachstumsfaktor → neuer Preis
24 500 €   ·1,02   24 990 €

Verminderter Grundwert
Preis   35 000 €
Nachlass
5% von 35 000 €   1750 €
neuer Preis   33 250 €

Preis – Wachstumsfaktor → neuer Preis
35 000 €   ·0,95   33 250 €

Vermehrter Grundwert

Verminderter Grundwert

Wachstumsfaktor

2 Mit welchem Wachstumsfaktor müsste man rechnen?
Erhöhung 8% (12%, 15%, 33%, 45%, 50%, 100%, 150%, 200%)
Nachlass 7% (14%, 21%, 42%, 49%, 50%, 55%, 60%, 75%)

3 Gib den Prozentsatz zur direkten Berechnung des Endwertes an.
19% MwSt.; 7,4% Rabatt; 2% Skonto; 100% Verteuerung; $11\frac{1}{2}$% Abzug;
7% MwSt.; 11,8% Zuschlag; $33\frac{1}{3}$% Nachlass; 6,2% Erhöhung; 25% Aufschlag

4 Berechne für die angegebenen Verkaufspreise die Endpreise einschließlich Mehrwertsteuer in Euro. Rechne in einem Schritt.
   a) 6 400 €   b) 4 800 €   c) 380 €   d) 12 200 €

5 Berechne die neuen Preise bei 2% Skonto jeweils in einem Schritt.
   a) 4 600 €   b) 7 100 €   c) 24 200 €   d) 18 400 €

Lösungen zu 4 bis 5

5 712	14 518
6 958	4 508
452,20	18 032
23 716	7 616

6 Der Grundwert beträgt 320 € (445 €, 1 090 €). Berechne den Endwert.
   a) 7,6% Rabatt   b) 4,2% Verteuerung   c) 19% Aufschlag
   d) 2% Skonto   e) 12,8% Abzug   f) 23,8% Erhöhung

7 Vermindere die Zahl 4 000 um 3%, das Ergebnis um 15,2% und dieses Ergebnis um 7,8%. Vermehre nun den Endwert um 26%. Warum erhältst du nicht wieder die Zahl 4 000, obwohl die Summe aus 3%, 15,2% und 7,8% genau 26% ergibt?

Vermehrten und verminderten Grundwert bestimmen

1 Frau Schell kauft eine neue Küche für 8 495 €. Dazu kommen noch 19% Mehrwertsteuer. Sie zahlt die Rechnung sofort und kann daher vom Rechnungsbetrag 3% Skonto abziehen. Erkläre die Rechnung mit Hilfe der Faktorenkette.

Faktorenkette

Preis		Rechnungsbetrag		Überweisungsbetrag
8 495 €	· 1,19 →	10 109,05 €	· 0,97 →	9 805,78 €

2 Ein Importeur berechnet seinen Verkaufspreis, indem er den Einkaufspreis um 30% erhöht. Bei Barzahlung gewährt er 3% Skonto. Berechne für folgende Einkaufspreise den Barzahlungsbetrag. Runde auf Cent.
a) 425 €   b) 132 €   c) 220 €   d) 448 €   e) 686,50 €   f) 1 200 €

Lösungen zu 3

872,81	12,94
920	166,13

3 Runde jeweils sinnvoll.
a) Frau Klier erhält einmal eine Lohnerhöhung um 1,8%, dann noch einmal um 2,5%. Ihr alter Stundenlohn betrug 12,40 €.
b) Eine Waschmaschinenreparatur kostet ohne Mehrwertsteuer 142,45 €. Es können nur 2% Skonto abgezogen werden.
c) Bei Bezahlung einer Rechnung über 937,50 € innerhalb von 10 Tagen darf ein Kunde 5% Prozent Rabatt und 2% Skonto abziehen.
d) Durch zwei Werbeaktionen konnte der Schwimmverein seine Mitgliederzahl um zunächst 18% steigern, dann um 20%. Bisher waren es 650 Mitglieder.

4 Auf Motorräder zu je 7 400 € gibt es beim Ausverkauf 18% Rabatt. Herr Lang und Herr Brauer erhalten als Firmenangehörige zusätzlich 10% Personalrabatt.
a) Erkläre die beiden Rechenwege. Wer hat Recht?
   Herr Lang: 7 400 € · 0,72 = ▬ €
   Herr Brauer: 7 400 € · 0,82 = ▬ €
                        ▬ € · 0,90 = ▬ €
b) Wie viel müssten die Firmenangehörigen bezahlen, wenn erst der Personalrabatt und dann der Ausverkaufsrabatt abgezogen würde?

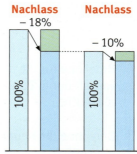

Erst Verminderung, dann Vermehrung!

5 Jennys Vater arbeitet in einem Computergeschäft. Er kauft für Jenny einen neuen Laptop. Auf den Laptop von 985 € (ohne MwSt.) erhält er 20% Rabatt, hinzu kommt noch die MwSt. mit 19%.
a) Welcher Rechenweg führt zum Endpreis?

   | 985 € · 0,01 = ▬ € | 985 € · 1,20 · 1,19 = ▬ € | 985 € · 0,80 · 1,19 = ▬ € |

b) Wie viel hätte Jenny als Kunde bezahlen müssen und wie viel spart sie?
c) Wie viel Prozent des regulären Endpreises spart Jenny durch Vaters Kauf?
d) Wie viel hätte Jennys Vater bezahlen müssen, wenn er 16% Rabatt erhält?

Vermehrten und verminderten Grundwert bestimmen

1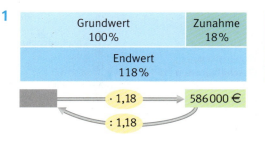

Ein Autohaus konnte seinen Umsatz in diesem Jahr um 18% steigern. Er stieg auf 586 000 €. In der Filiale nahm der Umsatz um 20% auf 380 000 € gegenüber dem Vorjahr ab. Wie hoch war jeweils der Umsatz (Grundwert) im Vorjahr?

2

	a)	b)	c)	d)	e)	f)
Grundwert	180 €	310 €	480 €	■	■	■
Erhöhung in %	19	–	■	–	■	–
Minderung in %	–	22	–	17	–	■
Prozentfaktor	■	■	■	■	123%	82%
Endwert	■	■	513,60 €	1 162 l	4 797 kg	4 100 m³

3 Der Sturmschaden an einem Haus beläuft sich auf 23 770 €. Die Versicherung erstattet davon 16 639 €. Wie viel Prozent des Schadens trägt die Versicherung?

4 Durch Lufttrocknung verliert ein Festmeter Eiche 28% seines ursprünglichen Gewichtes und wiegt nun 0,75 t. Wie viel wiegt ein frisch geschlagener Festmeter?

Lösungen zu 3 bis 7

2	70
19,74	7 010,31
52,4	1,2
1,042	.

5 Durch gezieltes Recycling, z.B. durch Kompostierung von Küchenabfällen, konnte eine Familie ihren wöchentlichen Müll von 105 l auf 50 l senken. Wie viel Prozent beträgt die Minderung?

6 Frau Schmitt erhielt brutto 2 437,50 €. Durch eine Gehaltserhöhung verdient sie nun 2 486,25 €.
  a) Berechne die prozentuale Erhöhung.
  b) Wie viel verdient sie nun netto mehr, wenn ihre Abzüge vorher 34% ausgemacht haben und nun auf 34,5% gestiegen sind?
  c) Wie viel Prozent beträgt die Gehaltserhöhung bezüglich der Nettoeinkommen?

7 Beim Kauf eines Jugendzimmers stellt ein Käufer wertmindernde Schäden fest. Er erhält 15% Preisnachlass und 3% Skonto und bezahlt 5 780 €.

8 Der Waschmittelhersteller wirbt damit, dass sein Feinwaschmittel jetzt 10% mehr Inhalt hat und der Preis um 20% reduziert wurde. Frau Fuchs findet dies einfach klasse: „Die Ersparnis beträgt 30%." Was meinst du dazu?

Preise mit dem Computer kalkulieren

Die Preiskalkulation enthält mehrfache prozentuale Veränderungen, die sich auf jeweils neue Grundwerte beziehen.

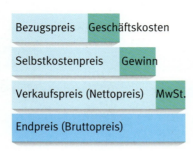

Kalkulationsschema:
- Bezugspreis | Geschäftskosten
- Selbstkostenpreis | Gewinn
- Verkaufspreis (Nettopreis) | MwSt.
- Endpreis (Bruttopreis)

	A	B	C
1			Taschenrechner
2	Bezugspreis		9,98
3	Geschäftskosten (15%)	0,15	=C2*B3
4	Selbstkosten		=C2+C3
5	Gewinn (25%)	0,25	
6	Verkaufspreis		=C4+C5
7	MwSt. (19%)	0,19	=C6*B7
8	Endpreis		

1 a) Ein Büromarkt bezieht einen Posten Taschenrechner. Mithilfe des obigen Kalkulationsblattes berechnet der Händler den Auszeichnungspreis des Taschenrechners. Erstelle das Rechenblatt und ergänze die fehlenden Formeln.

b) Ein Auszubildender hat zur Preisberechnung des Taschenrechners ebenfalls ein Rechenblatt entworfen: Begründe, warum diese Kalkulation ebenfalls zum richtigen Endpreis führt. Was geschieht, wenn sich die Geschäftskosten um 1% erhöhen und die MwSt. bei einem Produkt nur 7% beträgt?

	A	B
1		Taschenrechner
2	Bezugspreis	9,98
3	Geschäftskosten (15%)	=B2*0,15
4	Selbstkosten	= B2+B3
5	Gewinn (25%)	=B4*0,25
6	Verkaufspreis	=B4+B5
7	MwSt. (19%)	=B6*0,19
8	Endpreis	=B6+B7

Lösungen zu 1c und d

0,87	85,36
1 043,09	0,09

c) Berechne auf dem gleichen Weg die Endpreise für Bürostühle (Bezugspreis: 49,90 €), Bleistifte (Bezugspreis: 0,05 €) und Schreibtische (Bezugspreis: 639,00 €).

d) Zu welchem Bezugspreis kann der Büromarkt Notizblöcke einkaufen, wenn sie für 1,49 € verkauft werden?

Lösungen zu 2 und 3

1 331,69	2 449,88

2 Das Rechenblatt zeigt die Kalkulation für ein Mofa. Die Zellen C3 bis C12 mit Formeln sind markiert. Gib das Rechenblatt mit den entsprechenden Formeln in deinen Computer ein. Berechne den Barzahlungspreis für ein Mofa vom Typ „Superdrive", welches der Händler für 1 365 € bezogen hat. Verwende für Spalte C das Format „Währung".

	A	B	C
1			Mofa
2	Bezugspreis		1.199,00 €
3	Geschäftskosten	20%	239,80 €
4	Selbstkosten		1.438,80 €
5	Gewinn	35%	503,58 €
6	Verkaufspreis		1.942,38 €
7	Rabatt	5%	97,12 €
8	Ermäßigter Verkaufspreis		1.845,26 €
9	MwSt.	19%	350,59 €
10	Endpreis		2.195,85 €
11	Skonto	2%	43,41 €
12	Barzahlungspreis		2.151,94 €

3 Ein Elektrohändler bietet Stereoanlagen an. Er kalkuliert dabei mit 15% Geschäftskosten, 20% Gewinn, 5% Rabatt und 3% Skonto. Wie teuer ist der Barzahlungspreis für eine Anlage, wenn der Bezugspreis 880 € betrug? Lege ein Rechenblatt für eine Tabellenkalkulation an.

Promille: Alkohol im Straßenverkehr

Was sind Promille?
Sehr kleine Anteile gibt man in **Promille (‰)** an. Die Bezeichnung Promille kommt vom Lateinischen „pro mille" (für Tausend).
Ein Ganzes sind 1000‰.
1 Promille (1‰) ist ein Tausendstel des Ganzen.
$1‰ = \frac{1}{1000} = 0{,}001 \quad 1{,}2‰ = \frac{1{,}2}{1000} = 0{,}0012$

Bei einer Polizeikontrolle werden bei einem Mofafahrer 1,2 Promille gemessen.

Welchen Anteil misst die Polizei in Promille?
Die Polizei misst die Menge Alkohol, die eine Person im Blut hat. 1,2 Promille bedeuten, dass 1,2/1000 der Blutflüssigkeit Alkohol sind. In einem Liter (1000 ml) „Blut" sind also 1,2 ml Alkohol enthalten.

Sind 1,2 Promille Alkohol im Blut zu viel?
Bereits bei 0,5‰ Alkoholgehalt im Blut sind manche Personen fahruntüchtig.
Bei Werten über 0,5‰ ist Fahren unter Alkohol in Deutschland strafbar. Bei einem Unfall bewirkt jeder nachweisbare Alkoholgehalt eine Mitschuld.

1 Wie viele ml Alkohol dürfen sich also maximal in einem Liter Blut befinden, um nicht als fahruntüchtig zu gelten?

Kein Alkohol am Steuer!

2 Die Blutmenge des Menschen beträgt durchschnittlich 70 ml/kg.
   a) Wie groß ist das Blutvolumen einer 65 kg schweren Mofafahrerin? Gib die Lösung in ml und l an.
   b) Wie viele ml reinen Alkohol darf diese Fahrerin maximal in ihrem Blut aufweisen?
   c) Erkundige dich, welche Strafe die Mofafahrerin befürchten muss.

3 Im Internet findest du Übersichten zu den unterschiedlichen Promillegrenzen in den Staaten Europas. Welche Länder sind strenger/toleranter als Deutschland?

4 Was haltet ihr von einer 0,0-Promille-Grenze? Diskutiert Vor- und Nachteile.

5 Erläutere nebenstehende Grafik.

6 Wie hoch wäre der Blutalkoholspiegel (in ‰) beim Genuss von 0,5 l Bier, wenn der 5%ige Alkoholgehalt des Bieres vollständig in das Blut übergehen würde? Beurteile das Ergebnis auch anhand der Grafik. Wie erklärst du dir den großen Unterschied?

0,5 l — 1 Bier   0,2 l — 1 Glas Wein   0,2 l — 2 Glas Sekt   0,06 l — 3 Schnäpse

Wachstumsfaktoren verketten

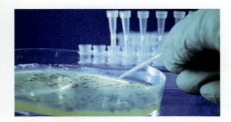

	zu Beginn	12 h	24 h
Bakterienzahl	100	200	400
Wachstumsfaktor		·2,00	·2,00

Zunahme:
Wachstumsfaktor > 1

1 Erkläre die Tabelle und setze sie für einen Zeitraum von vier Tagen fort.

2 Peter: [200][×][2][=][400][×][2][=][800][×][2][=][1600][×][2][=]■
Monika (mit Konstantenautomatik): [2][×][×][200][=][400][=][800][=][1600][=]■

  a) Erkläre, wie Peter und Monika Aufgabe 1 mit dem Taschenrechner lösen. Wie funktioniert die Konstantenautomatik bei deinem Taschenrechner?
  b) Wie lange dauert es, bis die Zahl auf 1 Million Bakterien angewachsen ist?

3 In einem Waldgebiet wächst der Holzbestand (in m³) um 3,5 % im Jahr.

	2008	2009	2010	2011	2012	2013	2014
Holzbestand Jahresbeginn	7 000 m³	7 245 m³	7 499 m³	■	■	■	■

  a) Vervollständige die Tabelle. Runde auf ganze m³.
  b) In welcher Zeitspanne verdoppelt (verdreifacht) sich der Holzbestand ungefähr?
  c) Übertrage die Werte sinnvoll gerundet in ein Koordinatensystem.
  d) 2017 sollen 3 000 m³ Holz geschlagen werden. Wie lange würde es dauern, bis der Bestand wieder auf das Niveau von 2014 nachgewachsen wäre?

4 Zwei Unternehmen erzielten im Jahr 2006 einen Umsatz von je 6,8 Mio. Euro. Die Geschäftsberichte geben an, wie sich deren Umsatz seither jährlich entwickelt hat. Berechne die Höhe der Umsätze für die Jahre 2007 bis 2012. Stelle die Umsatzentwicklung graphisch dar.

Umsatzveränderung gegenüber dem Vorjahr	2007	2008	2009	2010	2011	2012
Unternehmen A	+3 %	+3 %	−5 %	−4 %	−1 %	+6 %
Unternehmen B	−2 %	+1 %	+4 %	−2 %	+5 %	+2 %

Wachstumsfaktoren können schwanken

5 Von LEONARDO DA VINCI stammt folgende Aufgabe:
Man zerlege ein Quadrat durch eine Diagonale in zwei Dreiecke. Einem der Dreiecke wird wiederum ein Quadrat einbeschrieben und durch die Diagonale geteilt. Wie groß ist der Flächeninhalt des 5. Quadrats, wenn das erste einen Flächeninhalt von 17 cm² besitzt? Bestimme erst den Wachstumsfaktor.

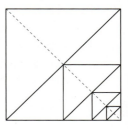

Wachstumsfaktoren verketten

Im Jahr 2000 lebten in einem Dorf 2500 Menschen. 5 Jahre später waren es 6% weniger. Man nimmt an, dass diese Entwicklung anhält.

	2000	2005	2010	2015	2020	2025	2030
Einwohnerzahl Jahresbeginn	2500	2350	2209	■	■	■	■
Wachstumsfaktor		·0,94	·0,94	·0,94	·0,94	·0,94	·0,94
Peter rechnet so:	2500 × 0.94 = 2350 × 0.94 = 2209 × 0.94 = ■						
Monika rechnet so:	0.94 × × 2500 = 2350 = 2209 = ■						

1 a) Erkläre und setze die Reihe fort. Runde jeweils auf ganze Einwohner.
b) Wann wird sich die Einwohnerzahl (verglichen mit dem Stand des Jahres 2000) halbiert haben, wenn sich der Trend fortsetzt?
c) Welche Folgen hat dieser Trend für den Ort und seine Bewohner?

Abnahme: Wachstumsfaktor < 1

2 Der durchschnittliche Luftdruck auf Meereshöhe beträgt 1013 hPa (Hektopascal). Mit zunehmender Höhe nimmt er stark ab, indem er sich alle 5 km halbiert.
a) Zeichne eine Tabelle und trage die Werte bis zu einer Höhe von 40 km ein.
b) Warum braucht man in Flugzeugen einen automatischen Druckausgleich?

Lösungen zu 2 und 4

1845	1330
1013	253,25
506,5	126,625
31,65625	
63,3125	
15,828125	
7,9140625	
3,9570312	

3 Braumeister Müller ist stolz auf sein Bier und vor allem auf die Haltbarkeit seines Bierschaums. Er behauptet, dass sich sein Bierschaum in 15 Sekunden nur um 8% verringert. Wie lange dauert es ungefähr, bis der Bierschaum auf ca. die Hälfte zusammengefallen ist? Wann in etwa ist nur noch ein Viertel da?

4 Wenn Licht durch eine Glasplatte dringt, wird es teilweise absorbiert (aufgenommen). Bei einem speziellen Glas verringert sich die Lichtstärke (Einheit: Lux) pro Millimeter Glasscheibendicke um 4%.
a) Wie groß ist die Lichtstärke nach dem Durchdringen einer 1 cm dicken Glasscheibe, wenn vor Eintritt eine Lichtstärke von 2000 Lux gemessen wird?
b) Wie groß muss die Lichtstärke vor Eintritt in eine 1,5 cm dicke Glasscheibe sein, damit nach dem Durchdringen eine Lichtstärke von 1000 Lux herrscht?

5 Die Gewinnentwicklung eines Unternehmens ist in einem Schaubild graphisch dargestellt.
a) Ermittle den jährlichen Wachstums- bzw. Abnahmefaktor und die jährliche Veränderung des Gewinns in Prozent.
b) Ist es möglich, das Wachstum der nächsten Jahre vorauszusagen?

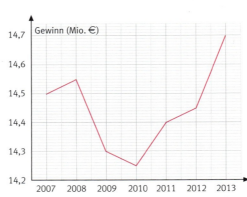

Jahreszinsen berechnen

*Für eingezahltes Geld, den Spareinlagen, zahlen Banken und Sparkassen **Zinsen**. Sie verleihen Geld (**Kredite, Darlehen**) und verlangen dafür Zinsen. Wer Geld leiht, hat Schulden. Er ist der **Schuldner**. Wer Geld verleiht, ist **Gläubiger**.*

1 Erkläre die fettgedruckten Begriffe an einem Beispiel.

2 Vergleiche Prozent- und Zinsrechnung miteinander. Was stellst du fest?

Prozentrechnung: Grundwert (G) · Prozentsatz (p) ⟹ Prozentwert (P)

Zinsrechnung: Kapital (K) · Zinssatz (p) ⟹ Zinsen (Z)

Jahreszinsen berechnen

$$Z = \frac{K \cdot p}{100} \qquad Z: \text{Zinsen} \quad K: \text{Kapital} \quad p: \text{Zinssatz}$$

3 Berechne jeweils die Zinsen für 1 Jahr Laufzeit.

Kapital (€)	600	1 200	1 800	3 000	800	400	200	100	400	200	1 600	2 000
Zinssatz (%)	2				1,5				2,25			

Lösungen zu 4

100	200
250	160
320	400
180	360
450	200
400	500

4 Frau Huber will ihr Geld auf einem Sparkonto anlegen. Berechne jeweils die Jahreszinsen für 8 000 € (16 000 €; 20 000 €). Vergleiche die Ergebnisse.

- gesetzliche Kündigung: 1,25 %
- jährliche Kündigung: 2 %
- $2\frac{1}{2}$-jährige Kündigung: 2,25 %
- 4-jährige Kündigung: 2,5 %

5 Frau Besold will sich ein Auto kaufen. Sie leiht sich von ihrer Bank 16 000 € und muss den Betrag nach einem Jahr mit 8 % Zinsen zurückzahlen.

6 Berechne die Habenzinsen und die Sollzinsen.

Kapital (€)	4 200	9 500	6 400	60 000	6 450	12 400	7 500	5 200
Zinssatz für Habenzinsen	4 %	5,4 %	3,5 %	8 %	7 %	$8\frac{1}{4}$ %	$3\frac{1}{2}$ %	$4\frac{3}{4}$ %
Zinssatz für Sollzinsen	$5\frac{1}{2}$ %	7,3 %	$5\frac{3}{4}$ %	$9\frac{1}{4}$ %	7,5 %	9,75 %	5,25 %	8,2 %

Habenzinsen:
Zinsen für Guthaben
Sollzinsen:
Zinsen für Darlehen (Kredite)

Zinsen + Bearbeitungsgebühr = Kreditkosten

7 Welches Kreditangebot ist günstiger?

Kredite – Sofort Bargeld
2 000 €, Rückzahlung 1 Jahr, Zinssatz 7,5 %, keine Bearbeitungsgebühr

Barkredite
2 000 €, Rückzahlung 1 Jahr, Zinssatz 6,5 %, 23 € Bearbeitungsgebühr

Jahreszinsen berechnen

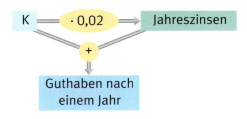
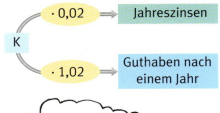

1 Frau Schmidt hat 4 000 € (15 000 €) zu 2 % (2,25 %) Zinsen angelegt.
 a) Wie hoch sind ihre Jahreszinsen?
 b) Wie hoch ist ihr Guthaben nach einem Jahr? Rechne verschiedenartig.

Lösungen zu 1

| 4 080 | 80 |
| 15 337,50 | 337,50 |

2 Ⓐ Jan erhält für 525 € 3 % Zinsen. Wie hoch ist das Guthaben nach einem Jahr?

Ⓑ Peters Guthaben ist nach einem Jahr bei einem Zinssatz von 3,5 % auf 258,75 € angewachsen. Wie viel war es ursprünglich?

100 % ≙ 525 €
1 % ≙ 5,25 €
103 % ≙ 5,25 € · 103 = ■

Erkläre die verschiedenen Rechenwege.

3 Herr Heide legt sein Kapital (85 000 €) für 12 Jahre in Wertpapieren an. Seine Bank bietet ihm 8 % Zinsen pro Jahr, die am Ende jedes Jahres auf sein Girokonto gehen.
 a) Berechne Z_1 und Z_2.
 b) Erkläre den Unterschied zwischen Z_1 und Z_2.

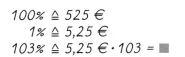
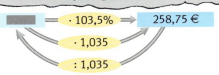

 c) Wie viel Prozent des Kapitals hat er als Zinsen erhalten?

4 Berechne die Zinsen wie in Aufgabe 3.

	a)	b)	c)	d)	e)	f)	g)	h)
Kapital (€)	3 500	4 800	265	368	11 000	12 200	122 000	500 000
Zinssatz (%)	1,5	4	0,5	0,5	2,75	$4\frac{3}{4}$	$5\frac{1}{4}$	5
Zeit (Anzahl der Jahre)	4	3	8	7	5	6	5	2

Lösungen zu 4

576	10,60
12,88	210
1 512,50	50 000
32 025	3 477

5 a) Herr Weber legt 4 000 € (7 000 €) für zwei Jahre fest an. Der Zinssatz beträgt 5,5 %. Erkläre die Rechenkette, dann rechne mit dem Taschenrechner.
 b) Erkläre den Unterschied zur Rechnung bei den Aufgaben 3 und 4.

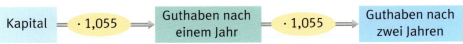

Monats- und Tageszinsen berechnen

Kapital = · Zinssatz ⇒ Jahreszins = · Zeit ⇒ Monatszinsen

1 Herr Meier benötigt für 5 Monate einen Kleinkredit über 12 000 €.
Er zahlt für die 5 Monate $\frac{5}{12}$ der Jahreszinsen. Das Kreditinstitut verlangt einen Zinssatz von 9,6%. Wie viele € werden als Zinsen fällig? Erkläre den Rechenweg.

Monatszinsen berechnen

$$Z = K \cdot \frac{p}{100} \cdot \frac{t}{12} \qquad t: \text{Zeit (hier Monate)} \qquad 1 \text{ Jahr} = 12 \text{ Monate}$$

2 Wandle in Monate um und berechne die Zinsen für
   a) 1 200 € zu 3% in $\frac{1}{2}$ Jahr.   b) 1 750 € zu 6% in $\frac{3}{4}$ Jahr.
   c) 1 400 € zu 4% in $\frac{1}{4}$ Jahr.   d) 560 € zu 3% in $\frac{1}{3}$ Jahr.

Lösungen zu 3

693	280
72,92	288
600	75,25
45,33	277,50

3

	a)	b)	c)	d)	e)	f)	g)	h)
Kapital (€)	2 500	1 700	18 500	10 800	7 200	20 000	8 600	24 000
Zinssatz (%)	5%	8%	6%	7%	8%	4,5%	3,5%	2,8%
Zinsmonate	7	4	3	11	6	8	3	5

4

A Peter hat auf seinem Sparbuch 400 €. Nach 7 Monaten und 6 Tagen hebt er das Geld ab. Die Bank gewährt 3% als Verzinsung.

B Susanne hat 400 €, Ina 1 200 € auf dem Sparbuch. Die Bank gibt 3% Zinsen. Nach 3 Monaten und 10 Tagen hebt Susanne, nach 8 Monaten und 25 Tagen Ina ihr Geld ab.

a) Zu welcher Aufgabe gehört der Rechenplan? Erläutere und rechne.

Kapital = · Zinssatz ⇒ Jahreszins = · Zeit ⇒ Tageszinsen
400 € = · 3% ⇒ ☐ · $\frac{216}{360}$ ⇒ Z

b) Berechne ebenso die andere Aufgabe. Ermittle zuerst die Zinstage.

Tageszinsen berechnen

$$Z = K \cdot \frac{p}{100} \cdot \frac{t}{360} \qquad t: \text{Zeit (hier Tage)} \qquad \begin{array}{l} 1 \text{ Jahr} = 360 \text{ Zinstage} \\ 1 \text{ Monat} = 30 \text{ Zinstage} \end{array}$$

Lösungen zu 5

1	191,80
500	1 185,75
96,80	

5 Berechne die Zinsen.

	a)	b)	c)	d)	e)
Kapital (€)	12 000	4 400	45 900	240	3 600
Zinssatz (%)	5	5,5	3,75	3	7
Zeit	300 Tage	144 Tage	248 Tage	50 Tage	9 Monate 4 Tage

Zinsfaktoren verketten

	zu Beginn	1	2	3	4	5
Guthaben nach n Jahren	4 000 €	4 100 €	4 202,50 €	■	■	■
Zinsfaktor		·1,025	·1,025	·1,025	·1,025	·1,025

Herr Weber legt 4 000 € für 6 Jahre fest an. Der Zinssatz beträgt 2,5 %.

1 a) Übertrage die Tabelle vollständig ins Heft, erkläre sie und berechne die fehlenden Guthaben.
b) Die jeweiligen Beträge sind Guthaben inklusive Zinseszinsen. Erkläre.
c) Informiere dich über aktuelle Zinssätze und berechne das Guthaben erneut.

Zinsfaktoren sind Wachstumsfaktoren

2 Bestimme den Zinsfaktor und das Endkapital inklusive Zinseszinsen.
a) 5 000 €   b) 50 €   c) 12 000 €   d) 1 500 €   e) 800 €
p = 4 %   p = 5 %   p = 3,75 %   p = 2,5 %   p = 1,75 %
3 Jahre   7 Jahre   2 Jahre   5 Jahre   4 Jahre

Zinseszins: Verbuchte Zinsen werden mit einbezogen.

3 Ermittle durch Probieren, nach wie vielen Jahren sich ein Kapital von 100 € unter Berücksichtigung von Zinseszinsen bei einem Zinssatz von
a) 5 % verdoppelt.   b) 5 % verdreifacht.   c) 3 % verdoppelt.   d) 3 % verdreifacht.
e) 7 % verdoppelt.   f) 7 % verdreifacht.   g) 10 % verdoppelt.   h) 10 % verdreifacht.

4 Herr Fuchs erbt 100 000 € von seiner Tante Hedwig. Er kauft dafür ein Grundstück und rechnet fest damit, es in 10 Jahren für das Doppelte verkaufen zu können. Wäre diese Geldanlage rentabler als ein Sparbrief, der mit 6 % verzinst wird?

5 **A** Unser Super-Sparbrief
→ Zinssatz: **2,8 %**
→ Laufzeit: **5 Jahre**
Superbank Musterstadt

B Unser Mega-Wachstumssparen
Megabank Musterstadt
1. Jahr 2,0 %   2. Jahr 2,25 %   3. Jahr 2,5 %   4. Jahr 3,0 %   5. Jahr 3,5 %

Herr Kohl hat 15 000 € gewonnen und erhält von zwei Banken Angebote für eine Geldanlage. In beiden Fällen werden die Zinsen mitverzinst.

Bei einer Festgeldverlängerung kann der Zinssatz angepasst werden.

6 Herr Kleinert möchte 10 000 € für ein Jahr anlegen.
a) Berechne für beide Alternativen das Guthaben nach einem Jahr.
b) Welche Vor- und Nachteile bieten die beiden Anlageformen?

Sparbrief:
✓ Laufzeit: 1 Jahr
✓ Zinssatz: 4 %
✓ Keine Gebühren
✓ Kein Risiko

Festgeld:
✓ Laufzeit: 1 Monat
✓ Zinssatz: z. Zt. 4 %
✓ Zinsgutschrift monatlich
✓ Automatische Verlängerung

7 Ein Kapital (1 000 €) soll sich bei einem Zinssatz von 5 % verdoppeln.

26 Familie Lindner kauft ein Haus.

Familie Lindner will sich den Traum vom eigenen Haus erfüllen. Aber viele Fragen tun sich auf – und vor allem fehlen momentan noch 100 000 €. Diese Lücke will Herr Lindner mit einem Kredit von der Bank schließen. Diese bietet ihm den Betrag zu 5 % Zinsen an.

Um einen Überblick zu bekommen, will Herr Lindner einen Tilgungsplan mithilfe einer Tabellenkalkulation erstellen. Zuvor notiert er sich die wichtigen Dinge.

Zinsen + Tilgung = jährliche Belastung

Nicht höher als 8 000 €!!

Tilgungsplan:
– *Schuldsumme*
– *Zins und Tilgung*
– *jährliche Rate*
– *Restschuld*

	A	B	C	D	E	F
1	Jahr	Schuldsumme	Zinsbetrag	Tilgungsbetrag	jährliche Rate	Restschuld
2	1	100.000,00 €			8.000,00 €	
3	2				8.000,00 €	
4	3				8.000,00 €	

1 Erkläre, wie Herr Lindner seinen Tilgungsplan anlegt und vervollständige ihn.
  a) Spalte C2: Der Zinssatz, den die Bank verlangt, ist bekannt.
  b) Spalte D2: Wir wissen, woraus sich die jährliche Belastung zusammensetzt. Dann kann man daraus den Tilgungsbetrag berechnen.
  c) Spalte F2: In diesem Jahr wurde schon eine Rate beglichen. Damit lässt sich die Restschuld ermitteln.

2 a) Im zweiten Jahr ist die Schuldsumme nur noch so hoch wie die Restschuld des Vorjahres. So kannst du leicht den Eintrag in B2 ermitteln.
  b) Fülle nun entsprechend die Zeilen nach unten auf. Wie hoch ist die Restschuld nach 10, wie hoch nach 15 Jahren?

3 a) Nach wie vielen Jahren ist der Kredit restlos getilgt?
  b) Welchen Betrag muss Familie Lindner bis zur vollständigen Tilgung an die Bank zahlen?
  c) Wie hoch sind die Zinsen für den Kredit insgesamt? Kontrolliere dein Ergebnis mit dem Wert aus b).

Familie Lindner kauft ein Haus.

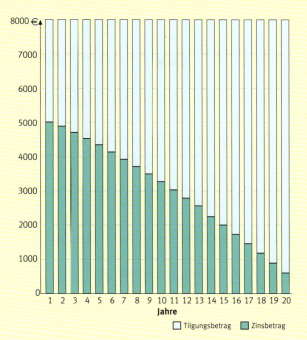

Der Tilgungsanteil der jährlichen Rate steigt von Jahr zu Jahr, weil unsere Restschuld immer weniger wird und somit auch weniger Zinsen anfallen.

1 Versuche die Aussage mithilfe der Grafik zu erklären. Bedenke, dass die jährliche Rate immer gleich bleibt.

2 Erstelle eine Grafik, die den zeitlichen Verlauf der Restschuld von Familie Lindner darstellt.

3 Eine andere Bank bietet der Familie einen Zinssatz von nur 4,9 %. Sie verlangt jedoch eine einmalige Bearbeitungsgebühr von 500 €. Vergleiche die Gesamtkosten mithilfe eines Tabellenkalkulationsprogramms. Welches Angebot ist günstiger?

Gesamtkosten: Zinsen + Bearbeitungsgebühr

4 Erkundige dich bei einer Bank oder im Internet über realitätsnahe Zinssätze. Erstelle damit einen neuen Tilgungsplan für Familie Lindner.

5 Wenn du im Internet nach „Tilgungsplan" suchst, findest du Seiten, bei welchen du nur das benötigte Darlehen und die jährlichen oder monatlichen Belastungen in eine Maske eingeben musst. Daraus wird ein entsprechender Tilgungsplan erstellt. Verwende die Angaben von Familie Lindner und vergleiche mit unseren Tilgungsplänen.

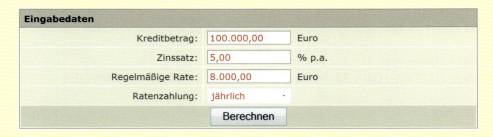

28 Zinsfaktoren verketten

	zu Beginn		3	4	5
Guthaben nach n Jahren	■		■	4 798,46 €	5 000 €
Zinsfaktor			← : 1,042	← : 1,042	

Julia möchte sich in 5 Jahren ein gebrauchtes Auto für 5 000 € kaufen. Welchen Betrag muss sie zu einem Zinssatz von 4,2 % fest anlegen, damit sie genau diese Summe hätte? Die Zinsen werden jeweils mitverzinst.

Anfangskapital gesucht

1 a) Übertrage die Tabelle vollständig ins Heft, erkläre sie und berechne die fehlenden Beträge.
b) Wie würde sich der Betrag ändern, wenn der Zinssatz um 0,5 % niedriger wäre?

2 Bestimme jeweils das Kapital unter Berücksichtigung von Zinseszins.

Anfangskapital	200 €	1 500 €	4 800 €	■	■	■
Jahre	8	6	5	4	7	8
Zinssatz	3 %	4 %	4,5 %	4 %	5 %	5 %
Endkapital	■	■	■	4 000 €	12 500 €	15 000 €

TRIMM-DICH-ZWISCHENRUNDE

① Schreibe Brüche als Dezimalbrüche und Dezimalbrüche in Prozent.
a) $\frac{2}{4}$ b) $\frac{2}{10}$ c) $\frac{3}{8}$ d) $2\frac{4}{5}$ e) $7\frac{8}{10}$ f) $\frac{17}{4}$
g) 2,04 h) 1,78 i) 0,13 j) 0,7 k) 3,08 l) 1,99

② a) An einer Schule sind 200 Schüler in den Jahrgangsstufen 7–9.

	7	8	9
Anzahl	60	■	■
Anteil	■ %	■ %	35 %

b) Bei einer Verkehrskontrolle werden 200 Fahrzeuge kontrolliert.

	Pkw	Motorrad	Lkw	Fahrrad
Anzahl	89	15	■	■
Anteil	■ %	■ %	8 %	40 %

③ Du zahlst 22 % Lohnsteuer, das sind 435,60 €.

④ Du bekommst Rabatt. Anstatt 1 342,50 € zahlst du 1 261,95 €.

⑤ Du zahlst nach Abzug von 3 % Rabatt noch 184,30 € für ein Hemd.

⑥ Wer erhält mehr?
Fred: 1 000 € zu 0,8 % für 4 Jahre   Anka: 700 € zu 1,25 % für 4,5 Jahre

⑦ Welchen Zinssatz müsste eine Bank ungefähr bieten, wenn sich das Startkapital von 5 000 € nach 10 Jahren verdoppeln soll?

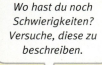

Wo hast du noch Schwierigkeiten? Versuche, diese zu beschreiben.

Prozentrechnung und Zinsrechnung wiederholen

Prozentrechnung

Prozentwert	Grundwert	Prozentsatz
$P = \frac{G \cdot p}{100}$	$G = \frac{P \cdot 100}{p}$	$p = \frac{P \cdot 100}{G}$

Preissteigerung

Weg 1: $100\,\% \triangleq 1\,200\,€$
$\phantom{\text{Weg 1:}}$ $1\,\% \triangleq 12\,€$
$\phantom{\text{Weg 1:}}$ $3\,\% \triangleq 12\,€ \cdot 3 = 36\,€$

$\Rightarrow$ Neuer Preis: $1\,200\,€ + 36\,€ = 1\,236\,€$

Weg 2: $1\,200\,€ \cdot \underbrace{1{,}03}_{\text{Wachstumsfaktor}} = 1\,236\,€$

Preisnachlass

Weg 1: $100\,\% \triangleq 1\,600\,€$
$\phantom{\text{Weg 1:}}$ $1\,\% \triangleq 16\,€$
$\phantom{\text{Weg 1:}}$ $7{,}5\,\% \triangleq 120\,€$

$\Rightarrow$ Neuer Preis: $1\,600\,€ - 120\,€ = 1\,480\,€$

Weg 2: $1\,600\,€ \cdot \underbrace{0{,}925}_{\text{Wachstumsfaktor}} = 1\,480\,€$

Wachstumsprozesse

$+20\,\%$: $G_0 \xrightarrow{\cdot 1{,}2} G_1 \xrightarrow{\cdot 1{,}2} G_2 \xrightarrow{\cdot 1{,}2} \ldots$

$-20\,\%$: $G_0 \xrightarrow{\cdot 0{,}8} G_1 \xrightarrow{\cdot 0{,}8} G_2 \xrightarrow{\cdot 0{,}8} \ldots$

Zinsrechnung

Z: Zinsen   K: Kapital   p: Zinssatz
1 Monat = 30 Zinstage   1 Jahr = 360 Zinstage

Jahreszins	$Z = \frac{K \cdot p}{100}$
Monatszinsen t in Monaten	$Z = \frac{K \cdot p \cdot t}{100 \cdot 12}$
Tageszinsen t in Tagen	$Z = \frac{K \cdot p \cdot t}{100 \cdot 360}$

Kapitalwachstum mit Zinseszinsen

Zinssatz $10\,\% \Rightarrow$ Zinsfaktor $1{,}1$

$100\,€ \xrightarrow{\cdot 1{,}1} 110\,€ \xrightarrow{\cdot 1{,}1} 121\,€ \xrightarrow{\cdot 1{,}1} \ldots$

---

1 a) Wie viel sind 8 % von 275 €?
b) Wie hoch ist der Betrag, wenn 12 % davon 96 € sind?
c) Wie viel Prozent sind 280 € von 1 600 €?

2 a) Frau Ewers verdient 1 747,84 € im Monat. Davon werden 13,6 % für die Krankenkasse abgeführt.
b) Jasmin erhielt bei der Jugendsprecherwahl 352 von 495 gültigen Stimmen.
c) Im vorigen Jahr benötigte Familie Landt 3 460 l Heizöl. Im folgenden Jahr waren es 115 % davon.
d) Der Preis einer Kamera wurde reduziert.

3 Der Umsatz einer Boutique stieg jährlich um 5 %. Vor 5 Jahren betrug er 192 000 €. Berechne die Umsätze für die letzten Jahre.

4 Von einem Pflanzenschutzmittel werden binnen 3 Tagen 30 % abgebaut. Wie viel mg sind nach 3 (6; 9; 12) Tagen bei einer Anfangsmenge von 50 mg noch vorhanden?

5 Welches Angebot ist günstiger? Die Rückzahlung erfolgt nach einem Jahr.

A Kleinkredit: 5 000 €
Zinssatz 12 %, 1 % Bearbeitungsgebühr

B Kreditsumme: 5 000 €
Ihre Kosten: 625 € alles inklusive

6 Herr Amann hat sich 9 000 € zu einem Zinssatz von 8 % geliehen. Er zahlt das Kapital nach 7 Monaten zurück. Berechne die anfallenden Zinsen.

7 Laura besitzt ein Sparbuch mit 2 480 € Guthaben. Die Zinsen in Höhe von 2 % werden jährlich gutgeschrieben. Wie hoch ist das Guthaben nach 1 (2; 3; 4; 5) Jahren?

8 Zwei Geschäfte werben mit Preisnachlass. Welches Angebot würdest du wählen? Begründe.

Geschäft A 149,– € Ziehen Sie jetzt noch 15,– € ab!

Geschäft B 160,– € Ziehen Sie noch 15% ab!

9 Eine Jeans ist um 15% reduziert, weil sie kleine Fehler hat. Sie kostet jetzt noch 46,75 €. Jenny möchte aber lieber eine Jeans ohne Fehler haben. Wie viel muss sie dafür bezahlen?

10 Kai ersetzt seine alte Festplatte von 800 GB durch eine größere mit 1,2 TB. Um wie viel Prozent erhöht sich dadurch die Speicherkapazität?

11 Ab sofort gibt es auf sämtliche Winterschuhe 25% Nachlass. Wie viel kosten die Winterschuhe?

12 Durch energiebewusstes Heizen konnte der Ölverbrauch einer Wohnanlage von 42 855 l im Jahr um 7,3% gesenkt werden.

13 Wegen Preiserhöhungen stiegen die Kosten einer Turnhalle, die ursprünglich auf 4 258 000 € veranschlagt waren, um 5,8%.

14 Ein Auszubildender bekommt im ersten Lehrjahr 640 €, im zweiten 740 € und im dritten 840 €. Um wie viel Prozent wurde jeweils erhöht?

15

Bezugspreis	100%	15%	← Kosten
Selbstkostenpreis	115%		
Selbstkostenpreis	100%		Gewinn 30%
Verkaufspreis	130%		(Nettopreis)
Verkaufspreis	100%		(Nettopreis)
			Rabatt 10%
Ermäßigter Verkaufspreis	90%		
Ermäßigter Verkaufspreis	100%		MwSt. 19%
Endpreis	119%		
Endpreis	100%		
			Skonto 2%
Barzahlungspreis	98%		

Als Stammkunde erhält Herr Maier in einem Elektronikgeschäft 10% Rabatt auf den Nettopreis. Berechne mit dem Taschenrechner jeweils den Barzahlungspreis.

Artikel	Bezugspreis
Grafikkarte	120 €
Digitalkamera	210 €
TFT-Display	345 €

16 In einem Jahr wurden in Deutschland 4,82 Millionen Autos hergestellt. Davon waren 95% Personenkraftwagen. 58% der Pkws wurden exportiert.

17 Ein Preis wird um 20% reduziert. Der reduzierte Preis wird anschließend wieder um 20% erhöht. Damit ist der neue Preis kleiner als der ursprüngliche.
a) Überprüfe die Aussage an einem Zahlenbeispiel (z.B. 100 €).
b) Begründe die Aussage. Beachte die Grundwerte, auf die du dich beziehst.

18 Zum Kauf eines Wohnmobils nimmt Herr Groß ein Bankdarlehen zu einem Zinssatz von 7,5% auf. Für dieses Darlehen muss er nach 8 Monaten 496 € Zinsen aufbringen.
a) Berechne die Jahreszinsen und die Höhe des Darlehens.
b) Mit dem geliehenen Geldbetrag kann Herr Groß 40% des geforderten Preises bezahlen. Berechne den Verkaufspreis des Wohnmobils.

AUF EINEN BLICK

19

Primärenergieverbrauch in Deutschland 2013		
	PJ*	Anteil
Erdgas	3 152	22,5 %
Erneuerbare Energien	1 654	11,8 %
Kernenergie	1 058	7,6 %
Kohle	3 404	24,3 %
Mineralöl	4 637	33,1 %
Sonstige	100	0,7 %

* Der Verbrauch wird in Petajoule (PJ) gemessen. (1 PJ = 10^{15} Joule)

a) Im Jahr 2011 wurden 1 462 PJ aus erneuerbarer Energie verbraucht. Berechne die Erhöhung in Prozent.
b) Der Kernenergieverbrauch ging gegenüber 2011 um 10 % zurück. Berechne den Verbrauch für das Jahr 2011.
c) Stelle die Anteile der drei meistverbrauchten Energiequellen in einem Säulendiagramm dar (1 cm ≙ 5 %).

20 Berechne für 3 000 € Kredit die monatliche Rate und die Summe der Kosten bei der Star-Bank.

Star-Bank
Darlehen: bis 5 000 €
Zinssatz: 0,48 % pro Monat
Bearbeitungsgebühr: 2 %
Laufzeit: 36 Monate

21 Der Friseurgeselle Markus will sich ein Profi-Scheren-Set kaufen, das im Fachhandel für 489,99 € angeboten wird.
a) 285 € hat er bereits gespart. Weitere Ersparnisse werden Markus erst zur Verfügung gestellt, wenn in 87 Tagen sein Sparvertrag ausläuft. Bis dahin muss er den fehlenden Betrag zu einem Zinssatz von 14,75 % finanzieren. Was würde ihn das Set dadurch insgesamt kosten?
b) Im Internet wird das gleiche Set zum Kauf in 12 Monatsraten zu je 43,72 € angeboten; die Versandgebühren betragen 5,95 €. Wie viel kann er beim günstigeren Angebot sparen?

22 Das bei der Verbrennung von Kohle, Erdöl und Erdgas entstehende Kohlenstoffdioxid (CO_2) verstärkt den Treibhauseffekt und damit die Aufheizung der Erde.
Die beiden Kreisdiagramme stellen jeweils die Anteile am weltweiten CO_2-Ausstoß in den Jahren 1990 und für 2010 dar.
a) Berechne die am Schaubild des Jahres 1990 dargestellten Anteile in Prozent.
b) Im Jahr 2010 gab es einen CO_2-Gesamtausstoß von 9,1 Mrd. Tonnen. Berechne die Anteile der drei Verursachergruppen in Mrd. Tonnen.

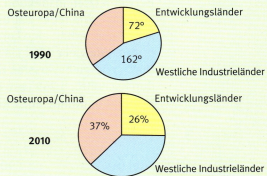

c) Manche Fachleute befürchten, dass die weltweite CO_2-Konzentration der Atmosphäre jährlich um 1 % ansteigen könnte. Um wie viel Prozent würde demnach in einem Zeitraum von 10 Jahren die CO_2-Konzentration zunehmen?

23 Am 1. März 2008 zahlte Herr Wagner 15 000 € auf ein Sparbuch ein. Der Zinssatz betrug 3 %.
a) Auf welchen Betrag erhöhte sich sein Kapital, wenn am 31. 12. 2008 erstmals Zinsen gutgeschrieben wurden?
b) Bestimme die Höhe des Guthabens am Jahresende 2012.
c) Da die Bank den Zinssatz ab dem 1. 1. 2013 auf 2 % senkte, beschloss Herr Wagner, sich ein neues Auto zu kaufen und löste am 23. Februar sein Konto auf. Welchen Betrag erhielt er?
d) Für welchen Betrag kann er bei einem jährlichen Wertverlust von 20 % nach drei Jahren sein Auto wieder verkaufen, wenn der Neupreis 16 990 € betrug?

TRIMM-DICH-ABSCHLUSSRUNDE

1 a) $2\frac{3}{5} - 1\frac{7}{9} + \frac{11}{15}$ b) $0{,}17 + 123{,}5 - 99{,}489$ c) $8\frac{2}{3} - 9{,}8 + 2\frac{1}{30}$
   d) $3\frac{10}{13} \cdot 1\frac{11}{15}$ e) $3\frac{3}{4} : 2$ f) $3\frac{10}{14} : 4$
   g) $3{,}4 \cdot 7{,}25$ h) $25{,}524 : 3{,}6$ i) $2{,}7 : 1\frac{1}{3} : 2{,}25$
   j) $9{,}3 : (8{,}7 - 5\frac{3}{5})$ k) $12{,}45 + \frac{3}{20} \cdot 2{,}55 - 5{,}66$ l) $34\frac{1}{5} - (13{,}2 - 2\frac{1}{8} \cdot \frac{9}{10})$

2 a) Von den 580 Beschäftigten einer Stadt arbeiten 261 in der Verwaltung und 145 beim städtischen Bauhof. Der Rest verteilt sich auf andere Bereiche. Gib die Anteile in Prozent an und erstelle ein Kreisdiagramm.
   b) In den Kindergärten einer Stadt werden insgesamt 320 Kinder betreut. Im kommenden Schuljahr werden 35 % von ihnen eingeschult. Wie viele besuchen dann einen Kindergarten, wenn 84 Kinder neu aufgenommen werden?
   c) Bei der letzten Inspektion seines Wagens musste Herr Möller 131,48 € MwSt. bezahlen. Wie teuer war die Wartung ohne und mit Mehrwertsteuer?
   d) Frau Huber erhält eine Lohnerhöhung von 1,5 % und verdient nun 2 842,00 € brutto. Wie viel erhielt sie vorher?
   e) Durch energiebewusstes Heizen konnte Herr Schenk den Ölverbrauch von durchschnittlich 243 l pro Monat auf 205 l senken. Berechne die prozentuale Minderung (Runde auf 2 Kommastellen).

3

	a)	b)	c)	d)	e)
Kapital (€)	90 000	1 500	36 000	■	■
Zinssatz (%)	8	■	■	7,5	6,8
Zeit	$\frac{1}{2}$ Jahr	4 Mon.	200 Tage	175 Tage	285
Zinsen (€)	■	■	■	1 822,92	9 690
vermehrtes Kapital (€)	■	1 515	37 000	■	■

4 Die Grafik zeigt die Entwicklung der Einwohnerzahl einer Stadt.
   a) Berechne den Zuwachs von 2002 bis 2012 in Prozent.
   b) Wie viele Einwohner hat die Stadt in den Jahren 2022, 2032 und 2042, wenn die Zuwachsrate gleich bleibt? Runde auf ganze Einwohner.

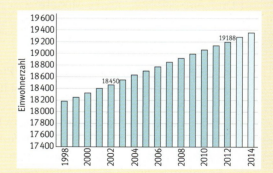

5 Ein Kapital von 15 000 € wird zu einem festen Zinssatz von 4,5 % für fünf Jahre angelegt. Die Zinsen verbleiben auf dem Konto und werden mitverzinst.
   a) Auf wie viel € ist das Guthaben nach Ablauf der fünf Jahre angewachsen?
   b) Wie würde sich dieser Betrag ändern, wenn der Zinssatz um 0,5 % niedriger wäre?
   c) Wie viel Zinsen erhält man in den fünf Jahren bei einem Zinssatz von 4,5 %, wenn die Zinsen jeweils ausbezahlt werden? Vergleiche mit den Ergebnissen von a) und b).

KREUZ UND QUER

Zahl

Rationale Zahlen

a) Wie lauten die markierten Zahlen?

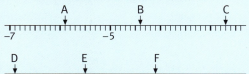

b) Ordne die Zahlen. Beginne jeweils mit der kleinsten Zahl.

| A | −3,6 | 0,5 | −3,5 | 4 | −4 | 0 | 4,5 | −6,3 |
| B | −0,75 | $\frac{3}{4}$ | −$\frac{2}{3}$ | 0,5 | −$\frac{1}{4}$ | 0,25 | $\frac{3}{8}$ | −$\frac{1}{3}$ |

c) Setze die Zahlenreihe um zwei Zahlen fort.
- A 5 12 9 16 13 20 17 ▪ ▪
- B 243 81 162 54 108 36 72 ▪ ▪

Prozent

a) Bestimme den Anteil der farbig markierten Fläche in Prozent.

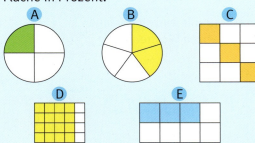

b) Bestimme die Anzahl der Kästchen bei jeweils 12% der Fläche.

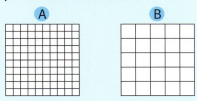

Runden

Übertrage in dein Heft und runde auf die jeweilige Stelle.

	H	T	ZT	M
3 409 258	▪	▪	▪	▪
59 095 950	▪			
699 399 991	▪			

Raum und Form

Maßstabs-, Flächen- und Umfangsberechnung

Die Skizze zeigt den Grundriss einer Wohnung.

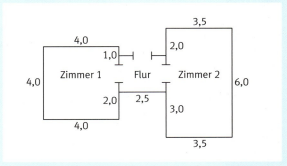

a) In welchem Maßstab wurde die Zeichnung erstellt?
b) Bestimme die Breite des Flures.
c) Berechne die Wohnfläche.
d) Die Wohnung hat einen Rauminhalt von 105 m³. Berechne die Raumhöhe.
e) Entlang der Wände sollen am Boden Sockelleisten angebracht werden. Wie viele Meter Sockelleisten werden benötigt, wenn für die drei Türen jeweils 1 m ausgespart werden?

Funktionaler Zusammenhang

Gleichungen

a) Setze, wenn nötig, Klammern so, dass das Ergebnis stimmt.
- A 14 + 3 · 2 − 5 = 15
- B 3 · 15 − 4 = 36 − 3
- C 4 + 6 · 7 − 2 = 24 + 26

b) Ergänze die Platzhalter, so dass Gleichungen entstehen.
- A 6 (−3x + ▪) − 3 = ▪x + 42 − 3
- B −24x + ▪ = −8 (▪ − 4)
- C 63x − 18 = ▪ · (−7x + ▪)

c) Stelle Gleichungen auf und löse.
- A Wenn man den 7. Teil einer Zahl um 3 verringert, erhält man den Quotienten aus 45 und 15.
- B Vermehrt man das 5-fache einer Zahl um 9, so erhält man das Produkt aus 13 und 3.
- C Das 3-fache einer Zahl vermindert um 3,5 ist ebensoviel wie die Differenz aus 30 und 12,5.

Potenzen und Wurzeln

Das kann ich schon

1 Bestimme jeweils die fehlenden Angaben auf dem Kontoauszug.

Konto Nr. 33707	alter Kontostand	−387,53 €
Rechnung Autowerkstatt		−845,65 €
Neuer Kontostand		

Konto Nr. 32843	alter Kontostand	−1 856,34 €
Lohn/Gehalt		
Neuer Kontostand		+1 256,76 €

Konto Nr. 33707	alter Kontostand	
Wohnungsmiete		−545,00 €
Neuer Kontostand		−1 024,59 €

Konto Nr. 32843	alter Kontostand	−756,74 €
Gutschrift Autoversicherung		
Neuer Kontostand		+3 009,21 €

2 >, < oder =?
 a) (−8) · (+9) ■ (−9) · (+8)
 b) (−5) · (−20) ■ (−4 000) · (+10)
 c) (−4,8) : (−1,2) ■ (+4,4) : (−1,1)
 d) (+7,5) : (−3) ■ (−7,5) : (−3)

3 In einer Winterwoche wurden folgende Höchst- bzw. Tiefsttemperaturen gemessen.

	Mo	Di	Mi	Do	Fr	Sa	So
Tiefsttemperatur	−4 °C	−1 °C	−7 °C	−5 °C	−8 °C	−5 °C	+2 °C
Höchsttemperatur	+2 °C	+5 °C	−2 °C	+1 °C	−2 °C	0 °C	+3 °C

 a) Berechne die Durchschnittstemperatur für die einzelnen Tage.
 b) Berechne die mittlere Temperatur der ganzen Woche.

4 Das Diagramm zeigt Aufzeichnungen über die Tauchgänge eines Pottwals während eines Zeitraums von etwa 6 Stunden.

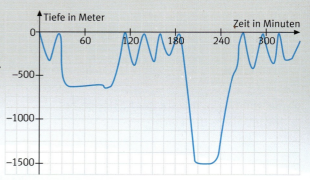

 a) Welches ist die größte Tiefe, die der Pottwal erreicht hat?
 b) Wie lange tauchte der Pottwal während der Aufzeichnungen tiefer als 500 m?
 c) Finde weitere Fragen, die du mit Hilfe des Diagramms beantworten kannst.

5 Stelle einen Term auf und berechne.
 Multipliziere die Differenz der Zahlen (+16,2) und (−3,8) mit der Summe der Zahlen (−4,3) und (−5,7).

6 Bestimme x.
 a) (−16,06) − (−22,36) = (−22,05) : x
 b) 4 · (1,5 − x) − 4 · (0,5x − 1,5) = 0

Bei welchen Aufgaben hast du noch Schwierigkeiten? Versuche, diese zu beschreiben.

Erde
Durchmesser am Äquator	12 714 km
Oberfläche	510 000 000 km²
Masse	5 974 000 000 000 000 000 000 t

Mond
Mittlerer Durchmesser	3 476 000 m
Oberfläche	38 000 000 km²
Masse	73 490 000 000 000 000 000 t

- Welchen Maßstab musst du für den Durchmesser der Erde wählen, damit du diesen als Kreis in dein Heft zeichnen kannst?
- Welcher Maßstab passt für die Darstellung des Mondes?
- Vergleiche die Masse der Erde mit der des Mondes.
- Neben der Erde gibt es noch sieben weitere Planeten in unserem Sonnensystem. Erstelle aus Informationen im Internet Steckbriefe wie oben und beantworte entsprechende Fragen.

Große Zahlen in Zehnerpotenzen schreiben

Merkur	58 000 000 km	Venus	108 000 000 km
Erde	149 000 000 km	Mars	228 000 000 km
Jupiter	778 000 000 km	Saturn	1 430 000 000 km
Uranus	2 870 000 000 km	Neptun	4 500 000 000 km

1 Die Abbildung zeigt die mittleren Entfernungen der Planeten von der Sonne.
a) Lies die Zahlen.
b) Sehr große Zahlen sind umständlich zu schreiben und nicht leicht zu lesen. Man nutzt deshalb die verkürzte Form der Potenzschreibweise.

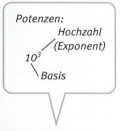

Potenzen:
Hochzahl (Exponent)
10^3
Basis

Stufenzahl	Stufenzeichen	Produkt aus Zehnern	Zehnerpotenz
10	Z	10	10^1
100	H	10 · 10	10^2
1 000	T	10 · 10 · 10	10^3
10 000			

Setze die Tabelle um weitere sechs Stufenzahlen fort und erkläre.

2 Schreibe wie im Beispiel als Zehnerpotenz.

$10 000 = 10 · 10 · 10 · 10$
$ = 10^4$

1 000	100	10 000 000	1 000 000 000
100 000	10	100 000 000	10 000 000 000

3 a) Die in Wirklichkeit vorkommenden Zahlen sind selten Stufenzahlen, sie haben meistens einen anderen Wert. Erkläre die Beispiele.
b) Schreibe die Entfernungen unserer Planeten von der Sonne in Zehnerpotenzen.

Zahl	Zerlegung in Vorzahl und Stufenzahl	Zehnerpotenzdarstellung
5 000	5 · 1 000	$5 · 10^3$
700 000	7 · 100 000	$7 · 10^5$
1 500 000	1,5 · 1 000 000	$1,5 · 10^6$

Potenzen mit positiver Hochzahl

Zehnerpotenz
↓
$5,7 · 10^6$
↑
Vorzahl

„5,7 mal zehn hoch sechs"

$5,7 · 10^6 = 5,700000, = 5 700 000$
6 Stellen nach rechts

Die Zehnerpotenz gibt an, um wie viele Stellen man das Komma nach rechts rücken muss, wenn die Zahl ausgeschrieben wird. Nichtbesetzte Stellen werden mit Nullen aufgefüllt.

Standardschreibweise: Vorzahl zwischen 1 und 10

4 a) Lies die Zahlen und schreibe sie mit Zehnerpotenzen in Standardschreibweise.

| 560 | 2 800 | 34 000 000 | 1 240 000 | 85 550 000 000 | 66 000 | 8 000 000 |

b) Notiere die Angaben zu den Steckbriefen von S. 35 in der Standardschreibweise.

Kleine Zahlen in Zehnerpotenzen schreiben

    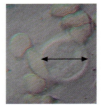

Hand	Finger	Fingernagelhaut	Hautfalte	weißes Blutkörperchen
10^{-1} m = 0,1 m	10^{-2} m = 0,01 m	10^{-3} m = 0,001 m	10^{-4} m = 0,0001 m	10^{-5} m = 0,00001 m

1 Notiere die Angaben auch als Bruch 10^{-1} m = 0,10 m = $\frac{1}{10}$ m

2 Setze die Tabelle bis 0,000001 fort und erkläre.

Stufenzahl	Stufenzeichen	Produkt aus Zehnteln	Zehnerpotenz
10	Z	10	10^1
1	E	1	10^0
0,1	z	$\frac{1}{10}$	10^{-1}
0,01	h	$\frac{1}{10} \cdot \frac{1}{10} = \frac{1}{100}$	
0,001			

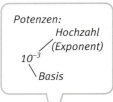

Potenzen:
Hochzahl (Exponent)
10^{-3}
Basis

3 Schreibe als Zehnerpotenz.

| 1 | 0,1 | 0,01 | 0,00001 | 0,0000001 | 0,000001 | $\frac{1}{10}$ | $\frac{1}{1\,000}$ | $\frac{1}{10\,000}$ | $\frac{1}{100}$ |

4 Notiere die Angaben in Dezimalbruchschreibweise.

   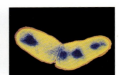

Pantoffeltierchen	Augentierchen	Typhus-Bakterien	Tbc-Bakterien
$3 \cdot 10^{-1}$ mm	$5 \cdot 10^{-2}$ mm	$6 \cdot 10^{-3}$ mm	$25 \cdot 10^{-4}$ mm

---

Zehnerpotenz mit negativer Hochzahl
↓
$3,2 \cdot 10^{-5}$
↑
Vorzahl
„3,2 mal zehn hoch minus 5"

$3,2 \cdot 10^{-5} = 0{,}00003{,}2 = 0{,}000032$
5 Stellen nach links

Die negative Zehnerpotenz gibt an, um wie viele Stellen man das Komma nach links rücken muss, wenn die Zahl ausgeschrieben wird. Nichtbesetzte Stellen werden mit Nullen aufgefüllt.

Potenzen mit negativer Hochzahl

Standardschreibweise: Vorzahl zwischen 1 und 10

5 Schreibe in Standardschreibweise bzw. als Zehnerpotenz.

a) 0,2   0,091   0,0006   0,125   0,0000000037   0,000054   0,000000224

b) $2,4 \cdot 10^{-3}$ $5,25 \cdot 10^{-2}$ $6 \cdot 10^{-6}$ $6,65 \cdot 10^{-4}$ $4,4 \cdot 10^{-8}$ $2,002 \cdot 10^{-8}$

Große und kleine Zahlen in Zehnerpotenzen schreiben

Eingabe großer Zahlen in den Taschenrechner

Zwei Beispiele für $3\,500\,000\,000 = 3{,}5 \cdot 10^9$

1. Eingabe mit der $\boxed{x^y}$-Taste
   Eingabe: $\boxed{3.5}\boxed{\times}\boxed{10}\boxed{x^y}\boxed{9}\boxed{=}$
   Anzeige: **3.5**^{09}

2. Eingabe mit der $\boxed{\wedge}$-Taste
   Eingabe: $\boxed{3.5}\boxed{\times}\boxed{10}\boxed{\wedge}\boxed{9}\boxed{=}$
   Anzeige: **3.5**^{09}

Wie rechnet dein Taschenrechner?

Eingabe kleiner Zahlen in den Taschenrechner

Zwei Beispiele für $0{,}000000024 = 2{,}4 \cdot 10^{-8}$

1. Eingabe mit der $\boxed{x^y}$-Taste
   Eingabe: $\boxed{2.4}\boxed{\times}\boxed{10}\boxed{x^y}\boxed{8}\boxed{+/-}$
   Anzeige: **2.4**$^{-08}$

2. Eingabe mit der $\boxed{\wedge}$-Taste
   Eingabe: $\boxed{2.4}\boxed{\times}\boxed{10}\boxed{\wedge}\boxed{8}\boxed{+/-}$
   Anzeige: **2.4**$^{-08}$

Wie rechnet dein Taschenrechner?

1 a) Gib in deinen Taschenrechner die Zahl 3,5 ein und multipliziere sie mehrmals mit 1 000. Was fällt dir auf?
b) Gib die Zahlen in den Taschenrechner ein. Notiere die Anzeige.

$260 \cdot 10^8$	$13 \cdot 10^{12}$	$520 \cdot 10^9$	$4{,}4 \cdot 10^9$	$0{,}078 \cdot 10^6$
$330{,}5 \cdot 10^8$	$15 \cdot 10^{12}$	$0{,}2 \cdot 10^{18}$	$2\,100 \cdot 10^7$	$23{,}4 \cdot 10^{14}$

2 Berechne. Was stellst du fest?

$4{,}25 \cdot 10^7 \cdot 2\,000$	$42{,}5 \cdot 10^6 \cdot 2\,000$	$4{,}25 \cdot 10^{10} \cdot 2$	$0{,}425 \cdot 10^{10} \cdot 20$
$425 \cdot 10^5 \cdot 2\,000$	$4{,}25 \cdot 10^8 \cdot 200$	$4{,}25 \cdot 10^9 \cdot 20$	$0{,}425 \cdot 10^{11} \cdot 2$

3 Berechne.
a) $7 \cdot 10^5 \cdot 21$
b) $5 \cdot 10^7 \cdot 36$
c) $0{,}4 \cdot 10^3 \cdot 333$
d) $3{,}5 \cdot 10^9 \cdot 30$
e) $0{,}04 \cdot 10^2$
f) $5{,}45 \cdot 10^{21} : 5$
g) $1{,}8 \cdot 10^{12} : 9$
h) $3{,}2 \cdot 10^6 \cdot 22$
i) $0{,}45 \cdot 10^{18} : 15$

4 a) Gib in deinen Taschenrechner die Zahl 2,4 ein und dividiere sie mehrmals durch 10. Was fällt dir auf?
b) Gib die Zahlen in den Taschenrechner ein. Notiere die Anzeige.

$0{,}1 \cdot 10^{-6}$	$0{,}025 \cdot 10^{-4}$	$45 \cdot 10^{-10}$	$0{,}06 \cdot 10^{-4}$	$331 \cdot 10^{-8}$
$89 \cdot 10^{-15}$	$1{,}203 \cdot 10^{-5}$	$1{,}3 \cdot 10^{-5}$	$2\,505 \cdot 10^{-10}$	$0{,}807 \cdot 10^{-3}$

5 Bestimme das richtige Ergebnis. Erkläre.
a) $3 \cdot 10^{-2} = $ **0.03** oder **0.3**
b) $1{,}2 \cdot 10^{-4} = $ **0.00012** oder **0.0012**
c) $0{,}9 \cdot 10^{-3} = $ **0.009** oder **0.0009**
d) $0{,}06 \cdot 10^{-4} = $ **0.0006** oder **0.000006**

6 Um die unvorstellbar großen Entfernungen im Weltall einigermaßen wiederzugeben, werden sie in Lichtjahren gemessen. Dabei ist ein Lichtjahr die Strecke, die das Licht in einem Jahr zurücklegt. Das sind $9{,}4608 \cdot 10^{12}$ km.
a) Berechne die Lichtgeschwindigkeit in km pro Sekunde.
b) Wie lange braucht das Licht von der Sonne zur Erde (Entfernung: $1{,}496 \cdot 10^8$ km)? Gib in Minuten an und runde auf eine Dezimalstelle.
c) Berechne die Entfernung Erde – Mond in km, wenn das Licht vom Mond bis zur Erde 1,28 s benötigt.

7 Alle bekannten Stoffe sind aus einzelnen Atomen aufgebaut. Die Stoffe unterscheiden sich nur durch die unterschiedliche Anzahl der Kernteilchen. Der Kern ist aus elektrisch positiven Protonen (Masse ca. $1{,}673 \cdot 10^{-24}$ g) und etwa gleich schweren Neutronen aufgebaut.
a) Berechne die Masse eines Elektrons. Es wiegt den 1 836-ten Teil eines Protons.
b) Der Kern eines Uran-Atoms besteht aus 92 Protonen und 146 Neutronen. Berechne die Masse des Atomkerns.

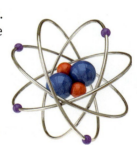

Lösungen zu 6 und 7

$9{,}112 \cdot 10^{-28}$	
$3{,}982 \cdot 10^{-22}$	
8,3	384 000
300 000	

Nano bis Giga

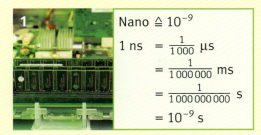

1 Nano $\triangleq 10^{-9}$

$1 \text{ ns} = \frac{1}{1\,000} \text{ μs}$
$= \frac{1}{1\,000\,000} \text{ ms}$
$= \frac{1}{1\,000\,000\,000} \text{ s}$
$= 10^{-9} \text{ s}$

Die Zugriffszeiten auf Arbeitsspeicher betragen etwa 70 ns. Festplatten weisen dagegen eine Zugriffszeit von ca. 9 ms auf. Um wie viel mal schneller ist der Arbeitsspeicher?

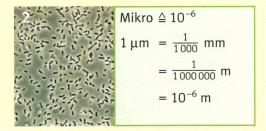

2 Mikro $\triangleq 10^{-6}$

$1 \text{ μm} = \frac{1}{1\,000} \text{ mm}$
$= \frac{1}{1\,000\,000} \text{ m}$
$= 10^{-6} \text{ m}$

Bakterien	0,5 – 20 μm
menschliches Haar	0,07 mm
rote Blutkörperchen	7 μm
weiße Blutkörperchen	7 – 20 μm
Atom	0,0001 μm

a) Vergleiche die Größen.
b) Wie viele Haare (Atome) haben aneinandergereiht auf einem 1 mm-Abschnitt Platz? Runde jeweils auf Ganze.

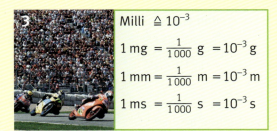

3 Milli $\triangleq 10^{-3}$

$1 \text{ mg} = \frac{1}{1\,000} \text{ g} = 10^{-3} \text{ g}$
$1 \text{ mm} = \frac{1}{1\,000} \text{ m} = 10^{-3} \text{ m}$
$1 \text{ ms} = \frac{1}{1\,000} \text{ s} = 10^{-3} \text{ s}$

Bei einem Motorrad-Grand-Prix-Rennen benötigte der Schnellste für eine Runde (3 670 m) 84,776 s. Damit war er nur 11 ms schneller als der Zweite.
Wie viel Meter Vorsprung bedeutete dies?

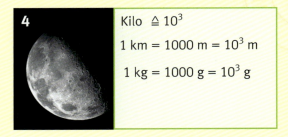

4 Kilo $\triangleq 10^3$

$1 \text{ km} = 1000 \text{ m} = 10^3 \text{ m}$
$1 \text{ kg} = 1000 \text{ g} = 10^3 \text{ g}$

a) Der Mond hat eine Masse von 73 490 000 000 000 000 000 000 kg. Gib als Zehnerpotenz an.
b) Die Erde hat ein Volumen von $1{,}08 \cdot 10^{12}$ km³. Wie oft würde der Mond ($V = 2{,}19 \cdot 10^{10}$ km³) in die Erde passen?

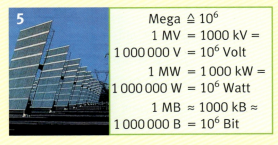

5 Mega $\triangleq 10^6$

$1 \text{ MV} = 1000 \text{ kV} = 1\,000\,000 \text{ V} = 10^6 \text{ Volt}$
$1 \text{ MW} = 1000 \text{ kW} = 1\,000\,000 \text{ W} = 10^6 \text{ Watt}$
$1 \text{ MB} \approx 1000 \text{ kB} \approx 1\,000\,000 \text{ B} = 10^6 \text{ Bit}$

Die größte Photovoltaikanlage der Welt hat insgesamt eine Leistung von 150 MW. Wie viele Glühlampen mit 30 Watt könnte man damit zum Leuchten bringen?

6 Giga $\triangleq 10^9$

$1 \text{ GB} \approx 1\,000 \text{ MB}$
$\approx 1\,000\,000 \text{ KB}$
$\approx 1\,000\,000\,000 \text{ B}$
$= 10^9 \text{ B}$

Eine Werbeagentur möchte 168 digitale Filme mit einer durchschnittlichen Speichergröße von jeweils 90 MB auf Festplatte speichern.
Reicht dafür eine 80 GB-Festplatte aus?

7 Finde im Internet die Begriffe „Pika" und „Tera" und versuche sie größenmäßig einzuordnen.

Quadratzahlen und Quadratwurzeln berechnen

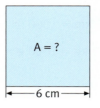

1 Bestimme die Seitenlängen und Flächeninhalte der Quadrate. Erkläre.

2

	a)	b)	c)	d)	e)	f)	g)
Quadratseite	1 cm	4 cm	■	■	3 cm	■	15 cm
Quadratfläche	■	■	25 cm²	81 cm²	■	100 cm²	■

Quadratzahl
Quadratwurzel

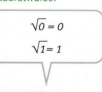

$\sqrt{0} = 0$

$\sqrt{1} = 1$

Quadratzahl	Quadratwurzel
$3 \cdot 3 = 3^2 = 9$	$\sqrt{81} = \sqrt{9^2} = \sqrt{9 \cdot 9} = 9$
9 ist die Quadratzahl von 3.	9 ist die Quadratwurzel aus 81.
Quadrieren: 3^2 („drei hoch zwei")	Wurzel ziehen: $\sqrt{81}$ („Wurzel aus 81")

3 Berechne die Quadratzahlen.
  a) $1^2, 2^2, ..., 10^2$ b) $11^2, 12^2, ..., 20^2$ c) $10^2, 20^2, ..., 100^2$

4 Bestimme die Quadratwurzel. Notiere auch die Umkehraufgabe.
  a) $\sqrt{49}$ b) $\sqrt{81}$ c) $\sqrt{121}$ d) $\sqrt{9}$ e) $\sqrt{16}$ f) $\sqrt{144}$

5 $\sqrt{8100} = \sqrt{81 \cdot 100} = \sqrt{81} \cdot \sqrt{100} = 90$
  a) $\sqrt{4900}$ b) $\sqrt{2500}$ c) $\sqrt{900}$ d) $\sqrt{12100}$
  e) $\sqrt{22500}$ f) $\sqrt{6400}$ g) $\sqrt{14400}$ h) $\sqrt{400}$

6 Ordne die Quadratzahlen ihren Ergebnissen zu und erkläre.

4^2 $(-4)^2$ $(\frac{1}{4})^2$ $\frac{1^2}{4}$ $(\frac{-1}{4})^2$ $\frac{1}{4^2}$ 16 -16 $\frac{1}{4}$ $-\frac{1}{16}$

$(\frac{1}{-4})^2$ $-(\frac{1}{4})^2$ $\frac{1}{-4^2}$ $\frac{1}{16}$

7 Bestimme die Wurzel und notiere die Umkehraufgabe.
  a) $\sqrt{0{,}04}$ b) $\sqrt{1{,}44}$ c) $\sqrt{0{,}36}$ d) $\sqrt{0{,}49}$ e) $\sqrt{0{,}16}$ f) $\sqrt{2{,}25}$
  g) $\sqrt{\frac{9}{100}}$ h) $\sqrt{\frac{81}{100}}$ i) $\sqrt{\frac{64}{100}}$ j) $\sqrt{\frac{121}{10000}}$ k) $\sqrt{\frac{4}{25}}$ l) $\sqrt{\frac{10000}{10000}}$

8 Jede natürliche Zahl kann man als Summe von höchstens vier Quadratzahlen schreiben: $30 = 1^2 + 2^2 + 3^2 + 4^2$.
Schreibe die Zahlen 29, 54, 87, 108 als Summe von Quadratzahlen.

Näherungswerte von Quadratwurzeln ermitteln

9 m²   12 m²   16 m²

1 a) Bestimme die Seitenlänge der Quadrate. Bei einem kannst du sie nicht sofort angeben. Erkläre.
    b) Du kannst die Seitenlänge dieses Quadrates aber schätzen. Erläutere.

2

1. Schritt: Benachbarte Quadratzahlen ganzer Zahlen suchen
$\sqrt{9} < \sqrt{12} < \sqrt{16}$
$3 < \sqrt{12} < 4$ Ergebnis: $\sqrt{12}$ liegt zwischen 3 und 4.

2. Schritt: Wir probieren die Zahl 3,5:
$3{,}5^2 = 3{,}5 \cdot 3{,}5 = 12{,}25$ Ergebnis: $\sqrt{12}$ ist kleiner als 3,5

3. Schritt: Wir probieren die Zahl 3,4:   Ergebnis: $\sqrt{12}$ ist größer als 3,4.
$3{,}4^2 = 3{,}4 \cdot 3{,}4 = 11{,}56$ Also: $\sqrt{12}$ liegt zwischen 3,4 und 3,5.

a) Der Wert $\sqrt{12}$ kann näherungsweise bestimmt werden. Erkläre.
b) Führe zwei weitere Schritte durch.
c) Grenze die Werte wie im Beispiel ein (bis zwei Stellen nach dem Komma). Kontrolliere durch die Umkehraufgabe (Quadrieren):

| $\sqrt{6}$ | $\sqrt{15}$ | $\sqrt{20}$ | $\sqrt{28}$ | $\sqrt{42}$ | $\sqrt{55}$ | $\sqrt{60}$ | $\sqrt{76}$ | $\sqrt{97}$ |

3 Zwischen welchen ganzen Zahlen liegen jeweils die Wurzeln?

a) ■ < $\sqrt{172}$ < ■   b) ■ < $\sqrt{198}$ < ■   c) ■ < $\sqrt{310}$ < ■
d) ■ < $\sqrt{115}$ < ■   e) ■ < $\sqrt{210}$ < ■   f) ■ < $\sqrt{150}$ < ■
g) ■ < $\sqrt{510}$ < ■   h) ■ < $\sqrt{1000}$ < ■   i) ■ < $\sqrt{1360}$ < ■

$5 < \sqrt{30} < 6$
denn
$5^2 < 30 < 6^2$

4 In bestimmten Situationen verwendet man für $\sqrt{3}$ z. B. 1,7 oder 1,73 oder 1,732. Zeige, dass diese Werte nur Näherungswerte sind.

5 Bestimme die Seitenlängen der Quadrate mit folgenden Flächeninhalten:
a) 72 mm²   b) 133 cm²   c) 43 m²   d) 156 km²   e) 420 dm²

6 a) Gib alle Zahlen zwischen 0 und 400 an, bei denen die Quadratwurzel eine natürliche Zahl ist.
b) Nenne Zahlen, bei denen die Quadratwurzel kleiner als die Zahl ist.
c) Nenne Zahlen, bei denen die Quadratwurzel größer als die Zahl ist.

Quadratzahlen und Quadratwurzeln berechnen

Zuerst alle Rechnungen unter der Wurzel durchführen, dann Wurzel ziehen!

Aufgabe	Tastenfolge	Anzeige
$\sqrt{25}$	[25][√]	5
$\sqrt{20{,}25}$	[20.25][√]	4.5
$\sqrt{15 \cdot 2}$	[15][×][2][=][√]	5.477225575
$\sqrt{87+13}$	[87][+][13][=][√]	10

1 Mit dem Taschenrechner lassen sich Quadratwurzeln bestimmen. Berechne die obigen Aufgaben mit dem Taschenrechner. Erfinde weitere Aufgaben mit Divisionen und Subtraktionen unter der Wurzel und berechne ebenfalls.

2 Berechne. Runde auf drei Stellen hinter dem Komma.
  a) $\sqrt{1{,}21 + 1{,}69}$ b) $\sqrt{64 + 36}$ c) $\sqrt{1\,502 - 46}$ d) $\sqrt{320 - 24}$
  e) $\sqrt{6\,000 - 123}$ f) $\sqrt{12 \cdot 14}$ g) $\sqrt{30 \cdot 17}$ h) $\sqrt{360 : 60}$
  i) $\sqrt{15 \cdot 6}$ j) $\sqrt{10 \cdot 1{,}6}$ k) $\sqrt{1\,331 : 11}$ l) $\sqrt{2\,548 : 13}$

3 Bestimme folgende Wurzeln. Was fällt dir auf?
  a) $\sqrt{90\,000}$ $\sqrt{900}$ $\sqrt{9}$ $\sqrt{0{,}09}$ $\sqrt{0{,}0009}$ $\sqrt{9\,000\,000}$
  b) $\sqrt{1\,960\,000}$ $\sqrt{19\,600}$ $\sqrt{196}$ $\sqrt{1{,}96}$ $\sqrt{0{,}0196}$ $\sqrt{196\,000\,000}$

4 Zur schnelleren Berechnung der Quadratzahl besitzt der Taschenrechner die Taste [x^2]. Schreibe die Tastenfolgen als Rechenausdruck und bestimme die Ergebnisse.

| Tastenfolge | [17][x^2] | [90][−][19][=][x^2] | [23][+][11][=][x^2] | [9][×][6][=][x^2] |

5 Richtig oder falsch? Korrigiere gegebenenfalls.
  a) $14^2 = 28$ b) $(19 + 3)^2 = 370$ c) $20^2 = 400$ d) $(250 : 10)^2 = 652$
  e) $(2 \cdot 2{,}5)^2 = 25$ f) $(24 - 16)^2 = 320$ g) $(0{,}5 \cdot 18)^2 = 81$ h) $(-7)^2 = 49$

6 Berechne und ordne die Aussagen richtig zu. Erstelle selbst ähnliche Zuordnungsaufgaben.

$\sqrt{0{,}6} = \blacksquare$
$\sqrt{14} = \blacksquare$
$\sqrt{1{,}44} = \blacksquare$
$\sqrt{324} = \blacksquare$

  a) Die Wurzel ist eine natürliche Zahl.
  b) Die Wurzel ist ein Dezimalbruch mit einer Stelle hinter dem Komma.
  c) Die Wurzel ist ein Dezimalbruch mit mehreren Stellen hinter dem Komma.
  d) Die Wurzel ist kleiner als 1.

7 Hat Marion oder Peter recht? Begründe.

$\sqrt{2} = 1{,}4142136!$

Nein, $1{,}4142136^2$ ist nicht genau 2!

Kubikwurzeln berechnen 43

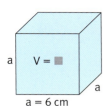 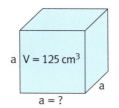

1 Bestimme jeweils die fehlenden Größen und erkläre.

2 Ergänze die fehlenden Werte für einen Würfel.

Kantenlänge a	1 cm	3 cm	■	■	4 cm	■
Volumen V	■	■	343 cm³	8 cm³	■	216 cm³

> **Dritte Potenz**
> $6 \cdot 6 \cdot 6 = 6^3 = 216$
> 216 ist die dritte Potenz von 6.
> Potenzieren (dritte Potenz):
> 6^3 („Sechs hoch 3")
>
> **Dritte Wurzel (Kubikwurzel)**
> $\sqrt[3]{216} = \sqrt[3]{6 \cdot 6 \cdot 6} = 6$
> 6 ist die dritte Wurzel von 216.
> Dritte Wurzel (Kubikwurzel) ziehen:
> $\sqrt[3]{216}$ („dritte Wurzel von 216")

dritte Potenz
dritte Wurzel

3 Schreibe als Produkt mit drei gleichen Faktoren und als dritte Potenz.

| 1 | 27 | 64 | 216 | 343 | 512 | 729 | 1000 | 1331 | 1728 | 8000 | 9 261 |

4 Bestimme die dritte Wurzel. Notiere auch jeweils die Umkehraufgabe.

a) $\sqrt[3]{8}$ b) $\sqrt[3]{512}$ c) $\sqrt[3]{1}$ d) $\sqrt[3]{729}$ e) $\sqrt[3]{1000}$ f) $\sqrt[3]{343}$

5
> Beispiel: $\sqrt[3]{70}$
> [70] [SHIFT] [∛] [=] 4,1212853
> [70] [SHIFT] [x^1/y] [3] [=] 4,1212853
> Ergebnis gerundet: 4,121
> Kontrolle: $4{,}121^3 \approx 70$

Berechne, runde auf drei Nachkommastellen und überprüfe durch Potenzieren.

a) $\sqrt[3]{92}$ b) $\sqrt[3]{5{,}5}$ c) $\sqrt[3]{48\,000}$
d) $\sqrt[3]{0{,}18}$ e) $\sqrt[3]{689}$ f) $\sqrt[3]{2549}$
g) $\sqrt[3]{0{,}64}$ h) $\sqrt[3]{625}$ i) $\sqrt[3]{2800}$

6 a) $3 \cdot \sqrt[3]{27}$ b) $9 \cdot \sqrt[3]{125}$ c) $\frac{1}{2} \cdot \sqrt[3]{729}$ d) $\sqrt[3]{81} \cdot 4 - \sqrt[3]{81}$ e) $2 \cdot \sqrt[3]{100} + \sqrt[3]{100}$

7 a) Miriam grenzt $\sqrt[3]{50}$ durch Probieren mit dem Taschenrechner ein. Erkläre und notiere Miriams Ergebnis im Heft.
b) Grenze ebenso ein. Notiere das Ergebnis mit einer Nachkommastelle.

$\sqrt[3]{20}$ $\sqrt[3]{200}$ $\sqrt[3]{490}$ $\sqrt[3]{3000}$
$\sqrt[3]{40}$ $\sqrt[3]{400}$ $\sqrt[3]{360}$ $\sqrt[3]{5000}$
$\sqrt[3]{80}$ $\sqrt[3]{700}$ $\sqrt[3]{630}$ $\sqrt[3]{7200}$

> ■ $< \sqrt[3]{50} <$ ■
> $3^3 = 27$ zu klein
> $4^3 = 64$ zu groß
> $3{,}6^3 = 46{,}656$ zu klein
> $3{,}7^3 = 50{,}653$ zu groß
> $3{,}6^3 < \sqrt[3]{50} < 3{,}7^3$

44 Reinquadratische Gleichungen lösen

$x^2 = 25$ $x^2 = 2{,}56$ $x^2 = 0{,}04$ $y^2 - 81 = 0$ $x^2 - 1{,}44 = 0$ $x^2 - 3 = 6$

$b^2 = 196$ $a^2 = \frac{4}{9}$

1 Berechne die Variablen. Löse im Kopf

$6x^2 - 12 = 138$	$/+12$	Variable isolieren
$6x^2 = 150$	$/:6$	Durch Faktor vor der Variablen dividieren
$x^2 = 25$	$/\sqrt{}$	Radizieren
$x_{1,2} = \pm\sqrt{25}$		2 Lösungen beachten: Es gibt zwei Zahlen, deren Quadrat 25 ergibt.

reinquadratische Gleichung

Lösungsschritte

$x_1 = +\sqrt{25}$ $x_2 = -\sqrt{25}$ Lösungen berechnen
$x_1 = 5$ $x_2 = -5$

$6 \cdot 5^2 - 12 = 138$ $6 \cdot (-5)^2 - 12 = 138$ Einsetzprobe durchführen

Lösungsmenge $L = \{5; -5\}$ Lösungsmenge angeben

2 Gleichungen wie im Merkkasten und aus Aufgabe 1 nennt man reinquadratische Gleichungen. Die Variable x kommt nur als Quadratzahl (in der zweiten Potenz) vor. Erkläre das Beispiel und löse ebenso.
 a) $x^2 + 5 = 14$ b) $4x^2 - 8 = 1$ c) $x^2 = 0{,}09$ d) $x^2 = 81$
 e) $\frac{1}{4}x^2 = 9$ f) $1{,}4y^2 - 2{,}3 = -1{,}95$ g) $2x^2 - 242 = 0$ h) $6x^2 - 17 = 37$

3 Bestimme die Lösungsmenge. Notiere wie im Merkkasten. Runde, wenn nötig, auf zwei Stellen hinter dem Komma.
 a) $1{,}5z^2 + 0{,}2 = 1{,}16$ b) $92{,}5 = 12{,}5 + 5x^2$ c) $\frac{3}{7}x^2 - 111 = 78$
 d) $0 = \frac{7}{10}m^2 - 84$ e) $0{,}3x^2 - 2{,}7 = 0$ f) $4a^2 = 200 + 2a^2$
 g) $23y^2 - 88 = 16y^2 + 87$ h) $-7b^2 + 0{,}8 = b^2 - 31{,}2$ i) $-2x^2 - 6{,}5 = -4x^2 - 5{,}5$

Lösungen zu 4 und 5

-17	-18
18	6
$35{,}6$	17
5	19
-19	

4 Welche Zahlen sind gesucht?
 a) Subtrahiert man vom Quadrat einer Zahl 324, so erhält man 0.
 b) Multipliziert man eine Zahl mit sich selbst und verdreifacht dieses Produkt, erhält man 867.
 c) Dividiert man das Quadrat einer Zahl durch 2 und addiert zu dem Quotienten die Zahl 20, so erhält man 200,5.

5 Die Seitenlängen a und der Radius r sind jeweils gesucht. Notiere zu jeder Aufgabe eine Gleichung und gib die Lösungsmenge an.
 a) Ein Würfel hat eine Oberfläche von 216 cm².
 b) Ein quadratisches Grundstück hat einen Flächeninhalt von 1 267,36 m².
 c) Ein Kreis besitzt den Flächeninhalt 78,5 cm².
 d) Hier sind negative Lösungen nicht sinnvoll. Begründe.

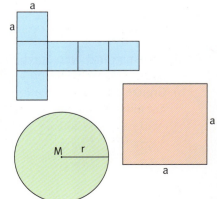

Reinquadratische Gleichungen lösen 45

$x^2 = 81$	$x^2 = 0$	$x^2 = -3$
$x_{1,2} = \pm\sqrt{81}$	$x_{1,2} = \pm\sqrt{0}$	
$x_1 = 9 \quad x_2 = -9$	$x = 0$	
Für $x^2 > 0$ gibt es zwei Lösungen.	Für $x^2 = 0$ gibt es eine Lösung.	Für $x^2 < 0$ gibt es keine Lösung, da es (im bekannten Zahlenraum $\mathbb{R}$) keine Zahl gibt, deren Quadrat negativ ist.
$L = \{9; -9\}$	$L = \{0\}$	$L = \emptyset$

Fallunterscheidung:
zwei Lösungen
eine Lösung
keine Lösung

1 Erkläre die Fallunterscheidungen. Löse ebenso und begründe.
a) $x^2 = 144$ b) $y^2 = -56$ c) $15 = y^2 + 15$ d) $x^2 = -\frac{4}{9}$
e) $2x^2 + 2 = 0$ f) $\frac{1}{3}m^2 - \frac{1}{3} = 0$ g) $-4{,}5 + z^2 = 4{,}5$ h) $5x^2 - 16 = -16$

2 Gib die Lösungsmenge an. Runde, wenn nötig, auf zwei Stellen nach dem Komma.
a) $10z^2 - 810 = 0$ b) $3y^2 + 6 = -3$ c) $\frac{x^2}{4} = 16$
d) $1 - 12m^2 = 1 - 16m^2$ e) $-9x^2 + 0{,}8 = 169{,}8 - 10x^2$ f) $2z^2 + 2 = 3z^2 + 3$
g) $5a^2 + 143 = 2a^2 + 100$ h) $30t^2 + 10 + 3t^2 = 37t^2 - 26$ i) $8x^2 + 21 = -x^2 - 5$

3 Finde die Fehler und rechne die Aufgaben richtig im Heft.

a)
$(z^2 - 4{,}5) \cdot 3 = 13{,}5$
$z^2 - 4{,}5 = 4{,}5$
$z^2 = 9$
$z = 3$ ✗

b)
$0 = (2{,}2 + 4x^2) : 2 - x^2 - 0{,}61$
$0 = 1{,}1 + 2x^2 - x^2 - 0{,}61$
$0 = 0{,}49 + x^2$
$-0{,}49 = x^2$
$-0{,}7 = x$ ✗

4 Löse die Klammern auf und gib die Lösungsmenge an.
a) $2(3 + x^2) = 24$ b) $45 - 4z^2 = 0{,}5(z^2 - 54)$
c) $4b^2 + b^2 - 13 = (3 + b^2) \cdot 4$ d) $\frac{1}{2}(6 - s^2) + 37{,}5 - 4s^2 = 0$
e) $(x^2 + 16) : 4 + 0{,}25x^2 = -20$ f) $(5{,}5a^2 - 3{,}5) \cdot 1{,}5 = a^2 + 1{,}5(5{,}5a^2 - 3{,}5)$

Lösungen zu 3, 4 und 6

(5|−5)	(4|−4)
(3|−3)	∅
(3|−3)	(3|−3)
(12|−12)	(19|−19)
(7|−7)	0
∅	

5 Setze für die Variable a Zahlen ein, sodass die Gleichung zwei Lösungen, eine Lösung oder keine Lösung besitzt. Notiere jeweils drei Beispiele.
a) $x^2 - a = 0$ b) $6y^2 = a$ c) $4x^2 + 2a = 0$ d) $\frac{1}{4}y^2 - 4a = 0$

6 Stelle Gleichungen auf und bestimme die Lösungsmenge.

A Multipliziere die Differenz aus dem Quadrat einer Zahl und 23 mit 4. Als Ergebnis erhältst du 484.

B Dividiere das Quadrat einer Zahl durch 2 und addiere zum Quotienten 20, so erhältst du die Hälfte von 401.

C Das Vierfache einer Quadratzahl vermindert um 49 ist ebenso groß wie die Summe aus dem Zweifachen der Quadratzahl und 49.

Aufgaben aus der Geometrie lösen

1 In einem Stadtpark wird ein begehbares Schachbrett aus quadratischen Betonsteinen errichtet. Das Schachbrettmuster (64 Felder) soll auf jeder Seite durch Randsteine (50 cm Breite) eingefasst werden.
Insgesamt kann eine Fläche von 33,64 m² für die Anlage verwendet werden.

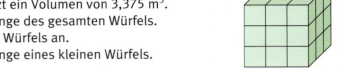

a) Berechne die Seitenlänge der gesamten Fläche.
b) Wie lang ist die Seite eines Schachfeldes?
c) Berechne den Flächeninhalt aller Schachfelder.
d) Wie viele Meter Randsteine braucht man?

Lösungen zu 1 bis 3

138,56	1,5
0,5	13,5
5,8	0,6
23,04	21,2

2 Der gesamte Würfel besitzt ein Volumen von 3,375 m³.
a) Berechne die Kantenlänge des gesamten Würfels.
b) Gib die Oberfläche des Würfels an.
c) Berechne die Kantenlänge eines kleinen Würfels.

3 Ein rechteckiges Grundstück ist dreimal so lang wie breit. Der Flächeninhalt beträgt 900 m². Wie groß ist der Umfang des Grundstücks?

TRIMM-DICH-ZWISCHENRUNDE

1 Notiere als Zehnerpotenz in Standardschreibweise.
a) 87 500 000 000
b) 94 670 000 000
c) 6 785 000 000 000
d) 0,0000806
e) 0,000000657
f) 0,000000000894

2 <, > oder =?
a) $1{,}2 \cdot 10^{-5}$ ■ 0,0012
b) $4{,}2 \cdot 10^{7}$ ■ $0{,}042 \cdot 10^{9}$
c) $4{,}1 \cdot 10^{-6}$ ■ 0,0000006
d) $0{,}041 \cdot 10^{4}$ ■ 410
e) $5{,}7 \cdot 10^{-4}$ ■ 5 700 000
f) $9{,}2 \cdot 10^{5}$ ■ 0,000092

3 Die Masse der Erde beträgt $5{,}97 \cdot 10^{21}$ t. Die Sonne ist ungefähr 333 200-mal so schwer. Gib die Masse der Sonne in Standardschreibweise an.

4 Berechne jeweils die Quadratwurzel bzw. die Kubikwurzel.
a) $\sqrt{16}$ $\sqrt{1600}$ $\sqrt{160\,000}$
b) $\sqrt[3]{1728}$ $\sqrt[3]{3{,}375}$ $\sqrt[3]{8615{,}125}$

5 Bestimme die Lösungsmenge.
a) $7x^2 = 141{,}75$
b) $37 + 2y^2 = 237$
c) $58 - (0{,}5x^2 - 12) \cdot 2 = 18$

6 Berechne jeweils die Seitenlänge des Quadrats.
a) Ein Rechteck (a = 8 cm; b = 6 cm) hat den gleichen Flächeninhalt wie das Quadrat.
b) Ein Kreis mit r = 6 cm hat den gleichen Flächeninhalt wie das Quadrat.

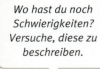

Wo hast du noch Schwierigkeiten? Versuche, diese zu beschreiben.

AUF EINEN BLICK

Potenzen und Wurzeln wiederholen

Zehnerpotenzen bei großen Zahlen

Zehnerzahlen (Stufenzahlen von 10) lassen sich als Zehnerpotenzen schreiben. Die Hochzahl (der Exponent) gibt die Anzahl der Nullen an.

$10^1 = 10$
$10^2 = 10 \cdot 10 = 100$
$1\,260\,000 = 1{,}26 \cdot 10^6$ (Standardschreibweise)

Zehnerpotenzen bei kleinen Zahlen

Die negative Hochzahl gibt an, aus wie vielen „Zehntel-Faktoren" die Zahl besteht.

$10^{-1} = \frac{1}{10^1} = \frac{1}{10} = 0{,}1$
$10^{-2} = \frac{1}{10^2} = \frac{1}{100} = 0{,}01$
$0{,}0000126 = 1{,}26 \cdot 10^{-5}$ (Standardschreibweise)

Quadratzahlen und Quadratwurzeln

Multipliziert man eine Zahl mit sich selbst (quadrieren), so erhält man ihre Quadratzahl.

$3 \cdot 3 = 3^2 = 9$

Die Quadratwurzel einer Zahl ist diejenige positive Zahl, die mit sich selbst multipliziert wieder die Ausgangszahl ergibt. Man schreibt $\sqrt{x}$.

$\sqrt{64} = \sqrt{8^2} = \sqrt{8 \cdot 8} = 8 \qquad \sqrt{0} = 0$

Dritte Potenzen und Kubikwurzeln

Multipliziert man eine Zahl dreimal mit sich selbst, so erhält man die dritte Potenz der Zahl.
$3 \cdot 3 \cdot 3 = 3^3 = 27$
Die Kubikwurzel einer Zahl ist diejenige positive Zahl, die dreimal mit sich selbst multipliziert wieder die Ausgangszahl ergibt.
Man schreibt $\sqrt[3]{x}$.
$\sqrt[3]{27} = \sqrt[3]{3 \cdot 3 \cdot 3} = \sqrt[3]{3^3} = 3$

Reinquadratische Gleichungen

Die Variable kommt nur quadratisch vor. Man unterscheidet drei Fälle:
$x^2 = -9$ keine Lösung, da $x^2 < 0$
$x^2 = 0$ eine Lösung: $x = 0$
$x^2 = 9$ zwei Lösungen: $x_{1,2} = \pm\sqrt{9}$
                $x_1 = -3 \quad x_2 = 3$

1 Schreibe als Zehnerpotenz in Standardschreibweise.
a) 40 000   b) 500 000
c) 14 000 000   d) 3 800 000 000
e) 477 000 000   f) 345 000 000 000

2 Welche Zahlen sind gleich?

A	$4{,}05 \cdot 10^6$	B	$40{,}5 \cdot 10^8$
C	405 Millionen	D	$4{,}05 \cdot 10^9$
E	4,05 Millionen	F	$0{,}405 \cdot 10^9$

3 Schreibe als Dezimalzahl.
a) $7 \cdot 10^{-5}$ b) $65{,}7 \cdot 10^{-6}$
c) $1{,}08 \cdot 10^{-7}$ d) $78{,}08 \cdot 10^{-4}$

4 Schreibe als Zehnerpotenz in Standardschreibweise.
a) 0,000000034   b) 0,00000000034
c) 0,00000048   d) 0,000000084

5 Berechne. Ist das Ergebnis kleiner oder größer als die Ausgangszahl?
a) $0{,}4^2$ b) $1{,}4^2$ c) $0{,}15^2$
d) $0{,}9^2$ e) $1{,}3^2$ f) $0{,}25^2$

6 Prüfe nach, ob richtig gerechnet wurde.
a) $\sqrt{1{,}44} = 1{,}2$ b) $\sqrt{19{,}6} = 14$
c) $\sqrt{1{,}21} = 1{,}1$ d) $\sqrt{0{,}2} = 0{,}4$
e) $\sqrt{8{,}1} = 0{,}9$ f) $\sqrt{324} = 18$

7 Bestimme die Zahl unter der Wurzel.
a) $\sqrt{\blacksquare} = 150$ b) $\sqrt{\blacksquare} = 15$
c) $\sqrt{\blacksquare} = 1{,}5$ d) $\sqrt{\blacksquare} = 0{,}15$
e) $\sqrt{\blacksquare} = \frac{1}{4}$ f) $\sqrt{\blacksquare} = \frac{1}{11}$

8 Für welche Zahlen ist die Kubikwurzel größer oder kleiner als die Zahl selbst? Kontrolliere durch Potenzieren.
a) $\sqrt[3]{0{,}064}\ \blacksquare\ 0{,}064$ b) $\sqrt[3]{0{,}125}\ \blacksquare\ 0{,}125$
c) $\sqrt[3]{1{,}728}\ \blacksquare\ 1{,}728$ d) $\sqrt[3]{216}\ \blacksquare\ 216$
e) $\sqrt[3]{0{,}008}\ \blacksquare\ 0{,}008$ f) $\sqrt[3]{0{,}001}\ \blacksquare\ 0{,}001$

AUF EINEN BLICK

9 Notiere die Größe der Kontinente als Potenzen in der Standardschreibweise.

Afrika	30 300 000 km²
Nordamerika	24 900 000 km²
Südamerika	17 800 000 km²
Australien/Ozeanien	8 500 000 km²
Antarktis	12 200 000 km²
Europa	10 500 000 km²
Asien	44 400 000 km²

10 Schreibe das Ergebnis in der Standardschreibweise.
a) 10 000 000 · 124 000
b) 964 000 000 · 100 000 000
c) 15 : 100 000 000
d) 340 : 1 000 000 000

11 Aus der Länge des Bremsweges s in Meter lässt sich auf die Geschwindigkeit v in $\frac{km}{h}$ mit $v = 10 \cdot \sqrt{s}$ schließen.
a) Berechne v, runde sinnvoll.

s (m)	15	45	78	150	200

b) Berechne den Bremsweg s.

v ($\frac{km}{h}$)	30	50	100	130	180

12 Welchen Fehler macht Sascha? Warum stimmt trotzdem ein Ergebnis?

a) $\sqrt{16} = 8$ b) $\sqrt{36} = 18$
c) $\sqrt{4} = 2$ d) $\sqrt{64} = 32$
e) $\sqrt{20} = 10$ f) $\sqrt{30} = 15$

13 a) $3 \cdot \sqrt[3]{125} - 4 \cdot \sqrt[3]{216}$
b) $2{,}3 \cdot \sqrt[3]{10{,}648} - 1{,}5 \cdot \sqrt[3]{3{,}375}$
c) $\frac{1}{2} \cdot \sqrt[3]{729} + 2 \cdot \sqrt[3]{64}$
d) $\frac{1}{4} \cdot \sqrt[3]{29{,}791} - \frac{1}{5} \cdot \sqrt[3]{373{,}248}$

14 Licht legt in einer Sekunde ca. 300 000 km zurück. Die Entfernung, die Licht in einem Jahr zurücklegt, nennt man Lichtjahr.
a) Wie vielen Kilometern entspricht ein Lichtjahr?
b) Wie viele Kilometer legt das Licht in einem Menschenleben von 75 Jahren zurück?
c) Wie lange braucht das Licht von der Erde zum Mond (380 000 km)?
d) Das Licht der Sonne legt auf seinem Weg zur Erde rund $1{,}5 \cdot 10^8$ km zurück. Wie lange braucht es für diese Reise?

15 Der Dressurplatz bei Pferdeleistungsprüfungen ist doppelt so lang wie breit. Berechne die Maße des Dressurplatzes.

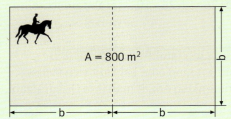

16 a) Ein Würfel hat eine Kantenlänge von 9 cm. Berechne den Flächeninhalt einer Seitenfläche und seine Oberfläche.
b) Bestimme die Kantenlänge eines Würfels mit einer Oberfläche von 294 cm².
c) Eine quadratische Säule hat ein Volumen von 324 cm³. Die Höhe der Säule beträgt 16 cm. Wie groß ist die Grundfläche dieser quadratischen Säule? Bestimme auch die Kantenlänge der Grundfläche.

17 Berechne den Durchmesser der Messzylinder bei folgenden Füllmengen.
a) 0,2 l   b) 10 ml   c) 2 l

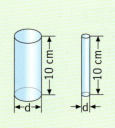
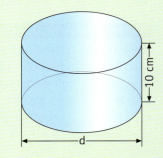

AUF EINEN BLICK

18 Bestimme jeweils die Kantenlänge a.
 a) $O = 150$ cm² b) $O = 360$ cm²

 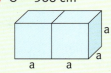

19 Bestimme die Lösungsmenge.
 a) $5z^2 + 9 = 14$
 b) $3x^2 = x^2 - 15$
 c) $(3 + y^2) \cdot 4 = 2{,}5 (y^2 + 7{,}2)$
 d) $4{,}5 (3 - x^2) + 5x^2 = -75$

20 Stelle Gleichungen auf und löse.
 a) Multipliziert man eine Zahl mit sich selbst und subtrahiert 15, so erhält man das Zweifache von 33.
 b) Dividiert man das Produkt aus einer Zahl mit sich selbst durch 2, erhält man den achten Teil von 4.

21 Zwei Quadrate, die jeweils einen Flächeninhalt von 36 cm² haben, werden entlang einer Diagonalen zerschnitten. Dann werden alle Teile wieder zu einem neuen Quadrat zusammengelegt. Bestimme die Seitenlänge des neuen Quadrats. Runde auf zwei Kommastellen.

22 Ein Fliesenleger legt Muster aus dreieckigen roten und gelben Fliesen. Aus jeweils vier bzw. acht Fliesen legt er ein Quadrat.

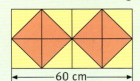

Bestimme die Seitenlängen einer Fliese.

23 Tobias gießt 2,5 l Wasser in ein zylindrisches Gefäß und misst eine Wasserstandshöhe von 12,2 cm.
 a) In welcher Höhe muss die Markierung für 0,5 l sein?
 b) Berechne den Durchmesser für 0,5 l, wenn die Höhe von 12,2 cm gleich bleibt.

24 Der Flächeninhalt eines Quadrates ist um 9 cm² kleiner als der eines Rechtecks. Die Länge des Rechtecks ist zweimal so groß wie die Seite des Quadrates, die Breite des Rechtecks ist so groß wie die Seite des Quadrates. Stelle eine Gleichung auf und berechne die Seitenlängen des Quadrates.

25 Passt eine Torte (Zylinderform) mit der Höhe 12 cm und einem Rauminhalt von 8 000 cm³ auf eine Tortenplatte mit einem Durchmesser von 32,5 cm? Rechne mit $\pi = 3{,}14$.

26 a) Der Radius der Erde beträgt $6{,}371 \cdot 10^6$ m, der Radius des Mondes $1{,}738 \cdot 10^6$ m. Berechne den Erd- und den Mondumfang.
 b) Die Erde ist $1{,}49598 \cdot 10^{11}$ m von der Sonne entfernt. Wie lang ist die fast kreisförmige Umlaufbahn der Erde um die Sonne?

27 Bestimme die Länge der Grundkante bzw. den Durchmesser und die Höhe der Körper.
 a) $V = 96$ m³ b) $V = 269{,}255$ m³

28 Der Durchmesser eines Sauerstoffmoleküls beträgt etwa $3 \cdot 10^{-8}$ cm.
 a) Wie viele solcher Moleküle würden nebeneinander gelegt eine 1 cm lange Strecke ergeben?
 b) In einem Kubikzentimeter Luft sind etwa 10^{15} Sauerstoffmoleküle enthalten. Wie lang wäre die Kette, wenn man alle Moleküle aneinander reiht?

TRIMM-DICH-ABSCHLUSSRUNDE

●●●● **1** Man schätzt, dass die Wasservorräte der Erde ca. $1{,}38 \cdot 10^{18}$ t betragen.
Davon liegen vor:

$1{,}344 \cdot 10^{18}$ t Weltmeere
$2{,}78 \cdot 10^{16}$ t Polareis, Meereis, Gletscher
$7{,}91 \cdot 10^{15}$ t Grundwasser, Bodenfeuchte
$2{,}9 \cdot 10^{14}$ t Seen und Flüsse

a) Schreibe die Zahlen ohne Potenzen.
b) Gib die Größen in Litern an (1 000 l Wasser wiegen 1 t). Verwende die Potenzschreibweise.

●●● **2** Runde das Ergebnis auf eine Stelle hinter dem Komma.
a) $\sqrt{1286}$ b) $\sqrt{4{,}64}$ c) $\sqrt{0{,}44}$ d) $\sqrt{1700}$ e) $\sqrt{15{,}3}$ f) $\sqrt{0{,}68}$

●●● **3** Bestimme die Lösungsmenge.
a) $x^2 = 324$ b) $x^2 = 1{,}96$ c) $8x^2 = 648$
d) $3{,}36x^2 = 164{,}64$ e) $6x^2 - 96 = 0$ f) $22x^2 - 78 = 15x^2 + 97$

●●● **4** Eine Raumfähre umkreist die Erde mit einer Geschwindigkeit von $2{,}8 \cdot 10^4 \frac{km}{h}$.
a) Berechne die Flugzeit in Stunden (Tagen), wenn sie dabei 7 200 000 km zurücklegt.
b) Welche Strecke legt die Raumfähre auf ihrer Umlaufbahn um die Erde zurück, wenn sie die Erde 60 Tage lang umkreist?
c) Wie lang wäre die Raumfähre auf geradem Weg zum Mars unterwegs, wenn man mit einer Entfernung von $7{,}5 \cdot 10^7$ km rechnet?

●●●● **5** Volumen- und Massenvergleich der beiden Planeten Jupiter und Erde.
a) Das Volumen des Planeten Jupiter beträgt $1{,}43 \cdot 10^{15}$ km³, das Volumen der Erde $1{,}07 \cdot 10^{12}$ km³. Wievielmal passt das Volumen der Erde in das des Jupiter?
b) Die Masse des Jupiter beträgt $1{,}894 \cdot 10^{24}$ t, die Erdmasse beträgt $5{,}975 \cdot 10^{21}$ t. Wie viele Erdmassen ergeben die Masse des Jupiter?

●● **6** In einem Quadrat mit der Seitenlänge 5 cm befindet sich ein kleines Quadrat. Berechne die Seitenlänge des kleineren Quadrates. Runde das Ergebnis auf zwei Dezimalstellen.

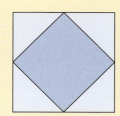

●● **7** In einen Container mit einem Fassungsvermögen von 54 m³ passt genau eine Lieferung mit 250 Computerbildschirmen. Die Monitore befinden sich jeweils in einem würfelförmigen Karton. Berechne die Seitenlänge eines Kartons.

●●●● **8** a) Wie ändert sich das Volumen eines Würfels, wenn die Kantenlänge verdoppelt (verdreifacht) wird?
b) Wie ändert sich die Kantenlänge eines Würfels, wenn das Volumen von 1 m³ auf 8 m³ (von 1 cm³ auf 27 cm³) vervielfacht wird?

KREUZ UND QUER

Zahl

Potenzen

$>$, $<$ oder $=$?
a) $0{,}0025 \cdot 10^4$ ▪ $2{,}5$
b) $38 \cdot 10^6$ ▪ $0{,}38 \cdot 10^8$
c) $4{,}7 \cdot 10^{-5}$ ▪ $0{,}00047$

Prozent

JUBILÄUMSRABATT!

Berechne und runde auf ganze Prozent.
a) die Preisminderung des Hemds in €
b) die Preisminderung der Hose in €
c) die Preisminderung insgesamt in €
d) die Preisminderung insgesamt in %

Messen

Sachaufgaben

a) Juri und seine Schwester Ina sind in zwei Jahren zusammen 20 Jahre alt. Juri ist 4 Jahre älter als Ina.
Wie alt sind die beiden jetzt?
b) Zum Mixen eines Cocktails benötigt man pro Glas jeweils $\frac{1}{8}$ l Orangensaft. Wie viele Gläser lassen sich aus einem 1,5 l-Getränkepack O-Saft herstellen?

Winkel

Bestimme die Winkelgrößen.

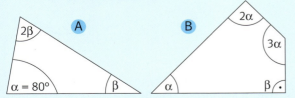

A: 2β, $\alpha = 80°$, β
B: 2α, 3α, α, β

Funktionaler Zusammenhang

Formeln

Stelle die Formel nach den Variablen um.
a) $A_{Dreieck} = \frac{g \cdot h}{2}$ $g = $ ▪; $h = $ ▪
b) $u_{Rechteck} = 2 \cdot (a+b)$ $a = $ ▪; $b = $ ▪

Gleichungen

a) Löse die Gleichungen.

A	$3x + 0{,}5 = 36{,}5$	B	$0{,}25x - 3{,}5 = 2$
C	$x : 9 - 1 = 3$	D	$0{,}5x + 2{,}5 = 4{,}25$
E	$2x + 3 = -7$	F	$4 - 2x = 1{,}5$

b) Stelle eine Gleichung auf und löse.
Wenn ich eine Zahl mit 4 multipliziere und dann 5 addiere, erhalte ich die Summe aus 100 und 33.

Proportionale Funktionen

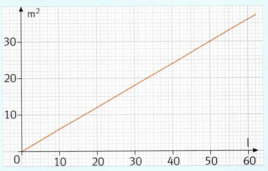

a) Der Graph zeigt die Zuordnung l → m². Ergänze die Tabelle durch Ablesen und überprüfe durch Berechnung.

l	10	15	▪	▪	55
m²	▪	▪	15	24	▪

b) Übertrage und vervollständige die Tabelle. Zeichne den Graphen (Gewicht → Preis).

Kaffee (g)	200	400	700	900	1 000
Preis (€)	▪	3,60	▪	▪	▪

Lineare Funktionen

Berechne fehlende Werte der Funktion mit der Gleichung $y = 2x + 15$.

x	0	▪	7	▪	9	▪	▪
y	▪	21	▪	30	▪	34	41

Geometrie 1

Das kann ich schon

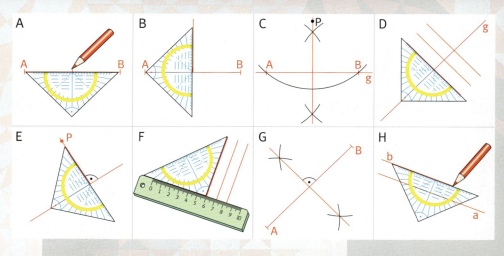

① Wo entstehen Mittelsenkrechten, wo Parallelen? Wo entstehen Senkrechten zu einer Geraden durch einen Punkt (Lot fällen)?

② a) Zeichne die Strecke $\overline{AB}$ = 5 cm schräg in dein Heft und dazu mit Hilfe des Geodreiecks die Mittelsenkrechte und eine Parallele.
   b) Konstruiere die Mittelsenkrechte zu einer Strecke $\overline{AB}$ = 7 cm.

③ Trage die Punkte A (−6|−1,5), B (7|3) und C (−2|3,5) in ein Koordinatensystem ein und verbinde sie zu einem Dreieck.
   a) Zeichne mit dem Geodreieck (mit Zirkel und Lineal) die Senkrechte durch C auf die Strecke AB.
   b) Konstruiere mit Zirkel und Lineal die Winkelhalbierende zum Winkel β.

④ Berechne den Flächeninhalt folgender Figuren.

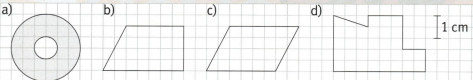

⑤ Zeichne folgende Figuren und berechne ihren Umfang.

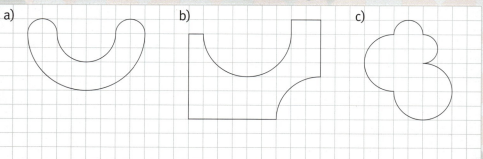

Bei welchen Aufgaben hast du noch Schwierigkeiten? Versuche, diese zu beschreiben.

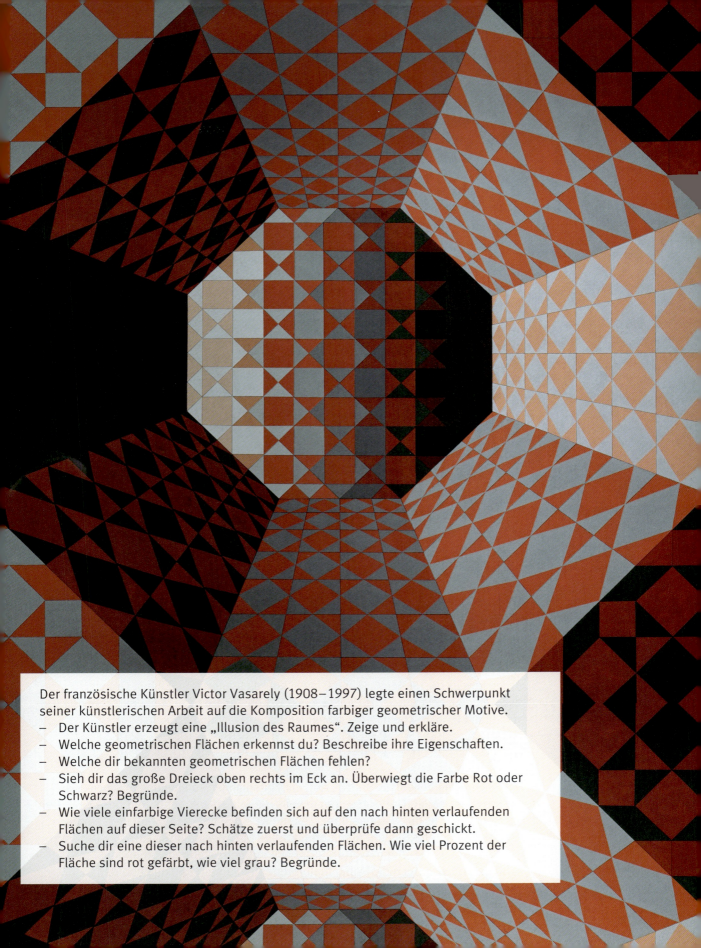

Der französische Künstler Victor Vasarely (1908–1997) legte einen Schwerpunkt seiner künstlerischen Arbeit auf die Komposition farbiger geometrischer Motive.
– Der Künstler erzeugt eine „Illusion des Raumes". Zeige und erkläre.
– Welche geometrischen Flächen erkennst du? Beschreibe ihre Eigenschaften.
– Welche dir bekannten geometrischen Flächen fehlen?
– Sieh dir das große Dreieck oben rechts im Eck an. Überwiegt die Farbe Rot oder Schwarz? Begründe.
– Wie viele einfarbige Vierecke befinden sich auf den nach hinten verlaufenden Flächen auf dieser Seite? Schätze zuerst und überprüfe dann geschickt.
– Suche dir eine dieser nach hinten verlaufenden Flächen. Wie viel Prozent der Fläche sind rot gefärbt, wie viel grau? Begründe.

Geometrisches Zeichnen wiederholen

1 Welche Punkte der nebenstehenden Rechtecksfigur liegen auf
a) der Mittelsenkrechten von AB?
b) dem Kreis um G mit r = $\overline{GC}$?
c) der Parallelen zu HG durch A (E)?
d) der Mittelsenkrechten zu AB und der zu BC?
e) der Winkelhalbierenden des Winkels EAH?
f) dem Kreis um E mit r = EA und dem Lot von E auf die Seite CD?
g) Finde weitere Aufgaben.

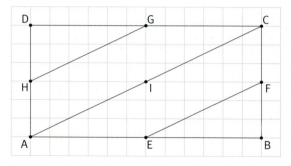

2 Gehe nach folgender Beschreibung vor. Was wird gezeichnet?

Konstruktionsbeschreibung

(1) Zeichne eine Gerade und einen Punkt P, der nicht auf der Geraden liegt.
(2) Zeichne um P einen Kreis, der die Gerade schneidet.
(3) Benenne die Schnittpunkte des Kreises mit der Geraden mit A und B.
(4) Zeichne um A und B Kreise mit gleich großem Radius.
Bezeichne einen der beiden Schnittpunkte der Kreise mit D.
(5) Zeichne die Gerade durch die Punkte P und D.

3

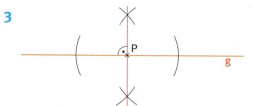

Durch den Punkt P wird eine Senkrechte zur Geraden g gezeichnet.
Beschreibe die Vorgehensweise und zeichne dann entsprechend.

Zeichnen: mit Geodreieck
Konstruieren: mit Zirkel und Lineal

4 Konstruiere jeweils die Mittelsenkrechte der Strecke AB und gib an, in welchem Punkt sie die x-Achse des Koordinatensystems schneidet. Nimm als Einheit cm.
a) A (1|1)   B (3|3)
b) A (5|3)   B (7|1)
c) A (1|1)   B (5|5)
d) A (7|4)   B (10|1)
e) A (3|1)   B (7|5)
f) A (13|1) B (8|6)

5 Trage jeweils die Punkte A, B und P in ein Koordinatensystem (Einheit cm) ein. Die Gerade g geht durch die Punkte A und B. Konstruiere dazu die Senkrechte durch den Punkt P. In welchem Punkt schneidet die Senkrechte die y-Achse?
a) A (1|1)   B (5|5)   P (2|2)
b) A (2|6)   B (0|4)   P (3|3)
c) A (6|1)   B (1|6)   P (3|4)
d) A (3|1)   B (10|8) P (4,5|3,5)

6 a) Zeichne ein beliebiges Dreieck ABC mit Seitenlängen von mindestens 5 cm. Konstruiere zu allen Dreiecksseiten jeweils die Mittelsenkrechte und bezeichne den Schnittpunkt der Mittelsenkrechten mit M. Stich mit dem Zirkel in M ein und zeichne einen Kreis um M mit dem Radius $\overline{MA}$. Was fällt dir auf?
b) Probiere nun in einem weiteren Dreieck mit Seitenlängen von mindestens 5 cm, ob sich auch die Winkelhalbierenden in einem Punkt schneiden.

Dreiecke unterscheiden und zeichnen

1 a) Ordne die Begriffe und Winkelangaben den Dreiecken zu und begründe.
b) Von welchen der verschiedenen Dreiecke ergeben jeweils zwei eine Raute, ein Quadrat, ein Parallelogramm, einen Drachen oder ein Rechteck? Zeichne oder schneide dir Modelle aus und überprüfe.

Dreiecke zeichnen

Planfigur	Zeichenschritte		
A Dreieck mit $AB=5$, $AC=3$, $BC=4$	1: Seite c mit Kreisbogen b um A	2: Kreisbogen a um B	3: Dreieck mit a, b, c
B Dreieck mit $AB=6$, $BC=4$, Winkel bei $B=60°$	1: Seite c, Winkel β	2: Kreisbogen a um Schenkel	3: Dreieck mit a, b, c, β
C Dreieck mit $AB=5$, $\alpha=40°$, $\beta=60°$	1: Seite c, Winkel α	2: Winkel β	3: Dreieck mit a, b, c, α, β

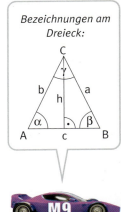

Bezeichnungen am Dreieck:

2 a) Zu welcher der obigen Abbildungen gehören die folgenden Aufgaben?
(1) Zeichne ein Dreieck aus $c = 5$ cm, $\alpha = 40°$, $\beta = 60°$.
(2) Zeichne ein Dreieck aus $c = 6$ cm, $a = 4$ cm, $\beta = 60°$.
(3) Zeichne ein Dreieck aus $a = 4$ cm, $b = 3$ cm, $c = 5$ cm.
b) Zeichne die Dreiecke mit den angegebenen Maßen. Erstelle eine Planfigur.

3 Zeichne Dreiecke nach den angegebenen Kurzbeschreibungen.

(1) Seite AB zeichnen: $c = 7$ cm
(2) Kreis um A mit $r = b = 5$ cm
(3) Kreis um B mit $r = a = 4$ cm
(4) Schnittpunkt C der beiden Kreise mit A und B verbinden

(1) Seite AB zeichnen: $c = 6$ cm
(2) In A Winkel $\alpha = 50°$ antragen
(3) In B Winkel $\beta = 30°$ antragen
(4) Schnittpunkt C der beiden freien Schenkel mit A und B verbinden

Der Abstand von Punkt C zur Seite c heißt Höhe h_c.

4 Zeichne folgende Dreiecke. Fertige zuerst eine Planfigur an. Beschreibe dein Vorgehen. Trage jeweils die Höhe h_c ein und gib ihre Länge an.
a) $b = 6$ cm $\quad c = 4{,}5$ cm $\quad \beta = 80°$
b) $c = 5$ cm $\quad \alpha = 60°$ $\quad \beta = 55°$
c) $c = 4{,}5$ cm $\quad \gamma = 100°$ $\quad a = 3$ cm
d) $c = 7$ cm $\quad \alpha = 50°$ $\quad \gamma = 80°$

56 Vierecke unterscheiden und zeichnen

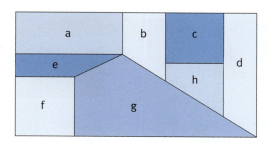
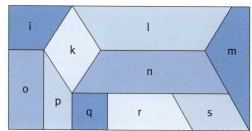

1 Benenne die verschiedenen Vierecke und beschreibe ihre Eigenschaften.

Parallelogramme zeichnen

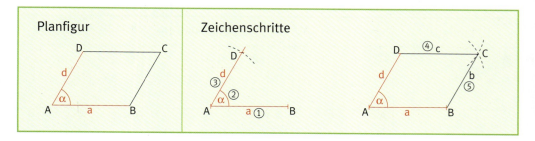

2 Von einem Parallelogramm sind folgende Größen gegeben: $a = 7$ cm, $d = 4{,}5$ cm und $\alpha = 40°$. Zeichne das Parallelogramm und beschreibe dein Vorgehen.

3 a) Übertrage die Figuren in dein Heft und ergänze sie zu einem Parallelogramm. Erhältst du auch spezielle Parallelogramme? Wenn ja, welche?
b) Was kannst du über die Eigenschaften der Diagonalen aussagen?

Bezeichnungen im Viereck

Lösungen zu 4

18,3	19
17	24
13	5,9
18	11,5
17,9	

4 Zeichne die Vierecke und beschreibe dein Vorgehen. Berechne jeweils den Flächeninhalt. Entnimm fehlende Maße der Zeichnung.

Raute	Parallelogramm	Drachen

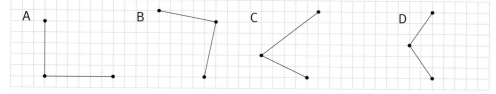

Raute	Parallelogramm	Drachen
a) $a = 3$ cm, $\beta = 40°$ b) $e = 9$ cm, $f = 4$ cm c) $a = 5$ cm, $e = 4$ cm	d) $a = 5$ cm, $b = 3$ cm, $\beta = 50°$ e) $a = 7$ cm, $f = 9$ cm, $\alpha = 120°$ f) $b = 4$ cm, $e = 7$ cm, $\beta = 110°$	g) $a = 4$ cm, $b = 6$ cm, $\beta = 90°$ h) $e = 7$ cm, $c = 5$ cm, $d = 3$ cm i) $f = 4$ cm, $a = 3$ cm, $b = 7$ cm

Dreiecke und Vierecke zeichnen und berechnen

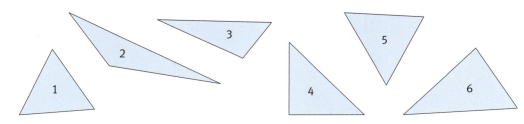

1 Entnimm den Dreiecken notwendige Maße und zeichne sie dann in doppelter Größe (Maßstab 2 : 1) in dein Heft.

2 Zeichne im geeigneten Maßstab. Entnimm fehlende Maße aus der Zeichnung.
  a) Wie hoch ist der Mast des Windrads?
  b) Bestimme die Breite des Flusses.
  c) Wie hoch fliegt der Luftballon?

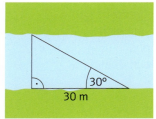
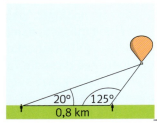

Maßstabsrechnen:
z. B. 1 : 100
↓
1 cm entspricht 100 cm in der Wirklichkeit

3 Die Spitze einer Fichte wird von einem Betrachter (Augenhöhe 1,60 m über dem Boden) unter einem Winkel von 30° angepeilt. Die Entfernung vom Betrachter zur Fichte beträgt 25 m. Wie hoch ist die Fichte? Zeichne in einem geeigneten Maßstab.

4 Zeichne ein Parallelogramm mit a = 6 cm, d = 4 cm und α = 110°. Berechne den Flächeninhalt auf zwei verschiedene Arten.

5 Zeichne folgende Vierecke und berechne die Flächeninhalte. Entnimm die fehlenden Maße der Zeichnung.

Lösungen zu 2, 3 und 6

6	17,3
12	13
0,4	16

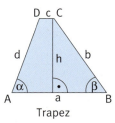
Trapez
a = 5 cm, α = 70°,
h = 4 cm, β = 55°

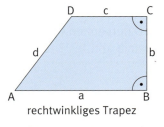
rechtwinkliges Trapez
a = 7 cm, b = 4 cm,
c = 4 cm

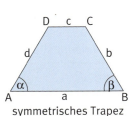
symmetrisches Trapez
a = 6 cm, α = 60°,
b = 4 cm

6 Der Querschnitt eines Kanals hat die Form eines symmetrischen Trapezes. Wie tief ist der Kanal und wie breit ist er an der Oberfläche? Zeichne.

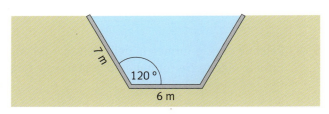

Regelmäßige Vielecke zeichnen

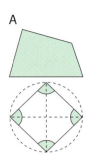 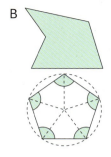 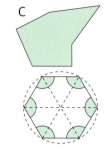 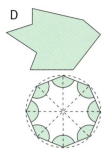

A   B   C   D

1 a) Nenne Gemeinsamkeiten und Unterschiede untereinander liegender Vielecke.
b) Die Vielecke in der zweiten Reihe heißen regelmäßige Vielecke. Welche Eigenschaften haben sie?

2 Gib den Winkel an, um welche die regelmäßigen Vielecke gedreht werden müssen, damit sie mit sich selbst zur Deckung kommen. Übertrage dazu die Tabelle in dein Heft und ergänze sie.

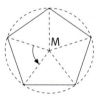

Vieleck (n-Eck)	Drehwinkel
4-Eck	■
5-Eck	■
6-Eck	■
8-Eck	■

3 a) Gib für jedes Vieleck die Anzahl der Symmetrieachsen an. Beschreibe den Verlauf der Symmetrieachsen, wenn die Eckenzahl gerade (ungerade) ist.
b) Wie viele Symmetrieachsen hat wohl ein regelmäßiges Achteck, Neuneck, …?

 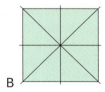 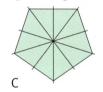

A   B   C   D

4 a) Welche regelmäßigen Vielecke werden im Merkkasten gezeichnet? Beschreibe jeweils die Vorgehensweise. Übertrage die Figuren in dein Heft (r = 3 cm) und vervollständige.
b) Was passiert, wenn du bei D den ersten Winkel nur um ein Grad ungenau zeichnest und auf der Kreislinie abträgst? Probiere aus und erkläre.

regelmäßige Vielecke über den Umkreis/ Mittelpunktswinkel zeichnen

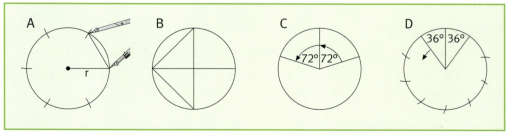

5 a) Zeichne die Zierformen in dein Heft (d = 8 cm).
b) Erfinde eigene Zierformen und gestalte sie farbig.

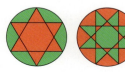

Regelmäßige Vielecke zeichnen

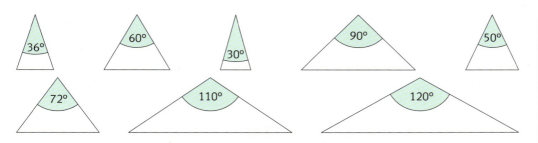

1 Welche Dreiecke können Bestimmungsdreiecke regelmäßiger Vielecke sein?

2 Nimm als Einheit cm und verbinde die Punkte A (3|1), B (5|1), C (7|3), D (7|5), E (5|7), F (3|7), G (1|5) und H (1|3) zu einem Vieleck. Zeichne um M (4|4) einen Kreis durch A. Ist die entsprechende Figur ein regelmäßiges Vieleck? Begründe.

3 Von einem regelmäßigen Fünfeck ist die Seitenlänge 3 cm gegeben.
  a) Wie groß ist der Mittelpunktswinkel des Bestimmungsdreiecks beim regelmäßigen Fünfeck? Wie groß sind dann die Basiswinkel?
  b) Erkläre die Schritte (1) bis (3) und zeichne dann selbst.

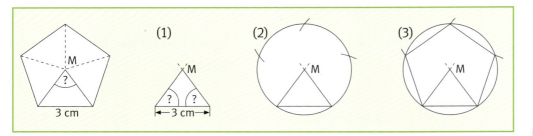

Regelmäßige Vielecke über eine Seitenlänge zeichnen

4 Zeichne die regelmäßigen Vielecke.

Regelmäßig. Vieleck	Viereck	Fünfeck	Achteck	Zwölfeck
Seitenlänge	4 cm	3,5 cm	3,5 cm	2 cm
	5 cm	2,5 cm	3 cm	2,5 cm

Dreieck ABM Eckenangaben gegen den Uhrzeigersinn!

5 Die Punkte A (−2,5|6,5) und B (−6,5|1,5) sind benachbarte Eckpunkte eines regelmäßigen Fünfecks.
  a) Zeichne die Strecke AB in ein Koordinatensystem mit der Einheit 1 cm.
  b) Bestimme den Mittelpunkt M des Fünfecks, indem du zunächst das Bestimmungsdreieck ABM zeichnest. Zeichne das Fünfeck.

6 Trage in ein Koordinatensystem mit der Einheit 1 cm die Punkte A (−2|2) und C (1|3) ein.
  a) Ein regelmäßiges Sechseck mit der Seite AC hat das Dreieck AMC als Bestimmungsdreieck. Zeichne dieses Sechseck.
  b) Warum ist hier beim Zeichnen über die Seitenlänge kein Berechnen von Winkeln erforderlich?
  c) Ergänze das Dreieck AMC zur Raute AMCD.

Regelmäßige Vielecke berechnen

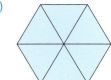
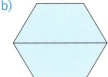
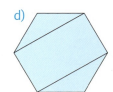

a) b) c) d)

1 Zeichne die Sechsecke mit der Seitenlänge 3 cm ins Heft. Berechne jeweils aus den Teilflächen den Flächeninhalt. Entnimm fehlende Maße der Zeichnung.

Flächeninhalt und Umfang regelmäßiger Vielecke

$$A_{\text{Best.-Dreieck}} = \frac{a \cdot h}{2} \qquad A_{n\text{-Eck}} = \frac{a \cdot h}{2} \cdot n \qquad u_{n\text{-Eck}} = n \cdot a$$

2 Berechne mit Hilfe der Formeln aus dem Merkkasten den Flächeninhalt und den Umfang des Sechsecks (a = 4 cm, h = 3,5 cm).

3 Berechne die fehlenden Angaben. Runde alle Ergebnisse auf zwei Dezimalstellen.

	Fünfeck		Sechseck		Siebeneck	
	a)	b)	c)	d)	e)	f)
Höhe h Bestimmungsdreieck	0,80 m	0,82 m	90 mm	■	50 cm	■
Seitenlänge a	0,55 m	■	78 mm	24,2 m	3,5 dm	■
Umfang	■	595 cm	■	■	■	36,4 m
Fläche	■	■	■	1524,6 m²	■	116,48 m²

Lösungen zu 4 und 5

7,26	1476
2340	6388,75

4 Ein 15 x 20 Meter großer Raum soll mit regelmäßigen sechseckigen Teppichfliesen ausgelegt werden. Eine Teppichfliese hat eine Seitenlänge von 30 cm.
a) Zeichne eine Fliese im Maßstab 1 : 10 und berechne den Flächeninhalt.
b) Wie viele Teppichfliesen müssen bestellt werden, wenn man mit einer überschüssigen Materialmenge von 15 Prozent rechnet?

5 Das als Oktogon (regelmäßiges Achteck) gebaute Castel del Monte in Süditalien ist ein UNESCO-Weltkulturerbe. Besonders eindrucksvoll ist der Blick aus der Mitte des Innenhofs in den Himmel.
a) Wie lang ist die Achtecksseite, wenn der Abstand zweier gegenüberliegender Seiten 17,6 m und die sichtbare Himmelsfläche 255,55 m² beträgt?
b) Die Wände des Kastells sind 25 m hoch. Wie viele Kubikmeter Luftraum befinden sich im Innenhof?

Den Satz des Thales verstehen

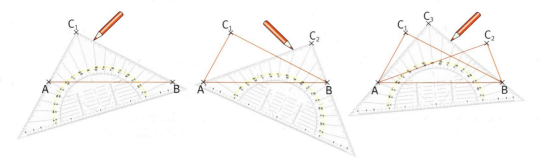

1 a) Gegeben ist eine Strecke AB mit der Länge 6 cm. Diese soll die Seite c verschiedener rechtwinkliger Dreiecke sein. Zeichne mithilfe deines Geodreiecks mehrere Dreiecke über die Strecke AB (siehe Abbildung oben). Bezeichne die erhaltenen Eckpunkte mit C_1, C_2, … . Auf welcher Kurve liegen alle diese Eckpunkte?
b) Experimentiere auch mit anderen Streckenlängen AB.

2 Zeichne einen Halbkreis über eine beliebige Strecke AB. Wähle nun verschiedene Punkte C so, dass sie nicht auf der Kreislinie liegen, sondern innerhalb oder außerhalb von dieser. Was kannst du bei diesen Dreiecken über den Winkel bei C sagen?

Satz des Thales

Liegt der Punkt C eines Dreiecks ABC auf einem Halbkreis über der Strecke AB, dann hat das Dreieck bei C immer einen rechten Winkel.

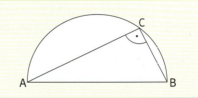

3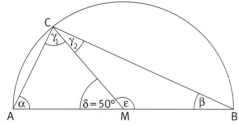

a) Das Dreieck ABC wurde durch die Strecke CM in zwei Dreiecke unterteilt. Welche gemeinsame Eigenschaft haben die beiden Dreiecke?
b) Bestimme die fehlenden Winkel und zeige, dass der Winkel γ bei C (ACB) insgesamt 90° hat.
c) Zeichne auf die gleiche Art Figuren mit selbst gewählten Winkeln für δ.
d) Was lässt sich damit begründen?

4 Bestimme jeweils die fehlenden Winkelmaße.
a)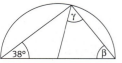
b)
c)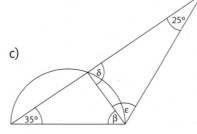

Den Satz des Thales anwenden

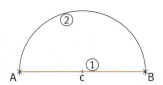
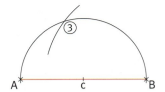
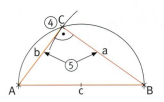

1 Mit dem Satz des Thales kannst du rechtwinklige Dreiecke zeichnen. Konstruiere das Dreieck ABC mit c = 5 cm, γ = 90°, a = 4 cm. Erstelle eine Konstruktionsbeschreibung für die Schritte 1 – 5.

2 Zeichne mithilfe des Satzes von Thales folgende Dreiecke.
a) c = 8 cm, a = 6 cm, γ = 90°
b) γ = 90°, α = 45°, c = 12 cm
c) c = 5 cm, α = 40°, γ = 90°
d) β = 20°, γ = 90°, c = 7 cm
e) b = 6 cm, β = 90°, c = 4 cm
f) a = 8 cm, α = 90°, c = 7 cm
g) b = 9 cm, α = 60°, β = 90°
h) a = 7 cm, β = 70°, α = 90°

3 Zeichne die Punkte A (−2|0) und B (4|6,5) in ein Koordinatensystem. Die Strecke AB ist die Hypotenuse rechtwinkliger Dreiecke. Zeichne jeweils das Dreieck und gib die Koordinaten des fehlenden Punktes an.
a) $\overline{AC}$ = 1,8 cm
b) $\overline{BC}$ = 4,1 cm
c) α = 43°
d) β = 75°

Bezeichnungen am rechtwinkligen Dreieck

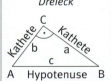

4 Gegeben sind die Strecken PQ mit P (0|2) und Q (10|2) und AB mit A (3|6) und B (7|8). Zeichne diese in ein Koordinatensystem und gib die Koordinaten der Punkte auf der Geraden AB an, die mit P und Q einen rechten Winkel bilden.

5 Zeichne mithilfe des Thaleskreises die Vierecke nach den Planfiguren.
a)
b)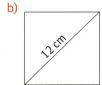
c)
d)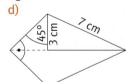

6 Ein 20 m hoher Turm soll aus einem Abstand von 5 m angestrahlt werden. Der Strahler hat einen Abstrahlwinkel von 90°. In welcher Höhe muss der Strahler montiert werden, damit der Turm von oben bis unten vom Lichtstrahl getroffen wird?
Löse mithilfe einer maßstabsgetreuen Zeichnung.

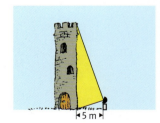

7 In einem Museum sind wertvolle Exponate mit einer runden Glasplatte mit 80 cm Durchmesser abgedeckt. Nun soll eine Lampe mit einem Abstrahlwinkel von 90° so weit von der Decke herabgehängt werden, dass genau die Glasplatte beschienen wird.
a) Erstelle eine maßstabsgetreue Skizze.
b) Wie weit muss die Lampe von der Decke entfernt sein, wenn das Zimmer 2,5 m hoch ist?

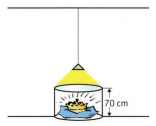

Den Satz des Pythagoras verstehen

Durch die regelmäßigen Überschwemmungen des Nils mussten die alten Ägypter die Felder jährlich neu vermessen. Die Feldvermesser hießen Seilspanner, weil sie zur genauen Vermessung von rechten Winkeln Seile spannten, die durch Knoten in 12 gleiche Abstände unterteilt waren.

1 Teilt ein Seil oder eine Schnur durch Knoten oder farbige Markierungen in 12 gleiche Teile. Anfang und Ende müssen zusammengefügt werden. Spannt nun verschiedene Dreiecke. Wann entsteht ein rechter Winkel?
Alternative: Legt die Dreiecke mit Hilfe von 12 Streichhölzern.

2 Zeichne auf Millimeterpapier ein Koordinatensystem wie in nebenstehender Abbildung. Stelle deinen Zirkel auf 5 cm ein und bilde verschiedene rechtwinklige Dreiecke. Wandere dazu an den Achsen entlang.
Die 5 cm-Linie bleibt fest.
Fülle die Tabelle aus und finde zwei eigene Beispiele.

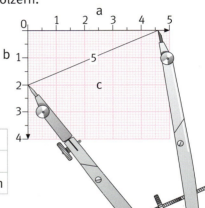

a	1 cm	2 cm	2,50 cm	3,50 cm	4 cm	■	■
b	■	■	■	■	■	■	■
c	5 cm	5 cm	5 cm	5 cm	5 cm	5 cm	5 cm

3 Welche der folgenden Aussagen lassen sich aus obiger Tabelle ableiten?
 — Wenn a größer wird, wird b kleiner. — Es gilt in etwa: a + b = c
 — Es gilt in etwa: $a^2 + b^2 = c^2$

4 Übertrage die Tabelle in dein Heft, zeichne die Dreiecke und fülle die Lücken aus.
Was fällt bei den rechtwinkligen Dreiecken auf?

	a	b	c	a^2	b^2	c^2	$a^2 + b^2$	$\lessgtr$	c^2	Dreiecksform
a)	4 cm	5 cm	7 cm	■	■	■	■	<	■	stumpfwinklig
b)	5 cm	5 cm	5 cm	■	■	■				
c)	4 cm	3 cm	5 cm	■	■					
d)	6 cm	8 cm	10 cm	■	■					
e)	4 cm	7 cm	7 cm	■						
f)	4,2 cm	5,6 cm	7 cm	■						

5 Welche der nebenstehenden Dreiecke sind nach der Erkenntnis von Aufgabe 4 rechtwinklig? Zeichne dann diese Dreiecke und überprüfe.

Seitenlängen von Dreiecken in cm		
a) 3; 4; 5	b) 4; 5; 8	c) 5; 12; 13
d) 2; 4; 5	e) 4,5; 6; 7,5	f) 3,6; 4,8; 6

Mit dem Satz des Pythagoras rechnen

Bezeichnungen am rechtwinkligen Dreieck

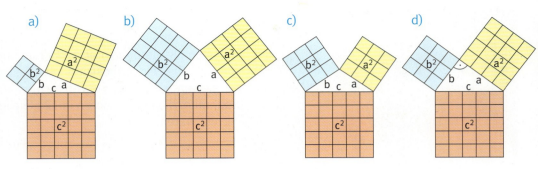

1 Bei welchem der obenstehenden Dreiecke müsste die Aussage $a^2 + b^2 = c^2$ gelten? Überprüfe deine Vermutung durch Auszählen der Kästchen.

Satz des Pythagoras

Im rechtwinkligen Dreieck gilt:
Die Flächeninhalte der beiden Kathetenquadrate sind zusammen immer so groß wie der Flächeninhalt des Hypotenusenquadrats.
$a^2 + b^2 = c^2$

- Kathetenquadrate
- Hypotenusenquadrat

2 Gegeben sind die Flächeninhalte zweier Quadrate über den Seiten eines rechtwinkligen Dreiecks. Berechne den Flächeninhalt des dritten Quadrats.

	a)	b)	c)	d)	e)	f)	g)
Quadrat a^2	25 cm²	■	49 cm²	■	16 dm²	1,21 m²	■
Quadrat b^2	36 cm²	36 cm²	■	36 cm²	2,25 dm²	■	169 dm²
Quadrat c^2	■	117 cm²	113 cm²	157 cm²	■	1,57 m²	2,25 m²

Berechnung von Seitenlängen

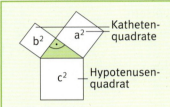

Gegeben	a = 6 cm, b = 8 cm	a = 3 cm, c = 5 cm
Gesucht	c	b
Lösung	$c^2 = a^2 + b^2$ $c^2 = 6^2 + 8^2$ $c^2 = 36 + 64$ $c^2 = 100$ $c = \sqrt{100}$ $c = 10$ (cm)	$b^2 = c^2 - a^2$ $b^2 = 5^2 - 3^2$ $b^2 = 25 - 9$ $b^2 = 16$ $b = \sqrt{16}$ $b = 4$ (cm)

Lösungen zu 3

24	5
9	15
10	20

3 Berechne jeweils die gesuchte Seitenlänge in den folgenden rechtwinkligen Dreiecken.
a) a = 9 cm; b = 12 cm
b) b = 18 dm; c = 30 dm
c) a = 12 cm; b = 16 cm
d) b = 12 m; c = 13 m
e) a = 12 m; c = 15 m
f) a = 24 cm; c = 26 cm

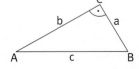

Den Satz des Pythagoras beweisen

Pythagoras von Samos war ein berühmter griechischer Mathematiker. Er lebte im 6. Jahrhundert vor Christus, also vor mehr als 2 500 Jahren. Bekannt ist sein Satz über die Seitenlängen beim rechtwinkligen Dreieck.
Pythagoras hat die Richtigkeit des nach ihm benannten Satzes aber gar nicht als erster erkannt. Zu seinen Lebzeiten war diese Formel schon seit mehr als 1 000 Jahren bekannt.
Schon die Chinesen, die Ägypter und die Babylonier arbeiteten mit dieser Erkenntnis.

Zerlegungsbeweis

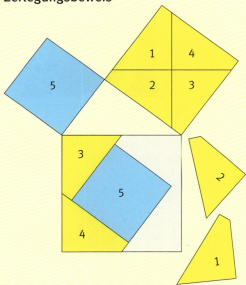

Für den Satz des Pythagoras gibt es eine Vielzahl von Beweisideen. Oben siehst du den klassischen Beweis, den du schon kennengelernt hast. Versuche ihn noch einmal zu erklären.
Zwei weitere kannst du hier selbst ausprobieren.

Ergänzungsbeweis

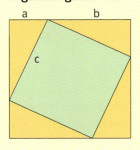 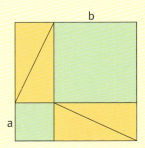

Zeichne vier beliebige, gleich große rechtwinklige Dreiecke. Beschrifte jeweils die Katheten mit a und b, die Hypotenuse mit c.
Stelle dann aus einem anders farbigen Papier ein Quadrat her, dessen Seitenlänge so groß ist wie die Länge der beiden Katheten zusammen (a + b).
Decke das Quadrat mit den Vierecken nacheinander auf die beiden obenstehenden Arten ab.
Betrachte die übrig gebliebenen Flächenteile.
Wieso können sie den Satz des Pythagoras beweisen?

Zeichne ein beliebiges, nicht zu kleines rechtwinkliges Dreieck und die Quadrate über den Seiten.
Suche den Mittelpunkt des größeren Kathetenquadrats und zeichne durch diesen die Parallele und die Senkrechte zur Hypotenuse.
Schneide nun die Teile 1–5 aus und lege damit das Hypotenusenquadrat aus.
Was kannst du damit nachweisen?
Begründe.

Den Satz des Pythagoras anwenden

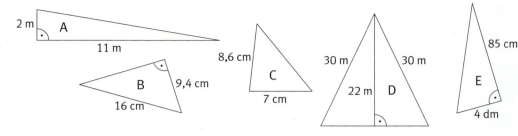

Die Hypotenuse c liegt immer gegenüber dem rechten Winkel und ist die längste Seite.

1 Welche fehlenden Seiten der oben abgebildeten Dreiecke kannst du mit Hilfe des Satzes des Pythagoras berechnen, welche nicht? Berechne, wo möglich.

2 Berechne die fehlenden Werte des Rechtecks.

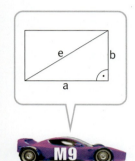

	a)	b)	c)	d)	e)	f)	g)
Seite a	77 cm	■	■	192 mm	6,5 m	4,5 dm	0,11 m
Seite b	36 cm	108 cm	144 cm	■	■	28 cm	■
Diagonale e	■	117 cm	145 cm	408 mm	9,7 m	■	61 cm

3 Ein Ball ist auf das Garagendach gefallen. Jonas lehnt die 3 m lange Leiter so an, dass sie unten einen Abstand von 1,5 m zur Garagenwand hat. Wie hoch reicht die Leiter?

4 Berechne die Länge der abgebrochenen Spitze des Baumes.

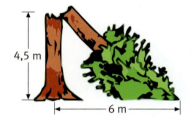

5 Aus einem Baumstamm wird ein Balken mit quadratischem Querschnitt (18 x 18 cm) ausgesägt. Ermittle den Durchmesser des Stammes.

6 a) Wie hoch darf ein Schrank mit 60 cm Tiefe höchstens sein, damit man ihn in einem Zimmer wie angegeben aufstellen kann?
b) Kann man eine 2,50 m lange und 1,85 m breite rechteckige Holzplatte durch eine 1,25 m breite und 1,35 m hohe rechteckige Fensteröffnung hindurchreichen?

Lösungen zu 3 bis 8

2,32	7,5
2,6	25,5
16	1,84
1,9	1,5

7 a) Wie hoch reicht eine Klappleiter von 2 m Länge, wenn für ihren sicheren Stand eine Standbreite von 1,20 m vorgeschrieben ist?
b) Wie groß ist die Standbreite einer solchen Klappleiter, die bei 1,5 m Länge 1,3 m hoch ist?

8 Das Hypotenusenquadrat eines gleichschenkligen rechtwinkligen Dreiecks hat einen Flächeninhalt von 512 cm². Wie lang sind seine Katheten?

Den Satz des Pythagoras anwenden

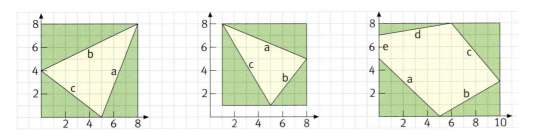

1 a) Über die dunklen Dreiecke lassen sich die Seitenlängen a, b, c, (d) berechnen. Wähle als Einheit cm und runde auf eine Dezimalstelle.
   b) Berechne mit Hilfe dieser Dreiecke auch die Flächeninhalte der Innenfiguren.

2 Berechne die Längen der roten Strecken. Runde auf eine Dezimalstelle.
(Angaben in cm)

a) 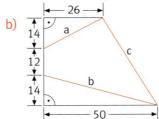   b) 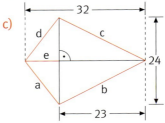   c)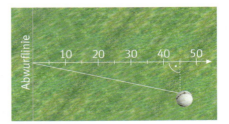

3 In Leichtathletik werden oft mitunter nur senkrechte Entfernungen, d.h. Entfernungen entlang der weißen Linie gemessen.
   a) Jochens Ball trifft 10 m seitlich der ausgesteckten Messlinie auf. Wie viele Meter werden gemessen und wie viele hat er tatsächlich geworfen?
   b) Maria ist beim Weitsprung in Wirklichkeit 4,60 m gesprungen, gewertet werden aber nur 4,58 m. Wie weit ist sie von der Ideallinie abgekommen?

Lösungen zu 3 bis 5

5,52	173,32
0,43	46,1
17,55	16,15

4 Ein Haus ist 8 m breit und hat eine Giebelhöhe von 3,50 m. Die Dachbalken sollen 20 cm überstehen. Wie lang müssen die Balken sein?

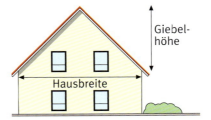

5 Berechne jeweils den Flächeninhalt der Gesamtfigur. Runde die zu berechnenden Längen auf zwei Dezimalstellen.

a) 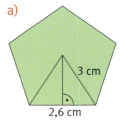   b) 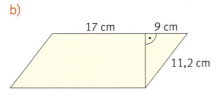   c)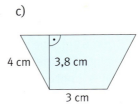

Den Satz des Pythagoras im Raum anwenden

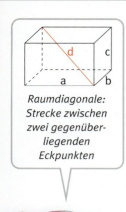

Raumdiagonale: Strecke zwischen zwei gegenüberliegenden Eckpunkten

1 Fertige aus dickeren Trinkhalmen und Pfeifenputzern das Kantenmodell eines Quaders. Baue mindestens eine Flächendiagonale und eine Raumdiagonale ein. Vergleiche dein Modell mit denen deiner Mitschüler.
Wo sind rechtwinklige Dreiecke zu entdecken?

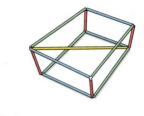

2 Welche Diagonalen in nebenstehendem Quader sind jeweils gleich lang? Nimm dein Modell aus Aufgabe 1 als Anschauungshilfe und notiere.
$\overline{BG}$ = ...

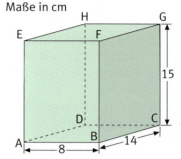

Maße in cm

3 Berechne die verschiedenen Diagonalenlängen. Skizziere wenn nötig passende Plandreiecke.
   a) von B nach G   b) von A nach F
   c) von A nach C   d) von C nach E

4 Die Länge der Raumdiagonale kann über verschiedene rechtwinklige Dreiecke im Raum berechnet werden. Berechne die Raumdiagonale mit Hilfe der unten angegebenen rechtwinkligen Dreiecke.

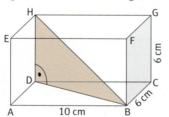 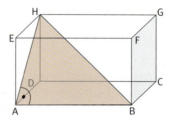 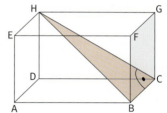

5 a) Berechne die Flächendiagonale und die Raumdiagonale eines Würfels mit a = 5 cm. Erstelle vorher eine Schrägbildskizze.
b) Wie verändert sich die Länge der Raumdiagonalen, wenn die Kantenlänge des Würfels verdoppelt (verdreifacht) wird? Vermute und prüfe nach.

Lösungen zu 6 und 7

2,09	2,9

6 Eine Baufirma muss einen Gartenteich in Form eines regelmäßigen Sechsecks anlegen. Die Bodenplatte wurde bereits betoniert, für die Seitenwände wird eine Schalung vorbereitet, die mit Querstreben (rote Linie) stabilisiert wird. Berechne die Länge einer Querstrebe.

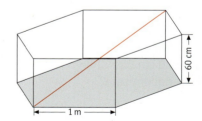

7 In einer Eisdiele wird heiße Schokolade in zylinderförmigen Gläsern serviert. Die Gläser sind 16 cm hoch und haben einen Innendurchmesser von 6 cm. Wie viele Zentimeter ragt der 20 cm lange Eislöffel noch aus dem Glas, wenn er im Glas lehnt?

Figuren vergrößern und verkleinern

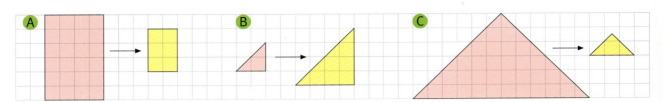

1 a) Die rote Figur (Original) wurde jeweils zur gelben Figur (Bild) verkleinert oder vergrößert. Bestimme die verschiedenen Maßstäbe.

b) Die Vergrößerung oder Verkleinerung kann man mit einem Faktor k beschreiben. Ordne die Faktoren $k = \frac{1}{4} = 0{,}25$; $k = \frac{2}{1} = 2$ und $k = \frac{1}{2} = 0{,}5$ den obigen Abbildungen zu und begründe deine Entscheidung.

> Eine Figur wird maßstäblich vergrößert oder verkleinert, wenn man alle Seitenlängen mit dem Faktor k multipliziert.
>
> Länge der Originalstrecke: a
> Länge der Bildstrecke: $a \cdot k = a'$ (Aus 1 cm werden k cm.)
>
> Bestimmung des Vergrößerungs- oder Verkleinerungsfaktors: $k = \frac{\text{Bildstrecke } a'}{\text{Originalstrecke } a}$
>
> k < 1: Verkleinerung   k > 1: Vergrößerung
>
> k = 0,5    k = 1,5

Vergrößerungs-/ Verkleinerungsfaktor (Streckungsfaktor)

2 Bestimme jeweils den Faktor k und begründe deine Entscheidung.

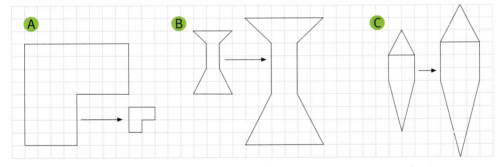

3 Zeichne die Figuren in Originalgröße, mit k = 1,5 und mit k = 0,25.

a)   b) 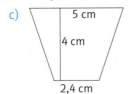 c)   d)

a) Rechteck 4 cm × 2 cm
b) Dreieck 5 cm, 3 cm
c) Trapez 5 cm, 4 cm, 2,4 cm
d) Sechseck 4 cm

4 Zeichne einen Kreis mit r = 3 cm und vergrößere bzw. verkleinere ihn wie angegeben. Der Mittelpunkt bleibt dabei gleich. Notiere jeweils die Länge vom Radius.

a) k = 2   b) k = 0,5   c) $k = \frac{2}{3}$ d) $k = \frac{1}{3}$ e) k = 1,5   f) $k = 1\frac{1}{3}$ g) $k = \frac{5}{6}$

Mit ähnlichen Figuren rechnen

A 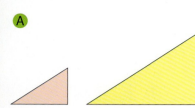   B 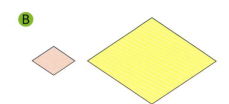   C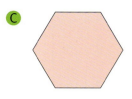

1 a) Bestimme jeweils den Vergrößerungs- oder Verkleinerungsfaktor.
b) Vergleiche jeweils die beiden Figuren bezüglich ihrer Form, ihrer Seitenlängen und der Winkelgrößen. Was stellst du fest?

ähnliche Figuren

> Durch maßstäbliches Vergrößern oder Verkleinern entstehen ähnliche Figuren.
>
> Figuren sind ähnlich, wenn alle Seiten im gleichen Verhältnis (Faktor k) vergrößert oder verkleinert und alle entsprechenden Winkel gleich groß sind.

2 Welche Figuren sind ähnlich zueinander? Begründe.

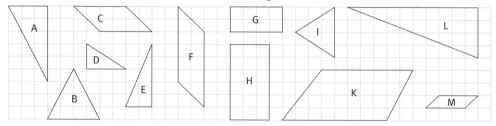

3 Richtig oder falsch? Begründe deine Entscheidung mithilfe einer Zeichnung. Folgende Figuren sind immer zueinander ähnlich.
a) zwei Rechtecke   b) zwei Quadrate   c) zwei gleichseitige Dreiecke
d) zwei gleichschenklige Dreiecke   e) zwei Rauten   f) zwei Kreise

4 Gegeben ist ein Dreieck mit a = 5 cm, b = 3 cm und c = 6 cm.
Überprüfe rechnerisch, ob folgende Dreiecke dem Ausgangsdreieck ähnlich sind.
Ⓐ a = 15 cm   b = 9 cm   c = 18 cm   Ⓑ a = 7,5 cm   b = 4,5 cm   c = 9 cm
Ⓒ a = 10 cm   b = 6 cm   c = 12 cm   Ⓓ a = 6,25 cm   b = 3,75 cm   c = 7,25

5

	a)	b)	c)	d)	e)	f)
k	3,5	■	0,5	5	■	16
Original	9 cm	45 dm	■	β = 55°	3,5 m	■
Bild	■	9 dm	7 m	■	7 cm	6 m

6 Welche Dreiecke sind zueinander ähnlich?
Ⓐ b = 6,3 cm   β = 52°   γ = 81°   Ⓑ a = 9 cm   β = 81°   γ = 47°
Ⓒ c = 2,4 cm   α = 80°   β = 48°   Ⓓ b = 9,9 cm   α = 47°   β = 52°
Ⓔ a = 7,2 cm   α = 52°   γ = 48°   Ⓕ b = 6 cm   α = 47°   γ = 80°

Mit ähnlichen Figuren rechnen

1 Zeichne Dreiecke unterschiedlicher Größe mit den Winkeln $\alpha = 40°$ und $\beta = 70°$ und schneide sie aus. Untersuche nun, ob diese Dreiecke zueinander ähnlich sind und begründe deine Entscheidung.

ähnliche Dreiecke

> Zwei Dreiecke, die in zwei Winkeln übereinstimmen, sind ähnlich, denn dann gilt immer:
> – Sie besitzen denselben dritten Winkel.
> – Jede Seite ist mit dem gleichen Faktor k vergrößert oder verkleinert.

2 a) Zeichne die Figur in dein Heft. Welche Dreiecke sind ähnlich?
b) Setze das Muster so fort, dass weitere ähnliche Dreiecke entstehen.

3 Sind die abgebildeten Dreiecke ähnlich? Überprüfe und begründe.

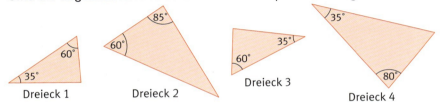

Dreieck 1 — Dreieck 2 — Dreieck 3 — Dreieck 4

4 Ein beliebiges Rechteck ABCD wird in drei Dreiecke zerlegt. Sind die Dreiecke ähnlich? Begründe.

5 Lucie und ein paar Freunde wollen an einem sonnigen Tag mit einem Stab und einem Maßband die Höhe eines Baumes bestimmen.
a) Beschreibe ihr Vorgehen.
b) Wie hoch ist der Baum?
c) Bestimme selbst Höhen mithilfe der Schattenmethode.

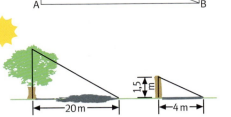

6 a) Max soll mit dem PC überprüfen, ob Bilddreiecke Vergrößerungen bzw. Verkleinerungen eines Originaldreiecks darstellen. Wie erkennt er die Ähnlichkeit? Welche Formeln muss er für die Bestimmung von k eingeben?
b) Max soll weitere zehn vergrößerte bzw. verkleinerte Dreiecke zum gleichen Original finden. Wie kann er hierzu die Tabelle nutzen?

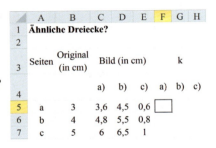

Mit ähnlichen Figuren rechnen

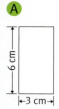

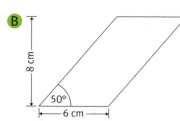
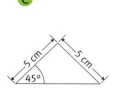

A
$k = \frac{1}{3}$
$k = 3$

B
$k = 0{,}5$
$k = 1{,}5$

C
$k = 0{,}2$
$k = 2$

Rechteck	Original	$k = \frac{1}{3}$	$k = 3$
u	■	■	■
A	■	■	■
Parallelogramm	Original	$k = 0{,}5$	$k = 1{,}5$
u			

1 Zeichne jeweils die gegebenen Figuren im Original sowie in der angegebenen Vergrößerung und Verkleinerung. Berechne anschließend jeweils Umfang und Flächeninhalt, übertrage die Tabelle vollständig in dein Heft und fülle sie aus. Was fällt dir auf? Hast du eine Erklärung dafür?

TRIMM-DICH-ZWISCHENRUNDE

1 Zeichne folgende Figuren.
  a) Dreieck: a = 4 cm   b = 7 cm   c = 6,5 cm
  b) Parallelogramm: a = 4 cm   β = 35°   b = 5 cm

2 Zeichne eine beliebige Strecke AB (schräg) sowie einen beliebigen Punkt P, der nicht auf AB liegt und konstruiere das Lot durch P auf AB.

3 a) Zeichne in einen Kreis mit Radius 3 cm ein regelmäßiges Fünfeck.
  b) Zeichne ein regelmäßiges Neuneck mit der Seitenlänge 2 cm.

4 Zeichne mit Hilfe des Thaleskreises (r = 3,5 cm) ein rechtwinkliges Dreieck (γ = 90°) mit a = 2,5 cm. Berechne anschließend b.

5 Erik und Lena lassen einen Drachen steigen. Erik hält die 80 m lange Schnur des fliegenden Drachen. Lena steht 30 Meter von Erik entfernt direkt unter dem Drachen. Berechne, wie viele Meter über Lena der Drachen schwebt.

6 Bestimme jeweils den Umfang und den Flächeninhalt der folgenden Figuren.

a = 3 cm   a = 11 m   Abstand zweier gegenüberliegender Seiten im Stoppschild: 90 cm
h = 2,5 cm   Durchmesser des Stoppschildes: 98 cm

Wo hast du noch Schwierigkeiten? Versuche, diese zu beschreiben.

7 Ergänze die Angaben so, dass die drei Dreiecke zueinander ähnlich sind.
  A   a = 3 cm   b = 5 cm   c = 7 cm
  B   a = ■   b = ■   c = 3,5 cm
  C   a = 7,5 cm   b = ■   c = ■

Zeichnen von und Berechnen an Flächen wiederholen

Vierecke zeichnen

Parallelogramm   Trapez

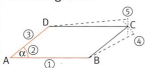 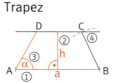

Thaleskreis

Maßstab/Streckungsfaktor/Ähnlichkeit

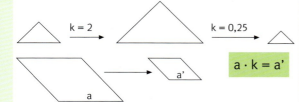

- Winkel bleiben gleich.
- Alle Strecken werden im gleichen Verhältnis verkleinert oder vergrößert (Faktor k).

Regelmäßige Vielecke berechnen/zeichnen

Anzahl der Seiten bzw. Ecken: n
Mittelpunktswinkel: α

$A_{\text{Best.-Dreieck}} = \dfrac{a \cdot h}{2}$

$A_{\text{n-Eck}} = \dfrac{a \cdot h}{2} \cdot n$

Zeichnen

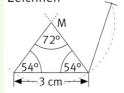

über eine Seitenlänge   über den Umkreis/Mittelpunktswinkel

Satz des Pythagoras

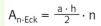

$a^2 + b^2 = c^2$

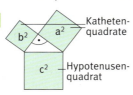

1 Welche Punkte liegen auf
  a) der Mittelsenkrechten von EB?
  b) dem Kreis um K mit dem Radius $r = \overline{KE}$?
  c) der Mittelsenkrechten von AF und der Mittelsenkrechten von DE?
  d) der Parallelen zu BD durch den Punkt I und der Mittelsenkrechten von BC?
  e) Finde eigene Aufgaben.

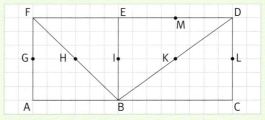

2 Zeichne die Vierecke und erstelle jeweils eine Konstruktionsbeschreibung.

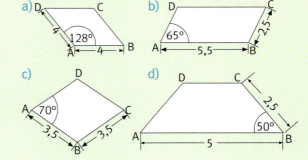

3 Zeichne mithilfe des Thaleskreises folgende Dreiecke.
  a) c = 8 cm, b = 4 cm, γ = 90°
  b) b = 10 cm, γ = 70°, β = 90°

4 Zeichne folgende regelmäßige Vielecke. Entnimm der Zeichnung die notwendigen Maße und berechne Umfang und Flächeninhalt.

Vieleck	5-Eck	6-Eck	8-Eck
Seitenlänge	4 cm	5 cm	3 cm

5 In einem regelmäßigen Vieleck sind die Basiswinkel im Bestimmungsdreieck jeweils 75°.
  a) Wie groß ist der Mittelpunktswinkel?
  b) Um welches regelmäßige Vieleck handelt es sich?

AUF EINEN BLICK

6 Übertrage ins Heft und vergrößere dann die Figuren mit k = 3.

7 Übertrage ins Heft und verkleinere dann die Figuren mit k = 0,5.

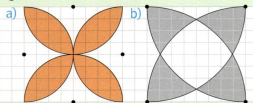

8 Sind die Dreiecke ähnlich? Begründe.
  A a = 4 cm, b = 6 cm, c = 3 cm
  B a = 6 cm, b = 9 cm, c = 4,5 cm

9 Berechne die fehlenden Angaben bei folgenden ähnlichen Figuren.

Dreieck	a = 4 cm a' = 12 cm	b = 2,1 cm b' = ■	k = ■
Rechteck	c = 10 cm c' = ■	d = ■ d' = 0,5 cm	k = 0,2

10 Berechne die Seitenlängen x. Zeichne dann die Figuren und überprüfe durch Messen (Maße in mm).

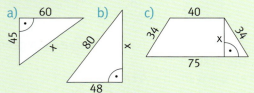

11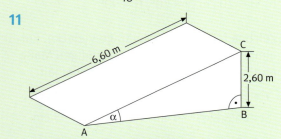

a) Bestimme durch eine maßstabsgetreue Zeichnung mithilfe des Satzes von Thales den Winkel α. Entnimm deiner Zeichnung auch die Länge der Strecke AB.
b) Berechne die Länge der Strecke AB und vergleiche.

12 Der Trainer einer Fußballjugend lässt seine Spieler zur Konditionsschulung wie untenstehend laufen. Die Strecken 1 bis 6 sollen fünfmal durchlaufen werden.
  a) Wie lang ist die Sprintstrecke?
  b) Wie lang ist die Gesamtstrecke?

13 Inna kürzt ihren Schulweg jeden Tag durch den Park ab. Welche Wegstrecke spart sie sich im Laufe eines Schuljahres?

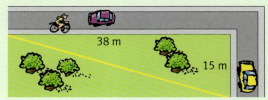

14 Zeichne den Stern mit dem Vergrößerungsfaktor k = 3 und bestimme Fläche und Umfang der Figur (Maße in cm).

15 Ein Kirchenfenster aus Glas hat die unten abgebildete Form. Eine Seite des Zwölfecks ist 30 cm lang.

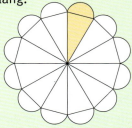

a) Zeichne ein Segment (farbig unterlegt) in einem geeigneten Maßstab.
b) Berechne die Fläche des Glases.
c) Die Glasscheiben sind in Metallrahmen eingefasst. Berechne die Länge der verwendeten Metallleisten.

AUF EINEN BLICK

16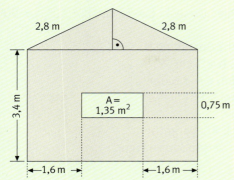

a) Ein Fertigteil aus Beton mit einer rechteckigen Öffnung ist 24 cm dick. Berechne das Volumen.
b) Wie schwer ist das Fertigteil? Dichte Beton: 2,4 g/cm³

17 Zwei Würfel mit einer Kantenlänge von 3 cm sind aufeinander gestellt. Berechne die Seitenlängen des Dreiecks ABC und zeige durch Rechnung, dass dieses Dreieck rechtwinklig ist.

18 a) Begründe, warum das schwarze und das rote Dreieck ähnlich sind.
b) Berechne x.

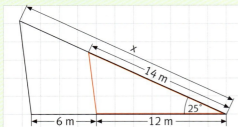

19 Aus einem alten Rechenbuch:
„Am Ufer eines 12 m breiten Flusses stehen zwei Bäume, 6 m und 8 m hoch. Sie stehen direkt gegenüber.
Auf den Wipfeln sitzen zwei Eisvögel und erblicken einen Fisch. Schon stürzen sie los, stürzen gleich schnell und erreichen gleichzeitig den Fisch. An welcher Stelle hat sich der Fisch an die Oberfläche gewagt?"
Bestimme zeichnerisch im Maßstab 1 : 100.

20 Eine Familie hat ein Grundstück gekauft und den Bau einer Doppelhaushälfte geplant.

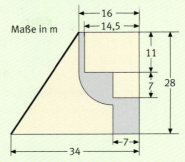

– Ein Quadratmeter Bauplatz kostet 210 €.
– An einer Grundstücksgrenze (fett gedruckt) wird ein Zaun benötigt.
– Die grau markierte Fläche wird gepflastert.

21 Steffi experimentiert mit einer Lochkamera und hält wichtige Maße fest.
– Höhe Kerze mit Flamme: 15 cm
– Gegenstandsweite: 52,5 cm
– Bildweite: 7 cm
Was kann sie jetzt berechnen? Erkläre.

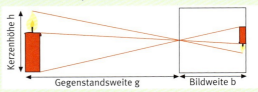

22 In einem Zimmer (Länge 5 m, Breite 4 m, Höhe 2,5 m) sitzt in einem Eck eine Spinne und im gegenüberliegenden Eck eine Fliege.

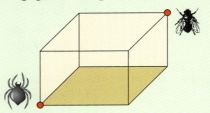

a) Berechne den kürzesten Weg der Fliege zur Spinne.
b) Berechne den kürzesten Weg der Spinne zur Fliege, wenn sie über ein Eck geht.
c) Finde den tatsächlich kürzesten Weg der Spinne heraus. Ermittle seine Länge.
Tipp: Zeichne ein Quadernetz des Zimmers und markiere die beiden Positionen.

TRIMM-DICH-ABSCHLUSSRUNDE

● **1** Zeichne mithilfe des Thaleskreises folgendes Dreieck: c = 12 cm, β = 40°, γ = 90°

●● **2** Welche Rechtecke sind zueinander ähnlich? Bestimme k.
   a) a = 6 cm, b = 4 cm   b) a = 2 cm, b = 1 cm
   c) a = 1 cm, b = 2/3 cm   d) a = 5,4 dm, b = 3,6 dm
   e) a = 18 cm, b = 16 cm   f) alle Winkel 90°

●●● **3** a) Zeichne folgende Figur um den Faktor k = 3 vergrößert.
   b) Berechne die dunkelbraune Fläche der vergrößerten Figur.

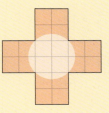

●●● **4** Parallelogramm Drachen
   a = 6 cm; f = 8 cm; α = 120°   a = 6 cm; b = 4 cm; β = 90°

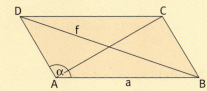 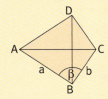

a) Zeichne die Vierecke. Erstelle jeweils eine Beschreibung.
b) Überprüfe durch Berechnung, ob die Teildreiecke ähnlich sind.

●●●● **5** Zeichne ein regelmäßiges Fünfeck mit einer Seitenlänge von 3 cm. Ergänze dann über die Winkelhalbierenden zu einem Zehneck.

●●●● **6** a) Zeichne das Dreieck im Rechteck. Die Schnittpunkte liegen jeweils in den Seitenmitten.
b) Berechne Umfang und Flächeninhalt des farbigen Dreiecks.
c) Zeige durch Zeichnung, dass für die drei weißen Dreiecke der Satz von Thales gilt.

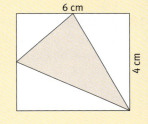

●● **7** Aus einem Holzstamm wird ein Balken mit quadratischem Querschnitt gesägt. Wie lang ist die Quadratseite?

●●●● **8** Berechne die gesuchten Strecken an Würfel und Drachen (Maße in cm).

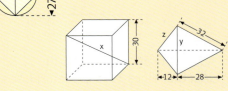

●●●● **9** a) Berechne die Höhe h der trapezförmigen Grundfläche.
b) Bestimme den Rauminhalt des symmetrischen Körpers. Rechne mit π = 3,14. Runde auf zwei Dezimalstellen.

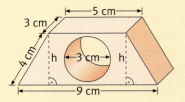

KREUZ UND QUER

Zahl

Terme

a) Berechne die Terme, achte dabei auf die Rechenregeln.
- A $5 \cdot 2 + 12 : 3 - 2 \cdot 7$
- B $40 - (9 - 5 \cdot 2) + 9$
- C $48 : 3 - 6 \cdot 2 + 20 : 4$

b) Setze Rechenzeichen so ein, dass das Ergebnis stimmt.
- A 2 ■ 3 ■ 4 = 24
- B 17 ■ 3 ■ 5 = 2
- C 63 ■ 9 ■ 4 = 18 ■ 6

c) Übertrage und vervollständige die Lücken der Rechenkette.

d) Schreibe als Dezimalbruch.

A	10^{-7}	B	10^{-6}	C	10^{-8}
D	$7 \cdot 10^{-5}$	E	$1{,}2 \cdot 10^{-7}$	F	$3{,}8 \cdot 10^{-9}$

e) Notiere mit Zehnerpotenzen in der Standardschreibweise.

A	0,000005	B	0,0000000856
C	0,00000013	D	200 000 000
E	300 000 000 000	F	2 300 000 000

Funktionaler Zusammenhang

Gleichungen

a) Finde die Fehler und löse.

A	$58 - (34 - 4x) = 16x + (24 - 6x)$ $58 - 34 - 4x = 16x + 24 - 6x$
B	$96 - 4(-3y + 4) = 2(4y - 4)$ $96 - 12y - 16 = 8y - 4$
C	$8(23 + 1{,}5z) - 6(25 + z) = -4(2{,}5z + 6)$ $184 + 10z + 150 - 6z = -10z - 6$

b) Stelle eine Gleichung auf und löse. Wenn ich eine Zahl durch 5 dividiere und dann 6 subtrahiere, erhalte ich das Quadrat von 3.

Raum und Form

Volumen

In ein Aquarium wurde ein Stein ($V = 10$ dm³) gelegt, wodurch die Höhe des Wasserspiegels auf 38 cm stieg. Wie hoch stand das Wasser zuvor im Aquarium?

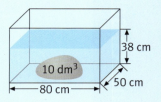

Rechtwinkliges Dreieck

a) Aus einem Baumstamm soll ein Balken mit einem rechteckigen Querschnitt geschnitten werden. Welchen Durchmessser muss der Stamm mindestens haben?

b) Welches der angegebenen Dreiecke ist rechtwinklig? Begründe.

	Seite a	Seite b	Seite c
A	4 dm	3 dm	5 dm
B	9 cm	25 cm	36 cm

Messen

Größen

a) Korrigiere falls nötig.
- A $2\% = 0{,}2$
- B $\frac{3}{8} = 37{,}5\%$
- C $10^{-5} = 1{,}00001$
- D $3{,}00400 \cdot 100 = 300{,}4$
- E 7,05058 kg = 7 kg 50 g 580 mg
- F 13 km 75 m 56 cm = 13,07556 km

b) Berechne in der angegebenen Einheit.
- A 1,5 min + 45 s = ■ s
- B 2,5 h + 38 min + 240 s = ■ min
- C 0,8 h + 40 min + 120 s = ■ h

Schätzen

Wie groß müsste ein Riese sein, damit der jeweilige Stuhl zu ihm passen würde? Überlege und begründe.

a)  b)

Gleichungen und Formeln

Das kann ich schon

① Stelle einen Term für den Umfang der Figur auf und vereinfache.

a)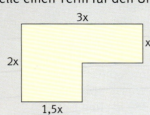
b)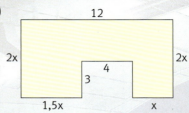

② Vereinfache die Terme so weit wie möglich.
   a) $2x - 3 - 4{,}5x + 0{,}5$
   b) $4y - 12{,}5 + 6y - 7{,}5$
   c) $5x + 8 - 12x - 7$
   d) $5(x + 3) + 2(2x - 5)$
   e) $3(2x - 4) - 2(5 - 2x)$
   f) $4 - (6x - 9) : 3 + 7$

③ Schüler basteln sechs Würfelmodelle und stellen einen Term zur Berechnung der Länge des benötigten Drahtes auf. Vergleiche beide Wege.
Toni: $12x + 12x + 12x + 12x + 12x + 12x = 72x$
Sara: $6 \cdot 12x = 72x$

④ Berechne den Term für $x = 2$.
   a) $3x + 7 - x - 6$
   b) $4 \cdot (x + 6) - 4$
   c) $4 - 3{,}5x - (x + 2)$

⑤ Bestimme die Lösungszahl.
   a) $3(x + 4) - 6 = 12$
   b) $14 - (3x - 4) = 9$
   c) $x + 50 - 4x = -49$
   d) $\frac{x + 4}{3} = x - 6$
   e) $\frac{x}{3} - \frac{2x}{5} + \frac{x}{2} = \frac{13}{50}$
   f) $\frac{2x - 4}{3} = \frac{x - 1}{3}$

⑥ Welche Gleichungen gehören zu den Zahlenrätseln?

A Addiere zum Fünffachen einer Zahl 12 und multipliziere das Ergebnis mit 3. Du erhältst 81.

B Bilde den Quotienten aus einer Zahl und 5. Addiere 12 und multipliziere das Ergebnis mit 3. Du erhältst 81.

a) $(x : 5 + 12) \cdot 3 = 81$
b) $(5x - 12) : 3 = 81$
c) $(x : 5 - 12) \cdot 3 = 81$
d) $(5x + 12) \cdot 3 = 81$

⑦ a) Wie teuer ist eine DVD?   b) Wie hoch ist eine Monatsrate?

Bei welchen Aufgaben hast du noch Schwierigkeiten? Versuche, diese zu beschreiben.

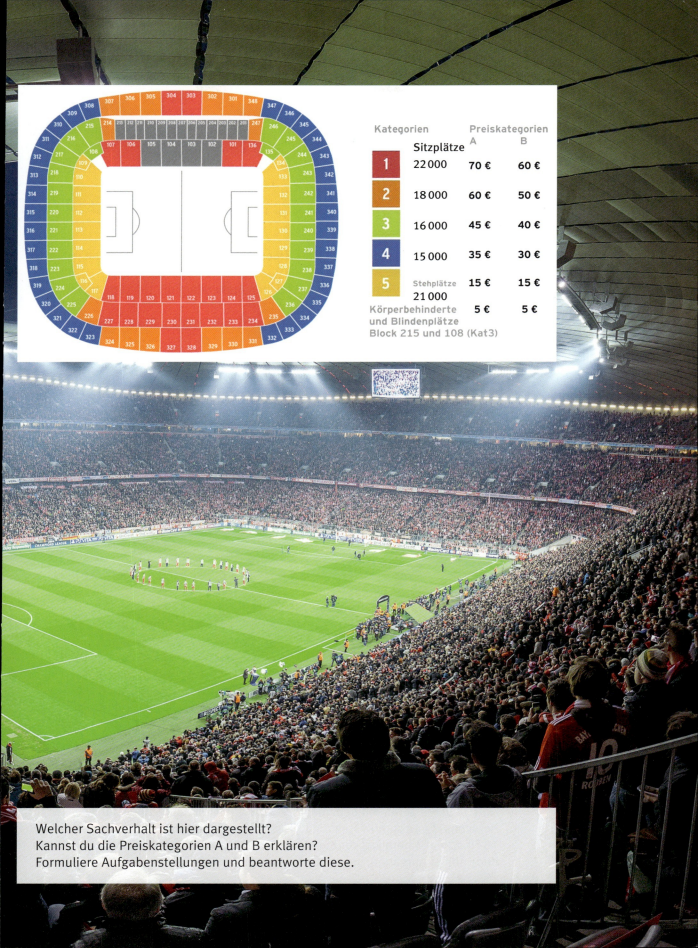

Welcher Sachverhalt ist hier dargestellt?
Kannst du die Preiskategorien A und B erklären?
Formuliere Aufgabenstellungen und beantworte diese.

Terme umformen

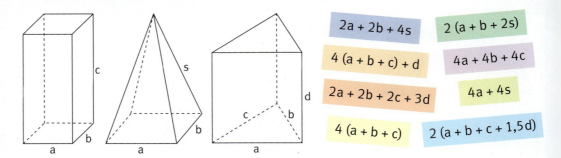

1 a) Die Summe der Kantenlängen der Körper soll berechnet werden. Ordne jedem Körper jeweils zwei Terme zu.
b) Verbinde gleiche Terme mit dem =-Zeichen und erkläre die Umformungen.

2 Gib die Gesamtlänge der Körperkanten in einem möglichst einfachen Term an.

Terme vereinfachen:
– Klammern auflösen
– gleichartige Glieder zusammenfassen

a) 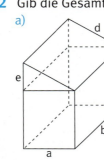 b) 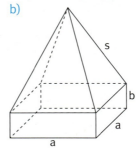 c)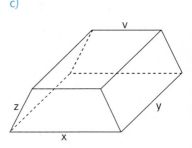

3 Welche Fehler sind beim Umformen gemacht worden? Berichtige.
a) $6a + 4 = 10a$
b) $5x - x = 5$
c) $7x + y = 7xy$
d) $-18x + x = 18$
e) $14a - 14b = a - b$
f) $12 + 6y = 18y$
g) $3(x - 4) = 3x - 4$
h) $2 - (4 - 2x) = 2 - 4 - 2x$
i) $(6x - 4) : 2 = 6x - 2$
j) $6 + 2y = (3 + 2y) \cdot 2$
k) $x - 3(x + 2) = x - 3x + 6$
l) $5 - (x - 3) \cdot 2 = 10 - 2x - 6$

Lösungen zu 4 und 5

$11{,}3 - 0{,}7x$
$6 - 1{,}5x - 7y + 8z$
$-a - 3 + 3{,}1z$
$6 - 6x - 3y$
$1{,}35x + 1{,}55y + 0{,}65z - 0{,}25a$
$28{,}20$
$-8 - 2x + 3y + 3z$
$-7a + 8b + 6c$
$-2 - 12a - 2b + 1{,}5c$

4 Vereinfache wie im Beispiel so weit wie möglich.

$$5x - 4(2y + 6) + (x - 3) \cdot 2$$
$$= 5x - (8y + 24) + (2x - 6)$$
$$= 5x - 8y - 24 + 2x - 6$$
$$= 7x - 8y - 30$$

a) $4 - 3(2x - 6) - (9y + 12) : 3 - 12$
b) $5a + 4(2b - 3c) - (4a - 6c) \cdot 3$
c) $(-12) - (6x - 9y) : 3 + 3z - (-4)$
d) $(24 - 6x) : 4 - 3y + 2(4z - 2y)$
e) $4 - 12a - (2b - 3c) \cdot 0{,}5 - 6 - b$
f) $(-2) \cdot 0{,}5a - 4{,}5 : 1{,}5 + 9{,}3z : 3$
g) $7 - 2{,}5(2x - 3) + (6{,}4 - 8{,}6x) : (-2)$

5 Wie viel muss man bezahlen, wenn man x Flaschen Apfelsaft zu je 1,35 €, y Flaschen Orangensaft zu je 1,55 € und z Flaschen Mineralwasser zu je 0,65 € kauft und a leere Flaschen (Flaschenpfand 0,25 € pro Flasche) zurückgibt?
a) Notiere einen Term, mit dem man die Gesamtkosten ausrechnen kann.
b) Berechne die Gesamtkosten für 12 Flaschen Apfelsaft, 6 Flaschen Orangensaft, 18 Flaschen Mineralwasser bei einer Rückgabe von 36 leeren Flaschen.
c) Bilde selbst Aufgaben, indem du die Anzahl der Flaschen variierst.

Terme umformen

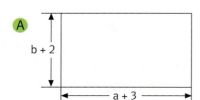
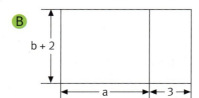
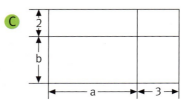

1 Die drei identischen Rechtecke A, B und C haben jeweils die Länge $a + 3$ cm und die Breite $b + 2$ cm. Der Flächeninhalt des Rechtecks A lässt sich mit der Formel „Länge mal Breite" berechnen: $A = (a + 3) \cdot (b + 2)$
  a) Aus welchen Teilrechtecken setzen sich die Rechtecke B und C zusammen?
  b) Stelle Gesamtterme zur Berechnung der Rechtecksflächen B und C auf. Begründe, warum sie zum gleichen Gesamtergebnis wie bei Rechteck A führen.
  c) Berechne jeweils die Rechtecksflächen für $a = 4$ cm und $b = 2$ cm.

Verteilungsgesetz (Distributivgesetz)

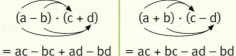

2 a) $(x + 2) \cdot (y + 3) = \blacksquare$ b) $(x + 8) \cdot (y - 4) = \blacksquare$ c) $(x - 6) \cdot (y + 2) = \blacksquare$
   d) $(3{,}5 - a) \cdot (6 + b) = \blacksquare$ e) $(a - 4) \cdot (b - 5{,}5) = \blacksquare$ f) $(8 - x) \cdot (5{,}2 - y) = \blacksquare$

Bei Differenzen Vorzeichen beachten.

3 a) Neben dem Schwimmbecken wird ein Plattenweg angelegt. Gib die Fläche der Gesamtanlage in einem Term an.
   b) Um ein Beet wird ein Weg mit der Breite 0,5 m angelegt. Stelle einen Term für die Wegfläche auf.

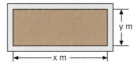

4 Zeichne die Figuren in dein Heft. Multipliziere die Summen miteinander und trage die Summanden in die passenden Felder ein.
   a) $(x + y) \cdot (a + b)$ b) $(a + b + c) \cdot (e + d)$

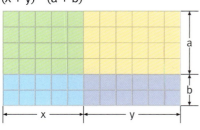

5 *Ich verstecke die Zahl 50. $(8 + 2) \cdot (12 - 7) = x$*

Denke dir eine beliebige Zahl. Verstecke nun diese Zahl, indem du verschiedene Produkte von Summen und Differenzen bildest. Deine Mitschüler sollen die versteckte Zahl finden.

Gleichungen äquivalent umformen

Gleichungen schrittweise lösen

Lösungsschritte	Gleichung	
Löse die Klammern auf: Multipliziere jedes Glied in der Klammer mit dem Faktor. Achte auf das Vorzeichen vor der Klammer. Löse durch wertgleiches Umformen.	$3x - 2(x - 4) = (x - 4) \cdot 5$	
	$3x - (2x - 8) = (5x - 20)$	
	$3x - 2x + 8 = 5x - 20$	
	$x + 8 = 5x - 20$	$/ -x$
	$8 = 4x - 20$	$/ +20$
	$28 = 4x$	$/ :4$
	$7 = x$	

Lösungen zu 1

8,5	6
−3	7
3	10
2	27
7	

1 Erkläre die Lösungsschritte im Beispiel und verfahre ebenso.
 a) $8(0{,}5x + 2) = 50$
 b) $5(2x + 2) + 4 = 12x$
 c) $3(x - 2) = x + 14$
 d) $36 = (x - 9) \cdot 2$
 e) $13x = 4(3x - 1) + 7$
 f) $9 + 2x = 5(x + 4) - 2$
 g) $2(x - 5) + 3 = 29 - 4x$
 h) $2(x - 3) = 4(9 - x)$
 i) $(x - 4) \cdot 4 = 6x - 2(2 + 4x)$

2 Welcher Fehler ist beim Umformen der Gleichung passiert? Berichtige und bestimme x.
 a) $5(5 - x) = 5(2x - 10)$
  $25 - x = 10x - 50$
 b) $4 + (6 - 3x) : 1{,}5 = -10$
  $4 + 4 + 2x = -10$
 c) $11x - 5 = 4x - (3x + 2)$
  $11x - 5 = x + 2$
 d) $8(5x - 3) + 16 = 1{,}8 + 9(4x - 1)$
  $40x - 24 + 16 = 1{,}8 + 36x + 9$
 e) $42 - (x + 3) \cdot 7 = (9 - 3x) : 3 + 24$
  $63 - 7x = 27 - x$
 f) $36(x + 2) = 312 + 8(4x - 11{,}5)$
  $68x + 72 = 220$

Lösungen zu 3

2	−0,8
2	4
5	4
2	−6

3 Die meisten Fehler beim Lösen von Gleichungen unterlaufen beim Umgang mit Klammern. Achte deshalb besonders darauf.
 a) $5(4x - 5) = 23 - 4(3x - 4)$
 b) $5(3x - 4) - 10 = 4(15 - 3x) - 36$
 c) $16(x + 3) = 142 - (4x - 11) \cdot 6$
 d) $3(7x - 4) - (x + 8) + 14 = 11x + 12$
 e) $(3 + x)(x - 7) = x^2 + 3$
 f) $(x + 5)(4 + x) = (x - 4)(x - 2)$
 g) $1{,}2(16x - 8) - 3{,}6(3x + 9) = 2{,}4(4x - 16) - 9{,}6$
 h) $20(0{,}5x + 1{,}5) + (0{,}25 - 5x) \cdot 2 = 50{,}5 - (1{,}25x + 5) \cdot 2$

4 a) Stelle Gleichungen auf und löse.
 b) Erfinde ähnliche stimmige Rätsel, die dann deine Mitschüler lösen.

Ich erhalte als Ergebnis 6, wenn ich zuerst zu beiden Seiten meiner Gleichung 14 addiere und dann beide Seiten durch 5 teile.

Ich erhalte als Ergebnis 3. Ich habe auf beiden Seiten erst 12 subtrahiert und dann mit 14 dividiert.

Ich erhalte das Ergebnis (−3), wenn ich als erstes 18 auf beiden Seiten subtrahiere und anschließend durch (−3) teile.

Gleichungen mit Brüchen lösen

A

$\frac{2}{3}x + \frac{1}{6}x = 2 + \frac{3}{4}x$	Gemeinsamen Nenner suchen
$\frac{8}{12}x + \frac{2}{12}x = 2 + \frac{9}{12}x$	
$\frac{10}{12}x = 2 + \frac{9}{12}x \mid -\frac{9}{12}x$	Schrittweises Isolieren von x
$\frac{1}{12}x = 2 \quad\quad\quad \mid \cdot 12$	
$x = 24$	
$\frac{2}{3}\cdot 24 + \frac{1}{6}\cdot 24 = 2 + \frac{3}{4}\cdot 24$	Kontrolle der Lösung durch die Probe
$20 = 20$	

B

$\frac{2}{3}x + \frac{1}{6}x = 2 + \frac{3}{4}x$	Beide Seiten mit dem Hauptnenner multiplizieren
$\frac{\overset{4}{\cancel{12}}\cdot 2}{\cancel{3}_1}x + \frac{\overset{2}{\cancel{12}}\cdot 1}{\cancel{6}_1}x = 12\cdot 2 + \frac{\overset{3}{\cancel{12}}\cdot 3}{\cancel{4}_1}x$	
$8x + 2x = 24 + 9x$	Kürzen
$10x = 24 + 9x \mid -9x$	Schrittweises Isolieren von x
$x = 24$	
$\frac{2}{3}\cdot 24 + \frac{1}{6}\cdot 24 = 2 + \frac{3}{4}\cdot 24$	Kontrolle der Lösung durch die Probe
$20 = 20$	

1 a) Erkläre beide Lösungswege. Warum wurde im Beispiel B mit 12 multipliziert?
   b) Welcher Lösungsweg ist für dich günstiger? Begründe.

2 Bestimme x.

a) $\frac{5}{4}x - \frac{4}{3} = \frac{7}{6}x - \frac{2}{3}$ b) $\frac{2}{3}x - \frac{3}{4}x + \frac{1}{6}x - 2 = 0$ c) $\frac{x}{2} + \frac{4x}{5} - \frac{3x}{10} - \frac{5x}{6} = 8$

d) $\frac{1}{3}x + \frac{1}{4}x + \frac{11}{12} = x - 2$ e) $\frac{x}{2} + \frac{x}{4} = 14 - \frac{x}{8}$ f) $\frac{x}{7} - \frac{9x}{14} - \frac{4}{7} = -\frac{3x}{14}$

g) $\frac{9}{5}x + \frac{2}{3}x + 1 = \frac{52}{15}$ h) $\frac{7}{2}x - \frac{8}{3}x = 10 - \frac{5}{6}x$ i) $\frac{3}{10}x - \frac{14}{5}x + 3 = \frac{7}{4}$

Lösungen zu 2

0,5	7
48	6
16	24
1	−2
8	

3

$\frac{18 - 2x}{4} + 2x = \frac{8x + 3}{3}$ $/\cdot 12$	Mit dem Hauptnenner multiplizieren
$\frac{\overset{3}{\cancel{12}}(18 - 2x)}{\cancel{4}_1} + 12\cdot 2x = \frac{\overset{4}{\cancel{12}}(8x + 3)}{\cancel{3}_1}$	Kürzen
$3(18 - 2x) + 24x = 4(8x + 3)$	Klammern auflösen
$54 - 6x + 24x = 32x + 12$	Zusammenfassen
$54 + 18x = 32x + 12$ $/-18x$	Wertgleich umformen
$54 = 14x + 12$ $/-12$	
$42 = 14x$ $/:14$	
$3 = x$	

– Nur ein Umformungsschritt pro Zeile
– Klammern um Summen und Differenzen nicht vergessen

Bei der Multiplikation mit dem Hauptnenner wird um den Zähler eine Klammer gesetzt. Dreimal muss man mit dem Hauptnenner multiplizieren. Erkläre.
Wo sind für dich schwierige Stellen im Lösungsablauf?

4 Beim Multiplizieren mit dem Hauptnenner wurden Fehler gemacht. Berichtige.

a) $\frac{x + 3}{5} + 3 = 6$ b) $\frac{3x - 20}{8} - \frac{60 - 2x}{5} = 1$ c) $3 - \frac{7x}{5} = 8 - \frac{39x}{10}$

$\frac{5\cdot (x + 3)}{5} + 3\cdot 5 = 6$ ✗ $\frac{40\cdot 3x - 20}{8} - \frac{40\cdot 60 - 2x}{5} = 1$ ✗ $3 - \frac{10\cdot 7x}{5} = 8 - \frac{10\cdot 39x}{10}$ ✗

5 a) $\frac{2x + 8}{28} + \frac{x - 4}{6} = 2$ b) $\frac{x + 1}{3} - \frac{3x - 1}{5} = x - 2$

c) $\frac{x + 2}{3} + \frac{2x - 5}{3} = -2$ d) $\frac{11x + 1}{5} + 2 = \frac{13x - 2{,}6}{7}$

e) $\frac{3(15 - x)}{4} = \frac{6(2x - 7)}{7}$ f) $2 - \frac{4 + x}{3} = \frac{3x + 27}{6} + 3x$

g) $\frac{9x + 0{,}5 \cdot (4 - 6x)}{2} = 7{,}5 - (x + 1{,}5) + 2x$ h) $\frac{4}{5}(30x - 75) - (x + 27) = \frac{11x - 29}{3}$

i) $\frac{2 - x}{3} - \frac{1}{2}(x + 12) = \frac{5x}{6} - 7$ j) $10(x + 3) + \frac{2 - 40x}{4} = 50\frac{1}{2} - \frac{5x + 20}{2}$

Lösungen zu 5

4	7
−1	10
−1	2,5
1	2
4	−7,5

Bruchterme umformen

$\frac{3}{8}$ $\frac{9}{x}$ $\frac{x-5}{6}$ $\frac{5 \cdot 6}{x-1}$ $\frac{5x}{2}$ $\frac{9}{3-x}$ $\frac{4}{5}$ $\frac{7+3}{2x}$ $\frac{7}{4+x}$ $\frac{17}{3x+4}$ $\frac{14}{2(x-1)}$

1 Wodurch unterscheiden sich die Terme? Teile sie in zwei Kategorien ein.

2 a) Übertrage die Tabelle ins Heft und berechne die Terme. Was stellst du fest?
b) Welche Bedeutung hat die Taschenrechneranzeige -E-?

x	0	1	2	3	4	5
$\frac{1}{x}$	-E-	1	0,5	0,33...	0,25	
$\frac{3}{x-2}$	-1,5	-3	-E-	3		
$\frac{6}{4 \cdot (x-3)}$	-0,5	-0,75				
$\frac{32}{2(2x-8)}$	-2					

„Error" bedeutet Fehler. Aber ich habe doch richtig getippt?

Bruchterme
Definitionsbereich

Terme mit der Variablen im Nenner heißen **Bruchterme**. Zahlen, für die der Nenner 0 wird, darf man nicht einsetzen, da die Division durch 0 unzulässig ist. Alle Zahlen, die man einsetzen darf, gehören zum **Definitionsbereich**.

3 Die Beispiele zeigen, wie man bei Bruchtermen den Definitionsbereich festlegen kann. Erkläre und arbeite dann ebenso.

Bruchterm	**A** $\frac{7}{x}$	**B** $\frac{2}{x-4}$	**C** $\frac{2}{3(2x+6)}$
Für welche Zahl wird der Nenner 0?	x = 0	x − 4 = 0 x = 4	2x + 6 = 0 x = −3
Definitionsbereich (alle Zahlen, die eingesetzt werden dürfen)	alle Zahlen außer 0	alle Zahlen außer 4	alle Zahlen außer −3

a) $\frac{9}{x}$ b) $\frac{3}{x-2}$ c) $\frac{7-5}{x}$ d) $\frac{3}{x-14}$ e) $\frac{5}{x+7}$ f) $\frac{3}{2x-4}$ g) $\frac{17}{2(x-1)}$ h) $\frac{13}{(2x-4)\cdot 3}$

4 Die Rechenregeln für gewöhnliche Brüche gelten auch für Bruchterme.
a) Kürze: $\frac{27}{54x} = \frac{\blacksquare}{2x}$ $\frac{18}{6x} = \frac{3}{\blacksquare}$ $\frac{16}{4(x+3)} = \frac{\blacksquare}{x+3}$ $\frac{100}{25(2x+8)} = \frac{4}{\blacksquare}$

b) Erweitere: $\frac{2}{5x} = \frac{\blacksquare}{10x}$ $\frac{7}{5x} = \frac{28}{\blacksquare}$ $\frac{1}{x-1} = \frac{8}{\blacksquare}$ $\frac{3}{x-2} = \frac{\blacksquare}{8(x-2)}$

5 Bringe wie im Beispiel auf dem Hauptnenner.

$\frac{4}{5x} + \frac{3}{2x}$
$= \frac{8}{10x} + \frac{15}{10x}$
$= \frac{23}{10x}$

a) $\frac{3}{8x} + \frac{1}{3}$ b) $\frac{4}{9x} - \frac{2}{3}$ c) $\frac{3}{5x} - \frac{3}{2x}$ d) $\frac{3}{4x} - \frac{1}{6x}$

e) $\frac{7}{9x} - \frac{1}{6}$ f) $\frac{7}{10} + \frac{3}{5x}$ g) $\frac{3}{x-2} + \frac{1}{2}$ h) $\frac{3}{4} - \frac{6}{2x+3}$

i) $\frac{1}{x} + \frac{7}{2x}$ j) $\frac{1}{4x} + \frac{3}{x}$ k) $\frac{x-4}{x+4} - 1$ l) $\frac{2}{x} - \frac{4}{x-12}$

Bruchgleichungen lösen

Ist die Lösung auch Element des Definitionsbereiches?

1 Bei Bruchgleichungen kommt die Variable auch im Nenner vor. Erkläre das Beispiel. Überlege, bei welchen Schritten am ehesten Fehler passieren können.

2 Ordne die Lösungszeilen und gib die Umformungen an.

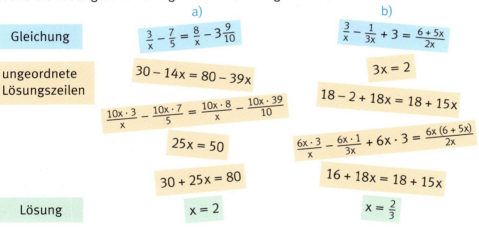

3 Welcher Fehler ist beim Lösen der Gleichung passiert? Berichtige und bestimme x.

a) $\frac{12}{8} + \frac{5}{x} = 4$
$12x + 40 = 4$

b) $\frac{4}{x} + \frac{2}{5x} = \frac{9}{3x} - 7$
$60x + 6 = 45 - 105x$

c) $\frac{2}{8x} - \frac{8}{2} + \frac{4}{x} = 6 + \frac{1}{x}$
$2 - 64x + 32 = 48x + 8x$

4 a) $\frac{40}{x} + \frac{3}{4} = \frac{11}{12}$ b) $\frac{5}{2x} - \frac{5}{6} = \frac{2}{x}$ c) $\frac{6}{x} + 4 = \frac{4{,}5}{x} + 9$

d) $2 + \frac{8}{x} = \frac{1}{x} + 3{,}75$ e) $\frac{3}{5x} + \frac{9}{10x} = \frac{13}{8x} - \frac{1}{8}$ f) $\frac{4}{3x} - \frac{5}{4x} = \frac{5}{6x} - \frac{3}{8}$

g) $\frac{23}{x} + 25 = 5\left(\frac{4}{x} + 8\right)$ h) $\frac{7{,}5}{9x} - \frac{2}{3x} - \frac{1}{6} = \frac{5}{6x} - \frac{11}{12x}$ i) $\frac{7}{x} + \frac{8}{x} - 1 = \frac{1}{2} - 6\left(\frac{2}{x} - 2\right)$

5 a) $\frac{1}{6} - \frac{2}{3}\left(\frac{1}{4x} - \frac{1}{2x} - \frac{1}{4}\right) = 1$

b) $\frac{49}{x} - 7\left(\frac{4}{x} - \frac{2}{3}\right) = \frac{63}{x} \cdot 2 - 10\frac{1}{3}$

c) $28 - 2\left(\frac{9}{x} + 4\right) = \frac{28+4}{2x} + \frac{94}{x} - 12$

d) $\frac{9}{x} - 2\frac{2}{5} - \frac{3}{2}\left(\frac{9}{x} - 3\right) = \frac{6}{x}$

e) $7\frac{3}{4} - 4\left(\frac{4}{x} - 3\right) = \frac{9}{3} + \frac{3}{4}$

f) $\frac{22}{x} + \frac{20}{x} - 1 = 0{,}5 - 6\left(\frac{2}{x} - 2\right)$

Lösungen zu 4 und 5

0,25	7
2	0,6
4	1
4	240
0,2	2
0,3	1,5
4	1
5	

Bruchgleichungen lösen

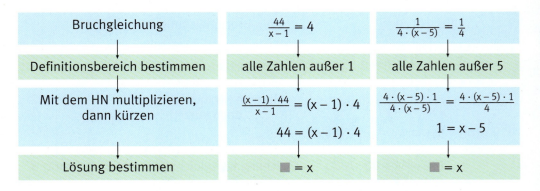

1 Stelle fest, ob die Lösungen der Beispielaufgaben im Definitionsbereich enthalten sind. Löse dann ebenso.

a) $\frac{36}{x+2} = 9$ b) $7 = \frac{91}{2x-1}$ c) $\frac{12}{x-1} = 8$ d) $\frac{-70}{x-5} = 7$

e) $24 = \frac{12}{x-1}$ f) $\frac{1}{4-3x} = \frac{1}{13}$ g) $\frac{1}{4x-20} = \frac{1}{4}$ h) $\frac{2}{3} = \frac{7}{3x+1}$

2 Führe den Lösungsweg 1 zu Ende, erkläre beide Lösungswege und vergleiche.

Lösungsweg 1	Lösungsweg 2	Definitionsbereich
$\frac{2}{x+1} = \frac{1}{x-1}$ $\frac{(x-1)\cdot(x+1)\cdot 2}{x+1} = \frac{(x-1)\cdot(x+1)\cdot 1}{x-1}$ $(x-1)\cdot 2 = (x+1)\cdot 1$	$\frac{2}{x+1} = \frac{1}{x-1}$ $2\cdot(x-1) = 1\cdot(x+1)$ $2x-2 = x+1$ $x = 3$	$x+1 = 0 \Rightarrow x = -1$

über Kreuz multiplizieren

3 Probiere beide Lösungswege aus.

a) $\frac{2}{x+1} = \frac{3}{x+2}$ b) $\frac{16}{3x-4} = \frac{22}{2x+3}$ c) $\frac{4}{x+1} = \frac{10}{x+4}$ d) $\frac{1}{2x+1} = \frac{1}{x}$

e) $\frac{x+3}{2x-7} = \frac{3}{2}$ f) $\frac{30}{5x-11} = \frac{5}{3x-17}$ g) $\frac{2}{2-3x} = \frac{-4}{1-2x}$ h) $\frac{4}{x+1} = \frac{1}{2x-5}$

4 Nicht immer haben Bruchgleichungen Lösungen. Erkläre und überprüfe, welche Bruchgleichungen keine Lösung haben.

a) $\frac{2}{x} = 1$ b) $0 = \frac{1}{x-3}$ c) $\frac{1}{x} - \frac{1}{2x} = 0$ d) $\frac{7}{x} + \frac{-6}{x} = 0$

5 Stelle Gleichungen auf, bestimme den Definitionsbereich und löse.

A Dividiert man 20 durch eine Zahl und subtrahiert davon 2, so erhält man 6 vermehrt um den Quotienten aus 4 und der gesuchten Zahl.

B Der Quotient aus 18 und einer Zahl vermindert um 6 ergibt das gleiche Ergebnis, wie wenn man 12 durch die unbekannte Zahl teilt.

C Bildet man die Summe aus den x-ten Teilen von 5, 6, 17 und 21, so erhält man 98.

Lösungen zu 3 und 5

2	0,625
−1	1
7	1
3	6,75
4	0,5
1	

Gleichungen aufstellen und lösen

1 Enrique, Anastasia und Robbie wollen eine Musikband gründen. Sie benötigen insgesamt 4 350 € für die Musikanlage. Enrique hat doppelt so viel gespart wie Anastasia. Robbie kann nur ein Viertel des Startkapitals von Enrique aufbringen. Das Musikgeschäft zahlt ihnen 150 € für das Anbringen eines Werbelogos auf der Anlage. Mit welchem Betrag ist jeder an der Musikanlage beteiligt?

a) Wofür steht x? Übertrage die Tabelle in dein Heft und ergänze sie.

b) Stelle eine Gleichung auf, löse sie und beantworte die Rechenfrage.

	Enrique	Anastasia	Robbie	Logo
Betrag	■	x	■	■
Gesamtbetrag		■		
Gleichung	x +			

Lies den Text genau durch.

Lege die Variable fest.

Fertige eine Skizze oder eine Tabelle an.

Stelle eine Gleichung auf und löse.

Beantworte die Frage.

2 a) Eine Jugendgruppe benötigt für einen Theaterbesuch 13 Karten. Sie bekommt jedoch nur noch 5 Karten in der teuren Preisklasse und 8 Karten der um 3 € billigeren Preisklasse. Zusammen kosten die Karten 119 €. Wie teuer sind die Karten in den beiden Preisklassen?

b) Drei Personen gründen eine Firma. Das Gründungskapital setzt sich so zusammen: A zahlt $\frac{1}{3}$, B steuert $\frac{1}{4}$ und C den Rest, nämlich 300 000 € bei. Berechne das Gründungskapital und die Anteilsbeträge der Geschäftspartner.

3 Bei einer Verkehrssicherheitskontrolle von Fahrrädern an einer Mittelschule wurden folgende Mängel festgestellt:
– Ein Drittel der Fahrräder hatte fehlerhafte Bremsen.
– Ein Sechstel der Fahrräder hatte keine funktionstüchtige Beleuchtung.
– 6 total verkehrsunsichere Fahrräder mussten nach Hause geschoben werden.
– 180 Fahrräder hatten keine Mängel.

a) Wie viele Fahrräder wurden kontrolliert?
b) Bei wie vielen Fahrrädern wurden Mängel bei den Bremsen (bei der Beleuchtung) festgestellt?

4 Der Fanclub Nabburg will mit seinen Mitgliedern zu einem Frauenfußball-Länderspiel fahren. Der Vorstand reserviert nebenstehendes Kontingent. Ein Platz kostet in der Kategorie A doppelt so viel wie der in B. In der Kategorie C ist ein Platz 5 € billiger als in B und in D zahlt man 10 € weniger als in C. Die reservierten Plätze kosten insgesamt 16 125 €. Wie teuer ist jeweils ein Platz in den verschiedenen Kategorien?

Deutscher Fußball-Bund
Otto-Fleck-Schneise 6
60528 Frankfurt/Main

Anzahl	Kategorie	Preis
50	Kat. A	■
80	Kat. B	■
100	Kat. C	■
75	Kat. D	■

Lösungen zu 1 bis 4

11	124
50	45
8	372
1 200	100
720 000	600
62	240 000
35	2 400
180 000	

88 Gleichungen aufstellen und lösen

Lösungstipps
- Text genau durchlesen
- Text gliedern
- Textbausteine in die mathematische Sprache übersetzen, Summen und Differenzen in Klammern setzen
- Gleichung aufstellen und lösen

Dividiert man / die Summe aus dem Achtfachen einer Zahl und 12 / durch 3, / so erhält man / halb so viel, / wie wenn man vom 16-fachen der gesuchten Zahl / 8 subtrahiert.

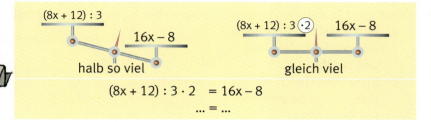

$(8x + 12) : 3 \cdot 2 = 16x - 8$
$\ldots = \ldots$

1 a) Erkläre, wie man zur Gleichung kommt und löse.
  b) Auch diese Gleichung passt zum Text: $\frac{8x + 12}{3} = \frac{16x - 8}{2}$. Erkläre.

Lösungen zu 2 und 4

2,5	4
67	48
14	3
1,22	1

2 Stelle zu folgenden Zahlenrätseln Gleichungen auf und löse.
  a) Dividiert man das Sechsfache einer Zahl durch 4 und vermehrt den Quotienten um 12, so erhält man die doppelte Differenz aus 9 und dem vierten Teil der Zahl.
  b) Subtrahiert man vom Fünffachen einer Zahl die Differenz aus der Zahl und 4, so erhält man die doppelte Summe aus der Zahl und 16.
  c) Dividiert man die Differenz aus dem Sechsfachen einer Zahl und 7 durch 5, so erhält man das Vierfache der Differenz aus der Hälfte der Zahl und 13,75.
  d) Wenn man vom Neunfachen einer Zahl die Summe aus dem Vierfachen dieser Zahl und 5 subtrahiert, so erhält man die Hälfte der Differenz aus dem Achtfachen der Zahl und 5.

3 Welche Gleichungen passen zum Text? Vergleiche und nenne Unterschiede.

Wenn man zum Doppelten einer Zahl 6 addiert, erhält man um 7 weniger, als wenn man zum Dreifachen der gesuchten Zahl 8 dazuzählt.

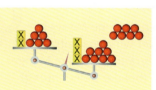

$2x + 6 + 7 = 3x + 8$

$2x + 6 - 7 = 3x + 8$

$2x + 6 = 3x + 8 + 7$

$2x + 6 = 3x + 8 - 7$

4 Stelle zu folgenden Zahlenrätseln Gleichungen auf und löse. Dabei können Skizzen mit Waagen behilflich sein.
  a) Wenn man die Summe aus einer Zahl und 6 bildet und diese mit 3 vervielfacht, erhält man halb so viel, wie wenn man von 31 das Vierfache der Zahl subtrahiert und diese Differenz mit 4 multipliziert.
  b) Addiert man 9 zum Fünffachen einer Zahl, multipliziert die Summe mit 4 und vermindert das Produkt um 20, so erhält man halb so viel, wie wenn man das Zehnfache der gesuchten Zahl von 93 subtrahiert.
  c) Die Summe aus der Hälfte, dem 3. Teil, dem 4. Teil, dem 6. Teil und dem 8. Teil einer Zahl ist um 6 kleiner als das Eineinhalbfache der Zahl.
  d) Wenn man das Sechseinhalbfache einer Zahl um 2,25 vermindert, erhält man halb so viel, wie wenn man ein Zehntel der Zahl um 8,4 vermehrt.

Mit Formeln rechnen

Zuerst setze ich in die Formel ein, dann forme ich um.

Eine Rundsäule hat ein Volumen von 14,13 dm³. Der Radius der Grundfläche beträgt 1,5 dm. Berechne die Höhe des Körpers.

$14{,}13 = 1{,}5 \cdot 1{,}5 \cdot 3{,}14 \cdot h_K$
$14{,}13 = 7{,}065 \cdot h_K \quad /: 7{,}065$
$2 = h_K$

Höhe des Körpers: 2 dm

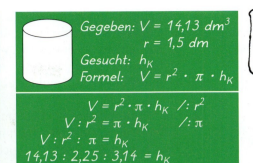

Gegeben: $V = 14{,}13$ dm³
$r = 1{,}5$ dm
Gesucht: h_K
Formel: $V = r^2 \cdot \pi \cdot h_K$

$V = r^2 \cdot \pi \cdot h_K \quad /: r^2$
$V : r^2 = \pi \cdot h_K \quad /: \pi$
$V : r^2 : \pi = h_K$
$14{,}13 : 2{,}25 : 3{,}14 = h_K$
$2 = h_K$

Höhe des Körpers: 2 dm

Zuerst stelle ich die Formel um, dann setze ich ein.

1 Vergleiche die Umformungen bei den verschiedenen Lösungswegen. Erprobe beide Lösungswege bei folgenden Aufgaben.
   a) Eine Konservendose hat bei einem Durchmesser von 9,8 cm ein Fassungsvermögen von 850 cm³. Wie hoch ist die Dose?
   b) In ein quaderförmiges Aquarium, das 9 dm lang und 4,5 dm breit ist, werden 243 l Wasser gegossen. Wie hoch steht das Wasser?
   c) Für einen Betonpfeiler mit quadratischem Querschnitt (Kantenlänge 30 cm) werden 1,08 m³ Beton benötigt. Wie hoch ist die Säule?
   d) Ein Stahlbetonträger hat einen trapezförmigen Querschnitt. Er ist 10 m lang, seine parallelen Seiten messen 20 cm und 10 cm, sein Volumen 100 dm³. Berechne den Abstand der parallelen Seiten.

2 Die gekennzeichneten Größen sollen berechnet werden. Stelle die Formeln entsprechend um.
   a) $A = (\mathbf{a} + c) : 2 \cdot h$
   b) $u = 2(a + \mathbf{b})$
   c) $b = \mathbf{d} \cdot 3{,}14 \cdot \alpha : 360$
   d) $V = \frac{1}{2} g \cdot h \cdot \mathbf{h_K}$
   e) $A = r^2 \cdot 3{,}14 \cdot \mathbf{\alpha} : 360$
   f) $V = a \cdot \mathbf{b} \cdot c$
   g) $A = (a + c) : 2 \cdot \mathbf{h}$
   h) $V = \frac{1}{2} g \cdot \mathbf{h} \cdot h_K$
   i) $A = \mathbf{r}^2 \cdot \pi \cdot h_K$

3 Stelle aus bekannten Formeln eine neue Formel zusammen, mit der du das farbig ausgelegte Flächenstück berechnen kannst. Erkläre zunächst das Beispiel.

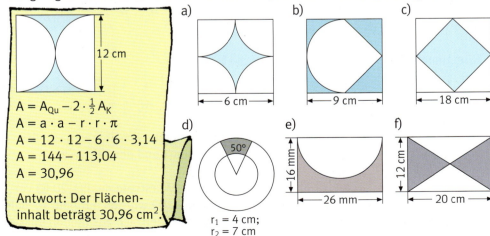

12 cm

$A = A_{Qu} - 2 \cdot \frac{1}{2} A_K$
$A = a \cdot a - r \cdot r \cdot \pi$
$A = 12 \cdot 12 - 6 \cdot 6 \cdot 3{,}14$
$A = 144 - 113{,}04$
$A = 30{,}96$

Antwort: Der Flächeninhalt beträgt 30,96 cm².

a) 6 cm
b) 9 cm
c) 18 cm
d) 50°; $r_1 = 4$ cm; $r_2 = 7$ cm
e) 16 mm; 26 mm
f) 12 cm; 20 cm

Lösungen zu 1 und 3

14,39	150,67
0,67	162
120	12
28,96	11,27
6	7,74

Mit Formeln rechnen

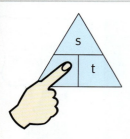

Lösungen zu 2 und 3

6,75	73,8
113,7	

1 Hier geht es um Weg, Zeit und Geschwindigkeit.
   a) Ordne die Variablen s, t und v richtig zu.
   b) Das Umstellen der Formel $v = \frac{s}{t}$ kannst du dir mithilfe eines Dreiecks erleichtern. Decke die gesuchte Größe mit dem Finger zu und lies dann die Umformung der Formel einfach ab.

2 Der Strauß braucht für 1 000 m 45 Sekunden. Das Känguru kann 100 m in 12,3 s laufen. Das Kaninchen schafft in einer Minute 1 200 m. Der Gepard legt 300 m in 9,5 s zurück. Die Gazelle erreicht eine Geschwindigkeit von 97 $\frac{km}{h}$, der Windhund 10 $\frac{m}{s}$. Vergleiche die Geschwindigkeiten. Welches Tier würde einen 400-m-Lauf gewinnen? (1 $\frac{km}{h} \approx 0{,}278 \frac{m}{s}$)

3 a) Eine der höchsten Brücken Europas ist die Europabrücke auf der Brenner-Autobahn in Österreich mit einer Höhe von 190 m und einer Länge von 820 m. Ein Pkw-Fahrer benötigt für die 820 m lange Strecke 40 s. Hat sich der Fahrer an die Geschwindigkeitsbeschränkung von 80 $\frac{km}{h}$ gehalten?

b) Mit dem Auto benötigt Frau Salomon von München nach Köln bei einer durchschnittlichen Geschwindigkeit von 100 $\frac{km}{h}$ normalerweise 6 Stunden. Wie lange braucht sie, wenn sie die Hälfte der Strecke wegen schlechten Wetters nur mit einer Durchschnittsgeschwindigkeit von 80 $\frac{km}{h}$ fahren kann?

TRIMM-DICH-ZWISCHENRUNDE

1 Vereinfache so weit wie möglich.
   a) 4x + 12 − 6x + 3
   b) −5x − 3 + 7 + 8 − 3x
   c) 7 (x + 3) + 4 (2 − x)
   d) 5x − (2x − 8) · 3
   e) 9 (x + 2) − (2 − x) · 2
   f) 8 − (9x + 3) : 3 − 12

2 Finde jeweils den Fehler. Berichtige und bestimme x.
   a) 5 − (4x − 6) : 2 = 3 − x
      5 − 4x + 3 = 3 − x
   b) 4 − (x − 4) = 6 (x − 1)
      4 − x − 4 = 6x − 1
   c) 3 (2x − 4) + 6 = 32 − (8 − x)
      6x − 4 + 6 = 32 − 8 − x
   d) 3x − (x − 4) · 2 = 5 (x − 4)
      2x + 4 = 5x − 4

3 Bestimme den Definitionsbereich und die Lösung.
   a) $\frac{6}{x} + 2 = \frac{7}{3} + \frac{2}{x}$
   b) $\frac{14}{x+2} = 5$
   c) $\frac{1}{x} + \frac{1}{x+1} = 0$
   d) $\frac{1}{x-3} - 2 = \frac{1}{2 \cdot (x-3)}$
   e) $\frac{4x}{2x+1} = 4$
   f) $\frac{7x+2}{1-4x} = -\frac{4}{3}$

4 Wenn man 6 durch die Differenz aus 9 und der Zahl teilt, erhält man dasselbe Ergebnis, wie wenn man 12 durch die Differenz aus 3 und der Zahl teilt.

5 Am Donnerstag wurden in der Pause dreimal mehr Wurstsemmeln (1,20 €) verkauft als Butterbrezen (1,00 €). Käsesemmeln (1,10 €) wurden nur halb so viele verkauft wie Butterbrezen. Am Ende der Pause befanden sich zusammen mit dem Wechselgeld in Höhe von 10 € insgesamt 51,20 € in der Kasse.

Wo hast du noch Schwierigkeiten? Versuche, diese zu beschreiben.

Lineare Gleichungssysteme kennen lernen

1 a) Welche der in der Randspalte angegebenen Zahlenpaare sind Lösungen der Gleichung A, welche Lösungen der Gleichung B?
b) Welches Zahlenpaar haben beide Gleichungen gemeinsam als Lösung?

2 Ergänze so, dass die Zahlenpaare Lösungen der Gleichung sind.
a) $x + y = 12$
(5|■), (■|−2)
b) $2x + y = 20$
(6|■), (■|6)
c) $x − 2y = 8$
(■|8), (10|■)
d) $x − y = 13$
(5|■), (■|−3)
e) $2x + 3y = 48$
(12|■), (■|10)
f) $3y − 2x = 6$
(3|■), (■|6)
g) $4x − 3y = 0$
(3|■), (■|8)
h) $2(x + y) = 12$
(■|3), (−1|■)

> Zwei lineare Gleichungen bilden ein lineares Gleichungssystem. Das Zahlenpaar, das beide Gleichungen erfüllt, ist die Lösung des Gleichungssystems.

lineares Gleichungssystem

3 Welches Zahlenpaar gilt für beide Gleichungen als Lösung?

Gleichung I	$x + 2y = 8$	Lösungen: (0|4), (2|3), (4|2), (6|1), (8|0), (10|−1)
Gleichung II	$x + y = 6$	Lösungen: (0|6), (1|5), (2|4), (3|3), (4|2), (5|1), (6|0)

4 Bestimme jeweils das Zahlenpaar, welches die Lösung für das Gleichungssystem ist. Lege dazu eine Tabelle an und probiere systematisch.

Lösungen zu 4:
(2|−6) (2|5)
(4|2)   (2|3)
(1|2)   (3|10)

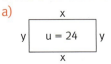 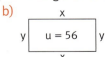

a) I $y = 2x$
II $y = 3 − x$
b) I $y = 3x + 1$
II $y = 5x − 5$
c) I $y = −x − 4$
II $y = 2x − 10$
d) I $3x + 2y = 16$
II $2x + 3y = 19$
e) I $x = 6 − y$
II $x − y = 2$
f) I $y − 2x + 1 = 0$
II $y + x − 5 = 0$

5 Stelle eine Gleichung auf und gib zwei Lösungen an (Umfangsangaben in cm).

a) b) c) d)

Das Gleichsetzungsverfahren anwenden

Gleichungssystem	Terme gleichsetzen	Erste Variable berechnen	Zweite Variable berechnen: x in I	Lösung angeben
I $y = 2x + 4$ II $y = 3x + 3$	I = II $2x + 4 = 3x + 3$	$2x + 4 = 3x + 3$ $x = 1$	I $y = 2 \cdot 1 + 4$ $y = 6$	Lösung: (1|6)

1 a) Erkläre anhand des Beispiels das Gleichsetzungsverfahren.
b) Zur Berechnung von y könnte man die Lösung für x auch in die Gleichung II einsetzen. Prüfe nach.

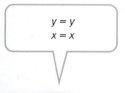

$y = y$
$x = x$

2 Löse die Gleichungen mithilfe des Gleichsetzungsverfahrens.

a) I $y = 2x + 4$
II $y = 3x + 1$

b) I $y = 3x - 2$
II $y = x + 6$

c) I $y = -2x + 9$
II $y = -x + 3$

d) I $y = 4x - 2$
II $y = 3x + 5$

e) I $y = 3x + 9$
II $y = 5x + 7$

f) I $x = y - 10$
II $x = 5y - 70$

g) I $x = y - 8$
II $x = 3y - 48$

h) I $x = 2y + 2$
II $x = 3y - 2$

3 Nicht immer kommen Gleichungen in der Form y = mx + t vor. Sie werden erst umgeformt. Ermittle die Lösung für das Beispiel, arbeite dann ebenso.

Gleichungssystem	I $y + x = 5$ II $y - 2x = -4$
Beide Gleichungen nach y auflösen	I $y = 5 - x$ II $y = -4 + 2x$
Gleichsetzen und lösen	I = II

a) I $y - 2x = 6$
II $y = 6x + 2$

b) I $9x + y = 17$
II $3x + y = 5$

c) I $2x - y = 4$
II $6x - 2y = 16$

d) I $15x + 5y = 25$
II $2x + 3y = -6$

e) I $x + 2y = 5$
II $5x + 6y = 21$

f) I $2x + 7y = 1$
II $x + 5y = -1$

Lösungen zu 3 bis 5

(4|−1)	(3|1)
(3|−4)	(1|8)
(2|−1)	(4|4)
(6|4)	(5|2)
(5|3)	(5|6)
(0|2,5)	(−7,5|−2)
(8|4)	(2|2)
(3|2)	(0,5|6)
(1,4|4,16)	

4 Sonderfälle. Erkläre die Beispiele und löse sie. Arbeite dann ebenso.

A	B
I $-7x + 5y = 11$ II $5y + 3x = 25$	I $3x - 2y = -10,5$ II $7,5 + 3x = 1,5y$
I $5y = 11 + 7x$ II $5y = 25 - 3x$	I $3x = -10,5 + 2y$ II $3x = 1,5y - 7,5$
I = II	I = II

a) I $2y - 2 = x$
II $2y + 22 = 5x$

b) I $4x + 2y = 26$
II $4x - 2y = 14$

c) I $3x - 2y = 11$
II $27 + 3x = 21y$

d) I $5x - 49 = -4y$
II $3x + 4y = 39$

e) I $8y = 3,2x + 8$
II $1,6x = 8y + 4$

f) I $5x + 6y = 15$
II $10y - 25 = 5x$

5

A
I Die Zahl x ist doppelt so groß wie die Zahl y.
II Die Zahl x ist um 4 größer als die Zahl y.

B
I Das 4-fache von y ist gleich der Summe aus x und 6.
II Das 4-fache von y ist um 4 größer als das Doppelte von x.

Das Einsetzungsverfahren anwenden 93

Gleichungssystem	II in I (oder I in II) einsetzen	Erste Variable berechnen	Zweite Variable berechnen: x in II	Lösung angeben
I y + 2 = 2x II y = x + 3	x + 3 + 2 = 2x	x + 5 = 2x 5 = x	II y = 5 + 3 y = 8	Lösung: (5|8)

1 a) Eine weitere Möglichkeit, Gleichungssysteme zu lösen, ist das Einsetzungsverfahren. Erkläre.
b) Zur Berechnung von y könnte man die Lösung für x auch in die Gleichung I einsetzen. Prüfe nach.

2 Löse die Gleichungssysteme rechnerisch mit dem Einsetzungsverfahren.
a) I 3x + y = 25   b) I x + 2y = 15   c) I 5 − x = y   d) I 3x = 14 − y
    II y = 2x   II y = 7x   II 2x − y = 7   II y = x − 2
e) I 2x = 2y − 6   f) I 4x + 3y = 42   g) I 3x + 2y = 2   h) I 3x + 8y = 48
    II x = 2y + 3   II x = y + 7   II x = 10 − 3y   II 4y − 4 = x

3 Nicht immer kommt eine der beiden Gleichungen in der Form y = mx + t vor. Erkläre das Beispiel und löse dann ebenso.

Gleichungssystem	I 6x + 2y = 28 II −x + y = −2
Eine Gleichung nach einer Variablen umformen	II y = x − 2
Einsetzen und	II in I eingesetzt:

a) I 2y = 4x + 4   b) I y − x = 25
    II 7x − 5y = −1   II 3y = 3 − 3x
c) I x + 3y = 5   d) I 2x = 3y − 3
    II x − 2y = 10   II x − 3y = −9
e) I 4y − 2x = 16   f) I x − 2y = −4
    II 4x − 5y = −2   II x − y = 5

Lösungen zu 3 bis 5

(−3|−4)	(−12|13)
(−1|2)	(8|−1)
(4|5)	(−12|16)
(6|5)	(4|2)
(12|10)	(14|9)
(5|3)	(2|12)
(15|−25)	($1\frac{1}{3}$|−$\frac{1}{3}$)
(4|2)	(8|3)
(10|1)	

4 Gelegentlich kann es vorteilhaft sein, eine der beiden Gleichungen nach einem Vielfachen von x oder y aufzulösen. Erkläre die Beispiele, löse dann ebenso.

A	B
I 3x + 8y = 48 II −2x + 8y = 8	I 7x − 8y = 62 II 7x + 8y = 78
II 8y = 2x + 8	I 7x = 62 + 8y
II in I eingesetzt:	I in II eingesetzt:

a) I 2x + 3y = 24   b) I 6x − 12y = −30
    II 2x + 5y = 56   II 20x − 12y = −44
c) I 3x + 4y = 32   d) I 3x + 7y = 26
    II 3x + 7y = 47   II 3x − 4y = 4
e) I 3x + 6y = 2   f) I 12x + 7y = 5
    II 12x − 6y = 18   II 15x + 7y = 50

5

 A
I Das Doppelte von x ist um 8 kleiner y.
II Die Summe beider Zahlen beträgt 14.

 B
I Das Doppelte von x vermehrt um das Dreifache von y ist 19.
II Das Doppelte von x vermindert um das Dreifache von y ist 1.

Das Additionsverfahren anwenden

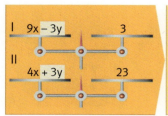 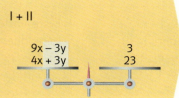 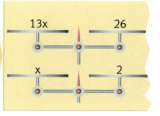

1 Erkläre anhand der Abbildungen, wie man mithilfe des Additionsverfahrens die Lösung des Gleichungssystems ermittelt und vervollständige den Lösungsweg.

Lösungen zu 2 und 3

(15,5 | −12,5)	(5 | 3)
(11 | −14)	(8 | 2)
(15 | 22,75)	(3 | 3)
(−1,5 | 3)	(−2 | 0,5)
(5 | 1)	(10 | 1)
(3 | 7)	(5 | 3)
(9 | 2)	

2 Bestimme ebenso die Lösung der Gleichungssysteme.

a) I $2x − 2y = −5$
   II $4x + 2y = −7$

b) I $15x + 11y = 78$
   II $15x − 11y = 12$

c) I $5y = 10 − x$
   II $−5y = 20 − 5x$

d) I $18 = 3x + y$
   II $7 = 2x − y$

e) I $2x − 5y = 8$
   II $−2x + 11y = 4$

f) I $−3x + 2y = −9$
   II $3x + 7y = 36$

g) I $3x − 4y − 16 = 0$
   II $10x + 4y − 88 = 0$

h) I $7x − 8y = 62$
   II $7x + 8y = 78$

i) I $6x − 2y = 4$
   II $−6x + 5y = 17$

3 Multipliziere eine Gleichung mit (−1) und wende dann das Additionsverfahren an.

a) I $y − 2x = 6$
   II $y + 6 = −6x$

b) I $4y − 3x = 46$
   II $4y − 7x = −14$

c) I $6x + 4y = 10$
   II $7x + 4y = 21$

d) I $6x + 8y = −7$
   II $6x + 2y = 68$

Lösungen zu 4 und 5

(2 | 13)	(1 | 3)
(10 | 1)	(6 | 3)
(2,2 | 1,2)	(8 | 2)
(4 | 6,4)	(−2 | −1)
(1 | −2,5)	(−15 | 7)
(5 | −1)	(7 | 15)
(−6 | 4)	

4 Bei manchen Gleichungssystemen muss man zuerst eine der beiden Gleichungen äquivalent umformen. Erkläre das Beispiel, rechne dann ebenso.

I $2x + 3y = 11$ $/ \cdot (−4)$
II $8x − 2y = 2$

I $−8x − 12y = −44$
II $8x − 2y = 2$

I + II
$−8x − 12y + 8x − 2y = −44 + 2$
$y = 3$

y in I eingesetzt:

a) I $9x + 6y = 96$
   II $−20x + 3y = −1$

b) I $4x − 3y = −5$
   II $3x + y = 6$

c) I $3x − 14 = 5y$
   II $x + y − 10 = 0$

d) I $2y − 1,4x = 0,8$
   II $y + 7x + 15 = 0$

e) I $5y − 2x = 24$
   II $2,5y + 3x = 28$

f) I $9x + 4y = 66$
   II $3x − 5y = 3$

g) I $8x − 18 − 4y = 0$
   II $−2y + 5x = 10$

h) I $2x − 9y = 11$
   II $20 + 22y − 4x = 2$

i) I $7x + 3y = −30$
   II $8x + 6y = −24$

j) I $5x + 2y = 23$
   II $4y − 6x = −34$

k) I $6y + 2x = 12$
   II $2y + 2x = −16$

l) I $2y − 4x = 2$
   II $2y − 16 = 2x$

5 Paar Wiener: x, Breze: y

I  6,80 €

II 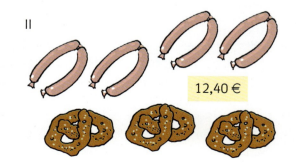 12,40 €

Gleichungssysteme verschiedenartig lösen

	x	y
I		
	12	

	x	y · 1,5
II		
	16	

1 a) Wie viele Flaschen von jeder Sorte hat Maria gekauft? Erkläre die Skizzen, stelle ein Gleichungssystem auf und löse nach den drei Verfahren.
b) Welches Lösungsverfahren war für dich am günstigsten? Begründe.

2 Wende die verschiedenen Lösungsverfahren an.

Gleichsetzungsverfahren
a) I $11y = 4x - 6$
   II $11y = 9x - 41$
b) I $7x - 8y = 52$
   II $7x = 3y + 37$
c) I $2x - 5 = 3y$
   II $3x + 3 = y$
d) I $8x - y + 9 = 0$
   II $-12x - 10 = 2y$

Einsetzungsverfahren
a) I $y = 2x - 3$
   II $y - 3x = -8$
b) I $0 = 3y + 14 - x$
   II $x = 5y + 22$
c) I $y = 3x - 13$
   II $8x - 78 = -6y$
d) I $y - 4x = 2$
   II $y + 25 = 10x$

Additionsverfahren
a) I $5x + 5y = 50$
   II $5x - 5y = 20$
b) I $3x + 5y = 19$
   II $7x + 5y = 31$
c) I $11x + 6y = 23$
   II $7x + 8y = 23$
d) I $15x + 16y = -2$
   II $17x - y = 36$

Lösungen zu 1 bis 4

(5|7)	(2|−4)
(6|5)	(4,5|20)
(−1|1)	(−2|−3)
(7|2)	(4|−3)
(3|2)	(2|−2)
(1|2)	(7|3)
(4|7,5)	(−5|20)
(8|2)	(4|−2)
(5|−2)	(−10|3)
(13|1)	(1|1)
(4|8)	

3 Löse mit einem Verfahren deiner Wahl.
a) I $3x + y = 5$
   II $3y - 2x = 70$
b) I $x + 11 = 2y$
   II $x + 56 = 8y$
c) I $3x - 5y - 14 = 0$
   II $x + y - 10 = 0$
d) I $5x + 7y = 6$
   II $14 - 7y = 7x$
e) I $1,5a - 3b = -24$
   II $-6a + 9b = 87$
f) I $-3p + 7q = 4$
   II $8q + 3p = 11$
g) I $4z - 3y = -35$
   II $6z - 2y = -20$
h) I $s = 3v + 11$
   II $s = 5v + 15$

4 Es gibt auch lineare Gleichungssysteme mit drei Gleichungen und drei Variablen, die sich mit dem Einsetzungsverfahren lösen lassen. Erkläre und rechne ebenso.

Lösungen zu 4

(5|3|1)	(−5,5|−1,75|17,5)
(0|−1|2)	(4|2|−1,75)
(2|−2|−3)	(1|8|2)

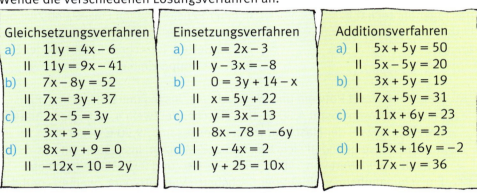

a) I $x + y - z = 7$
   II $y - x = -2$
   III $x = 5$
b) I $2y + 3x + 4z = 9$
   II $y + 2x = 10$
   III $3x = 12$
c) I $z - 2y + 2x = 10$
   II $2z + 4y = 28$
   III $2z = 35$
d) I $-2x - y + 3z = 7$
   II $3x - 4y = 4$
   III $6x = 0$
e) I $4y + 3x + 2z = -8$
   II $2x - y = 6$
   III $y = -2$
f) I $3y - 4z = 16$
   II $3y - 4x = 20$
   III $4z + 4x = 12$

Gleichungssysteme aufstellen und lösen

Lösungen zu 1 bis 3

(12|9)	(6|12)
(16|62)	(6|14)
(6|9)	(4|5)

Variablen festlegen:
Anzahl der Einzelzimmer: x
Anzahl der Doppelzimmer: y

Gleichungssystem aufstellen
I   x + 2y = 30
II x + y = 21

Gleichungssystem lösen
I   x = ▒
I in II ▒ = ▒

Lösung: (▒ | ▒)

Frage beantworten
Das Jugendhotel hat ▒ Einzel- und ▒ Doppelzimmer.

1 Ein Jugendhotel kann 30 Gäste in Einzel- und Doppelzimmern unterbringen. Insgesamt sind 21 Zimmer vorhanden. Wie viele Einzel- und wie viele Doppelzimmer hat das Jugendhotel?
a) Im Text findet man zwei Aussagen, die das Aufstellen des Gleichungssystems ermöglichen. Erkläre.
b) Ergänze den Lösungsablauf und beantworte die Rechenfrage.
c) Berechne, wenn die Zahl der Doppelzimmer mit x festgelegt wird.

2 a) In einer Jugendherberge gibt es nur Drei- und Fünfbettzimmer. Es sind insgesamt 15 Zimmer mit 63 Betten. Wie viele Drei- und wie viele Fünfbettzimmer hat die Jugendherberge?
b) In einer Pension stehen Einzel- und Zweibettzimmer zur Verfügung, insgesamt 20 Zimmer mit 34 Betten. Berechne die Anzahl der Einzel- bzw. der Doppelzimmer.

3 a) Herr Vogel kauft Rotwein und Weißwein ein, insgesamt 18 Flaschen. Eine Flasche Rotwein kostet 4,80 €, eine Flasche Weißwein 4,20 €. Berechne die jeweilige Anzahl der Flaschen, wenn er insgesamt 79,20 € bezahlt.
b) In einer Kasse befinden sich 1-€- und 2-€-Münzen. Insgesamt sind es 78 Münzen mit einem Wert von 140 €. Wie viele 1-€- und 2-€-Münzen sind es?
c) Ein Schullandheim verfügt über Sechsbett-, Vierbett-, vier Zweibett- und drei Einzelzimmer. Insgesamt sind es 55 Betten in 16 Zimmern. Bestimme die jeweilige Zahl der Sechsbett- bzw. der Vierbettzimmer.

Lösungen zu 4 bis 5

(38|18)	(18|14)
(42|12)	(15|75)
(12|4)	

4

Aussagen
I Vater war vor 8 Jahren dreimal so alt wie sein Sohn Tobias.
II In zwei Jahren wird Tobias halb so alt wie Vater sein.

Variablen festlegen

	Vater	Sohn
Alter heute	x	y
Alter vor 8 Jah.	x − 8	y − 8
Alter in 2 Jah.	x + 2	y + 2

Gleichungssystem aufstellen
I   x − 8 = (y − 8) · 3
II x + 2 = (y + 2) · 2

Erkläre das Zustandekommen des Gleichungssystems. Berechne das jeweilige Alter.

5 a) Irmgards Großvater ist heute fünfmal so alt wie Irmgard. Vor 5 Jahren war er siebenmal so alt.
b) Fabian war vor 10 Jahren halb so alt wie Anja. In 4 Jahren wird er so alt sein, wie Anja heute ist.
c) Thomas ist um 4 Jahre mehr als doppelt so alt wie Silke. Vor 2 Jahren war er fünfmal so alt wie Silke.
d) Christian war vor 7 Jahren siebenmal so alt wie Simon. In 3 Jahren wird er dreimal so alt sein wie Simon.

Gleichungssysteme aufstellen und lösen

	Preis pro Erw. (€)		Preis pro Kind (€)		Gesamtpreis (€)
I Familie Bauer	3x	+	4y	=	60
II Familie Reber	■	+	■	=	42

Tabellen gliedern Texte.

1 Familie Bauer und Familie Reber gehen zusammen in den Zirkus. Familie Bauer zahlt für drei Erwachsene und vier Kinder insgesamt 60 €. Familie Reber zahlt für zwei Erwachsene und drei Kinder insgesamt 42 €. Wie viel kostet der Eintritt für einen Erwachsenen, wie viel für ein Kind?
  a) Ergänze die Tabelle und erkläre, wie das Gleichungssystem entsteht.
  b) Löse das Gleichungssystem und beantworte die Rechenfrage.

2 Formuliere Texte, stelle Gleichungssysteme auf und löse.
  a)   b)

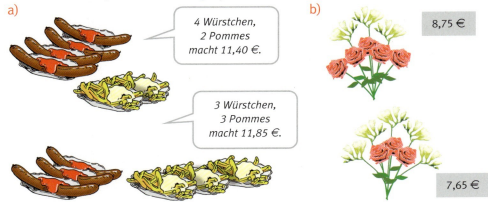

a) 4 Würstchen, 2 Pommes macht 11,40 €.
3 Würstchen, 3 Pommes macht 11,85 €.
b) 8,75 € ; 7,65 €

3 a) Familie Bösner (2 Erwachsene und 3 Kinder) und Familie Raab (3 Erwachsene und 1 Kind) unternehmen einen Tagesausflug mit der Bahn. Beide Familien mussten für ihre Fahrkarten 42 € bezahlen.
Berechne den Preis für einen Erwachsenen und für ein Kind.
  b) Andrea kauft 9 Rosen und 7 Tulpen. Sie zahlt 16,50 €. Peter zahlt für 9 Tulpen und 7 Rosen 15,50 €. Berechne jeweils den Einzelpreis der Blumen.
  c) Für ein Wohnmobil zahlt man pro Tag eine Grundgebühr und einen Geldbetrag pro gefahrenem Kilometer. Familie Gruber zahlt 775 € für 5 Tage und 625 km. Familie Merl ist 7 Tage unterwegs und fährt insgesamt 1025 km. Sie muss 1127 € bezahlen.
Berechne die Grundgebühr pro Tag und den Preis für einen Kilometer.

4 a) An einem Hebel hängen zwei Körper, deren Gewichtskräfte zusammen 35 N betragen. Wie groß sind die einzelnen Kräfte, wenn sich der Hebel im Gleichgewicht befindet und die Längen der Hebelarme sich wie 7 : 3 verhalten?
  b) An einem Hebel von der Länge 45 cm befinden sich am Ende Gewichte, die sich wie 7 : 2 verhalten. Wie lang sind die Hebelarme?
  c) Ein Vater baut für sich und seinen Sohn eine Wippe. Er nimmt dazu einen 5 m langen Balken. Er selbst wiegt 75 kg, sein Sohn 25 kg. Wohin muss der Vater den Drehpunkt der Wippe legen?

Lösungen zu 1 bis 4

(1,25|0,75)	(35|10)
(1,75|2,2)	(3,75|1,25)
(120|0,28)	(12|6)
(1,30|0,75)	(12|6)
(24,5|10,5)	

Hebelgesetz:
Kraft · Kraftarm = Last · Lastarm

Gleichungssysteme aufstellen und lösen

Die Länge eines Rechtecks ist dreimal so groß wie die Breite. Sein Umfang beträgt 440 cm. Wie lang sind die Seiten?

Skizze
u = 440 cm

Aussagen
I Länge des Rechtecks ist dreimal so groß wie Breite.
II Umfang beträgt 440 cm.

Gleichungssystem
I a = 3b
II 440 = 2a + 2b

Lösungen zu 1 bis 4

(25|14)	(15|20)
(9|14)	(31,5|7,5)
(165|55)	(28,8|14,4)
(57|81)	(12|8)
(57|66)	(71|38)

1 Erkläre und löse.

2 Berechne die Seitenlängen des Rechtecks.
  a) Die Länge ist um 24 m größer als die Breite. Der Umfang beträgt 78 m.
  b) Die Länge ist 4 cm größer als die 1,5-fache Breite. Der Umfang beträgt 78 cm.
  c) Der Umfang beträgt 40 cm. Verdoppelt man die beiden längeren Seiten, so entsteht ein neues Rechteck mit dem Umfang 64 cm.

3 Berechne die Seitenlängen im gleichschenkligen Dreieck.
  a) Der Umfang beträgt 50 cm. Die beiden Schenkel sind zusammen eineinhalbmal so lang wie die Basis.
  b) Die Schenkel sind 4 cm länger als die Basis. Der Umfang beträgt 32 cm.
  c) Die Basis ist halb so lang wie ein Schenkel. Der Umfang beträgt 72 cm.

4 Berechne die Winkel im Dreieck.
  a) In einem gleichschenkligen Dreieck ist der Basiswinkel um 9° größer als der Winkel an der Spitze.
  b) In einem gleichschenkligen Dreieck ist der Winkel an der Spitze um 33° kleiner als der Basiswinkel.
  c) In einem Dreieck mit $\alpha = 42°$ ist γ um 24° größer als β.

Lösungen zu 5 und 6

(18|15)
(32|20)
(12|9)

5 Ein Rechteck hat einen Umfang von 42 cm. Verkürzt man die Länge um 4 cm und verlängert die Breite um 4 cm, so entsteht ein Rechteck mit 4 cm² weniger Flächeninhalt. Erkläre und löse.

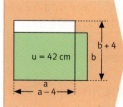

I Rechteck hat einen Umfang von 42 cm.
II Verkürzt man die Länge um 4 cm und verlängert die Breite um 4 cm, so entsteht ein Rechteck mit 4 cm² weniger Flächeninhalt.

I 42 = 2a + 2b
II a · b = (a − 4) · (b + 4) + 4

6 Berechne die Seitenlängen des Rechtecks.
  a) Verkürzt man eine Seite um 3 cm und verlängert die andere um 5 cm, so wächst der Flächeninhalt um 85 cm². Verlängert man die erste Seite um 5 cm und verkürzt die andere um 3 cm, so verringert sich der Flächeninhalt um 11 cm².
  b) Verkürzt man die längere Seite um 6 cm und die kürzere Seite um 3 cm, entsteht ein Quadrat, dessen Fläche um 126 cm² kleiner ist als die des Rechtecks.

Gleichungssysteme aufstellen und lösen

1. a) Aus 76 cm Draht soll das Kantenmodell eines Quaders mit quadratischer Grundfläche hergestellt werden. Die Quadratseite und die Höhe sollen zusammen 12 cm lang sein. Wie lang ist jede von ihnen?
   b) Aus einem Draht von 1,8 m Länge soll das Kantenmodell einer quadratischen Säule hergestellt werden. Die Höhe ist 6 cm länger als die Grundseite.

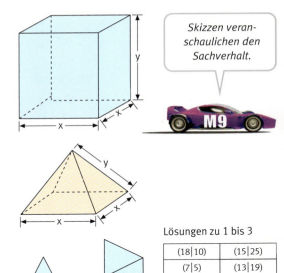

Skizzen veranschaulichen den Sachverhalt.

2. Sandra baut eine quadratische Pyramide. Sie will dazu einen 160 cm langen Holzstab ganz verbrauchen. Die Kantenlänge y soll 10 cm größer sein als die Kantenlänge x. Wie muss sie den Holzstab zuschneiden?

3. Legt man vier gleichschenklige Dreiecke zu einem großen Dreieck zusammen, so beträgt dessen Umfang 92 cm. Legt man die gleichen Dreiecke zu einem Parallelogramm zusammen, ist der Umfang 76 cm lang. Wie lang sind die Seiten eines kleinen Dreiecks?

Lösungen zu 1 bis 3

(18|10)	(15|25)
(7|5)	(13|19)

TRIMM-DICH-ZWISCHENRUNDE

① Löse die linearen Gleichungssysteme mit einem Lösungsverfahren deiner Wahl.

a) I $2y = 8x + 4$
   II $y = 3x + 4$

b) I $2x + 8y = 8$
   II $-2x = 10 - 4y$

c) I $6y = 2 - 8x$
   II $6y = 20 - 14x$

d) I $x - y = 8$
   II $x + y = 15$

e) I $4x = 16 + 2y$
   II $8x = 2y + 40$

f) I $8x + 3y - 47 = 0$
   II $4x - 2y - 6 = 0$

② Ermittle die gesuchten Zahlen.
   a) Die Summe zweier Zahlen beträgt 35, ihre Differenz ist 17.
   b) Subtrahiert man das Fünffache einer Zahl vom Dreifachen der anderen Zahl, so erhält man 10. Die Summe aus dem Doppelten der größeren und dem Dreifachen der kleineren Zahl ergibt 51.

③ Stelle Gleichungssysteme auf und löse.
   a) Herr Schmid kauft 16 Pflanzen und bezahlt insgesamt 38 €.

   1 Geranie: 3 €
   1 Petunie: 2 €

   b) Irmgard kauft 11 Pflanzen und bezahlt insgesamt 18 €.

   1 Sonnenblume: 1 €
   1 Rose: 2 €

Wo hast du noch Schwierigkeiten? Versuche, diese zu beschreiben.

④ Die Grundlinien a und c eines Trapezes unterscheiden sich um 3 cm. Die Höhe misst 4,2 cm, der Flächeninhalt des Trapezes beträgt 25,2 cm². Wie lang sind die Grundlinien?

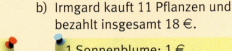

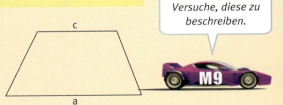

100 Die richtige Mischung

1

TEESORTE 1
x kg
1kg 35 €

MISCHUNG
40 kg
1kg 30,40 €

TEESORTE 2
y kg
1kg 27 €

I Gesamtgewicht der Mischung: ■
II Gesamtpreis der Mischung: ▲

Tee war in ganz Asien bereits lange vor unserer Zeitrechnung ein Zeichen für Freundschaft, Geselligkeit und Harmonie. So wurde beispielsweise jeder Gast mit einer Tasse Tee begrüßt. Teeliebhaber schätzen Teemischungen und deren besonderen Geschmack.

2
Ein Großhändler will eine gute Teesorte, das Kilogramm zu 40 €, mit einer billigeren Teesorte, das Kilogramm zu 34 €, mischen. Es soll nach seinem Rezept 2,5-mal so viel von der billigeren Sorte verwendet werden wie von der teureren Sorte. Der Händler will für insgesamt 1000 € von der Mischung herstellen.

3
Aus zwei Sorten Tee mit verschiedener Qualität werden Mischungen hergestellt. Mischt man 3 kg der ersten Sorte mit 2 kg der zweiten Sorte, kostet die Mischung 34,40 € je kg. Mischt man dagegen 2 kg der ersten mit 3 kg der zweiten Sorte, kostet die Mischung 38 € je kg.

4
Ein Händler mischt zwei Sorten Tee. Nimmt er 12 kg von der ersten Sorte und 8 kg von der zweiten Sorte, so kostet 1 kg der Mischung 25,60 €. Mischt er aber 8 kg der ersten Sorte mit 12 kg der zweiten Sorte, so kostet 1 kg dieser Mischung 26,40 €.

5

Kupfer
39 Anteile: x kg

Zinn
11 Anteile: y kg

Bronze
5 400 kg

I Gesamtgewicht: x + y = 5 400 kg
II Verhältnis: $\frac{39}{11} = \frac{x}{y}$

Legierungen entstehen beim Zusammenschmelzen von Metallen. Das Mischungsverhältnis ist für die Eigenschaften der Legierung verantwortlich.
So ist beispielsweise die Härte von Bronze davon abhängig, wieviel Kupfer und wieviel Zinn man zusammenschmilzt. In der Tabelle sind häufig auftretende Mischungsverhältnisse dargestellt.

Legierung	Verwendete Metalle	Mischungsverhältnis
Bronze	Kupfer + Zinn	8 : 2
Messing	Kupfer + Zink	5 : 3

6
In einer Gießerei sind zwei Sorten Messing vorrätig. Werden 100 kg der ersten Sorte mit 150 kg der zweiten Sorte verschmolzen, so entsteht Messing mit 66 % Kupfergehalt. Werden dagegen 150 kg der ersten Sorte mit 100 kg der zweiten Sorte verschmolzen, so entsteht Messing mit 74 % Kupfergehalt. Wie viel Prozent Kupfer enthält jede Sorte?

7
Ein Messingstück hat ein spezifisches Gewicht von 8,5 $\frac{g}{cm^3}$. Wie viel Kupfer ($\varrho = 8,9 \frac{g}{cm^3}$) und wie viel Zink ($\varrho = 7,1 \frac{g}{cm^3}$) enthält das Messingstück, wenn es 120 g wiegt?

Gleichungen und Formeln wiederholen

Terme mit mehreren Variablen

Variablen ordnen, zusammenfassen und vereinfachen.

$$2(2x + 3y - 4) - (2 + 3y - x) \cdot 3$$
$$= 4x + 6y - 8 - 6 - 9y + 3x$$
$$= 7x - 3y - 14$$

Bruchterme

Keine Zahlen einsetzen, für die der Nenner null wird.

Produkte von Summen und Differenzen

$(a + b) \cdot (c + d)$ $(a - b) \cdot (c - d)$
$= ac + ad + bc + bd$ $= ac - ad - bc + bd$

Bruchgleichungen lösen

$$-10 + \frac{1}{3x} = \frac{62}{6x}$$ Mit dem Hauptnenner multiplizieren

$$6x \cdot (-10) + \frac{\cancel{6x}^2}{\cancel{3x}_1} = \frac{\cancel{6x} \cdot 62}{\cancel{6x}_1}$$ Kürzen

$$-60x + 2 = 62 \quad /-2$$ Äquivalenzumformung

$$-60x = 60 \quad /:(-60)$$

$$x = -1$$ Lösung

Definitionsbereich: alle Zeichen außer 0

Gleichungssysteme lösen

Gleichsetzungsverfahren

I $x - 2y = -1$ Beide Gleichungen nach
II $x + 3y = 9$ derselben Variablen auflösen
I $x = 2y - 1$
II $x = 9 - 3y$ Gleichsetzen
I = II $2y - 1 = 9 - 3y$

Einsetzungsverfahren

I $3y + x = 6$ Eine Gleichung auflösen
II $2y - 3x = 11$
I $x = 6 - 3y$
II $2y - 3x = 11$ Einsetzen
I in II $2y - 3(6 - 3y) = 11$

Additionsverfahren

I $2y - 3x = 1 \quad /\cdot(-2)$ Umformen, sodass bei einer
II $4y - 5x = 3$ Variablen Gegenzahlen sind
I $-4y + 6x = -2$
II $4y - 5x = 3$ Addieren
I + II $x = 1$

1 Fasse zusammen.
  a) $9y - 2x + 17 - 8x - 12y - 19$
  b) $14x - 13 + 17y - 11x - 21y - 7$
  c) $-12a + 8 - b + 10a - 5b - 14$
  d) $-34y + (17 - 14x) - (8 - 3y) - 16x$
  e) $-9b - (7 + 8a) + (6b - 9) + 7a$

2 Übertrage die Tabelle ins Heft und fülle sie aus. Für welche der eingesetzten Zahlen ist der Bruchterm nicht definiert?

	4	3	2	1	0	−1	−2	−3	−4
a) $\frac{5}{x}$	$\frac{5}{4}$	$\frac{5}{3}$	$\frac{5}{2}$	5	−	−5			
b) $\frac{2}{x-2}$	1								
c) $\frac{6}{2x-8}$	−								
d) $\frac{3}{(x-1)(x+1)}$	$\frac{3}{15}$								

3 Löse die Klammern auf und fasse zusammen.
  a) $(x + 3) \cdot (x - 5)$
  b) $(3y + 5) \cdot (2y + 2)$
  c) $(-2x + 3) \cdot (4 - 3x)$
  d) $(7x + 2) \cdot (7x - 3)$
  e) $(2x + 1) \cdot (x + 3) + 17$

4 Bestimme x.
  a) $\frac{x}{2} + \frac{x}{5} - \frac{x}{6} = 13 + \frac{x}{10}$
  b) $\frac{5x - 3}{4} - \frac{3x + 3}{2} = 1$
  c) $\frac{64 - 4x}{5} + \frac{2x - 1}{4} = 7{,}45$
  d) $\frac{x}{12} - \frac{x}{6} - 3\frac{2}{3} = \frac{x}{3} - 2$
  e) $\frac{x - 4}{2} - \frac{x + 2}{9} = \frac{2x - 5}{3}$

5 Gib den Definitionsbereich an und bestimme x.
  a) $\frac{9}{x} + \frac{6}{2x} = -4$ b) $\frac{7}{3x} - \frac{5}{6x} = -\frac{1}{4}$
  c) $\frac{9}{2x} - 2 = \frac{3}{2x} + 4$ d) $\frac{7}{3} + \frac{1 - 12x}{3x} = \frac{7}{x}$
  e) $\frac{100}{x + 2} - 1 = 9$ f) $\frac{4}{4 + x} = \frac{2}{x - 3}$

6 Löse das Gleichungssystem. Wähle jeweils ein geschicktes Verfahren.
  a) I $2y + 1 = 6x$ b) I $4y + 5x = 31$
     II $y - 2x = 1$ II $22 = 4y + 2x$
  c) I $5y + 8x = 248$ d) I $4y + 5x = 2$
     II $8y + 5x = 272$ II $7y + 5x = 11$

7 a) $\frac{2x+8}{4} - \frac{1}{2}(7x-24) = 3 \cdot \frac{4x-1}{2} - (2x-1,5)$

b) $6x - \frac{8(x-5)}{4} = 3(x+6) + \frac{1}{2}x$

c) $\frac{x+4}{2} - \frac{3}{5}(x-4) - (23+x) = \frac{5}{2}(x-7) - 2$

d) $\frac{x+7}{5} + \frac{3x-8}{4} = 2x - \frac{3x-6}{2}$

8 a) Mit welchen Formeln kannst du die Fläche des Kreisrings berechnen?

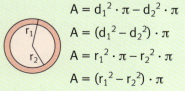

$A = d_1^2 \cdot \pi - d_2^2 \cdot \pi$
$A = (d_1^2 - d_2^2) \cdot \pi$
$A = r_1^2 \cdot \pi - r_2^2 \cdot \pi$
$A = (r_1^2 - r_2^2) \cdot \pi$

b) Mit welcher Formel wird die Fläche des Kreisausschnittes, mit welcher die Länge des Kreisbogens berechnet?

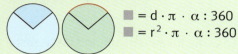

■ $= d \cdot \pi \cdot \alpha : 360$
■ $= r^2 \cdot \pi \cdot \alpha : 360$

9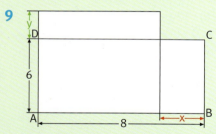

a) Berechne den Flächeninhalt des Rechtecks ABCD.
b) Man erhält ein neues Rechteck, wenn man die Länge um x cm verkleinert und die Breite um y cm vergrößert. Notiere einen Term zur Flächenberechnung.
c) Berechne den Flächeninhalt des Rechtecks aus b) für x = 2 cm und y = 3 cm.

10 Notiere jeweils eine passende Formel, stelle nach der gesuchten Größe um und berechne sie.
a) Quader:
V = 83,6 cm³; a = 5,5 cm; b = 4 cm
b) Zylinder:
V = 141,3 cm³; h_K = 5 cm
c) Kegel:
V = 50,24 cm³; r = 4 cm

11 Die Flächeninhalte des schwarzen und des grünen Rechtecks sind gleich groß. Berechne die unbekannte Länge.

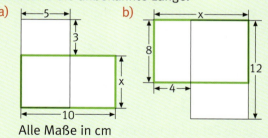

Alle Maße in cm

12 Löse mithilfe von Tabellen und Gleichungen.
a) Bei einer Vorstandswahl eines Vereins wurden insgesamt 98 Stimmen abgegeben. Frau Artner erhielt 12 Stimmen weniger als Herr Sauer. Herr Grünwald erhielt 33 Stimmen mehr als $\frac{1}{4}$ der Stimmen von Herrn Sauer. Auf die restlichen Kandidaten entfielen 14 Stimmen. Wer erhielt die meisten Stimmen? Wie viele waren das?
b) Für ein Projekt bereiten Schüler Fruchtspieße vor. Sie benötigen dafür vier Äpfel weniger als Birnen, halb so viele Mangos wie Birnen und dreimal so viele Kiwis wie Äpfel. Insgesamt kaufen sie 39 Früchte. Wie viele Früchte von jeder Sorte kaufen die Schüler?

13 In der Diskothek Moonlight wurde eine Befragung zum Musikgeschmack der Gäste mit folgendem Ergebnis durchgeführt:

Ein Sechstel der Befragten bevorzugt Metal, ein Drittel hört am liebsten Rockmusik. Für Hip Hop stimmten 28 Gäste mehr als für Rockmusik, die restlichen 38 mögen Techno. Wie viele der befragten Gäste entschieden sich jeweils für die einzelnen Musikrichtungen?

AUF EINEN BLICK

14 Zwei Zahlen unterscheiden sich um 2. Die Summe aus der ersten Zahl und dem Dreifachen der zweiten Zahl beträgt 22. Welche Gleichungssysteme passen zum Text?
a) I x − 3y = 22
   II y = x − 2
b) I 3x + y = 22
   II x = y + 2
c) I x + 3y = 22
   II y = x − 2
d) I x = y + 2
   II x − 22 = −3y

15 Bestimme ein Zahlenpaar, das die folgenden Bedingungen erfüllt.
a) I Addiert man zum 6-Fachen einer Zahl eine zweite Zahl, so erhält man 10.
   II Zieht man die zweite Zahl vom 6-Fachen der ersten Zahl ab, so erhält man 18.
b) Die Differenz zweier ganzen Zahlen ist 15. Addiert man das Fünffache der kleineren Zahl zum Dreifachen der größeren Zahl, so erhält man 29.

16

Insgesamt stehen in 25 Zimmern 60 Betten zur Verfügung.

Wie viele Zwei- und wie viele Vierbettzimmer bietet das Jugendhotel?

17 a) Für eine 18 km lange Fahrt mit dem Taxi bezahlt Frau Vettori einschließlich der Grundgebühr 30,30 €. Herr Kick bezahlt nach einer 15 km langen Fahrt 25,80 €. Wie hoch sind die Grundgebühr und die Kosten für einen gefahrenen Kilometer?
b) Für den Jahresverbrauch von 80 m³ Wasser wird Familie Bäumler einschließlich der Grundgebühr 284 € berechnet. Familie Schopper bezahlt für ihren Jahresverbrauch von 105 m³ insgesamt 351,50 €. Berechne die Grundgebühr und den Preis für 1 m³ Wasser.

18 a) Ein Feinkosthändler mischt Kaffee nach dem Wunsch seiner Kunden.

	Sorte A	Sorte B	Preis pro kg
Mischung I	3 kg	2 kg	8,80 €
Mischung II	3 kg	5 kg	9,25 €

Wie teuer ist jeweils ein Kilogramm der Sorte A und der Sorte B?
b) Mischt man 24 kg der Sorte „Exquisit" und 16 kg der Sorte „Premium", so kostet 1 kg der Mischung 10,80 €. Mischt man dagegen 16 kg der Sorte „Exquisit" mit 24 kg der Sorte „Premium", so kostet 1 kg der Mischung 9,80 €. Wie viel kostet jeweils 1 kg jeder Sorte?

19

Zusammen sind wir 62.

... und in 3 Jahren bin ich dreimal so alt wie du!

20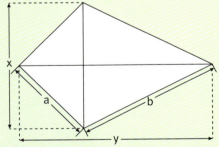

a) Tim baut einen Drachen. Aus einer 160 cm langen dünnen Leiste stellt er das Diagonalkreuz her. In der Anleitung liest er, dass die Diagonallänge y das 1,5-Fache der Diagonallänge x sein muss. Welche Längen muss Tim wählen, wenn er die Leiste ganz verbrauchen will?
b) Die längeren Seiten eines Drachens sind um 26,3 cm länger als die kürzeren. Der Umfang beträgt 233,8 cm. Berechne die Länge der Seiten.

TRIMM-DICH-ABSCHLUSSRUNDE

1 Vereinfache die Terme.
a) $24x + 13 - 9x - 22 - 16x + 8$
b) $8(4x - 2x) - (3x + 12) \cdot 2$
c) $(x - 5) \cdot (7 + y) - 8 + 6z$
d) $3a - (2a - 8) \cdot (b + 6) + 5b$

2 Bestimme x.
a) $24 + 4x - 36 = 44 + x - 23$
b) $(1{,}5x + 0{,}5) \cdot 4 = 9x - 19$
c) $42x - (3 + 21x) \cdot 2 + 6 = 6 - x - 4$
d) $\frac{2x-3}{2} + 3{,}5 = \frac{4}{3} \cdot (2x + 3) - x - \frac{x+6}{2}$

3 Berechne die fehlende Größe.

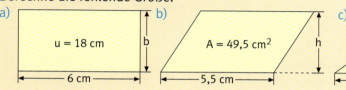

4 Jeder der abgebildeten Körper hat ein Volumen von 120 cm³. Notiere jeweils die Formel für die Volumenberechnung des Körpers und berechne die gesuchte Größe.

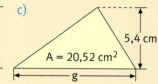

5 a) $\frac{2}{3x} + 1\frac{7}{8} : \frac{5}{6} = \left(\frac{3}{4x} - \frac{2}{3x}\right) \cdot 6 + 2\frac{1}{3}$
b) $\frac{4}{3x-9} = \frac{13}{x-3} + 1$

6 a) Welcher Körper lässt sich mit der Formel $V = \left(\frac{a}{2}\right)^2 \cdot \pi \cdot h_Z + 2 \cdot \frac{1}{3} \cdot \left(\frac{a}{2}\right)^2 \pi \cdot h_K$ berechnen?
b) Stelle für die anderen Körper ebenfalls eine Formel zur Volumenberechnung auf.

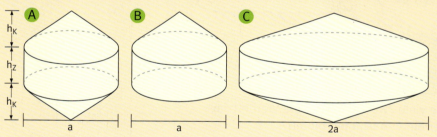

7 Löse das Gleichungssystem mit einem Verfahren deiner Wahl.
a) I $x + 3y = 57$
   II $3x - 6y = -54$
b) I $2x + 3y = 9$
   II $-3x + 2y = 19$
c) I $3y = x + 16$
   II $8y = 10x + 28$

8 a) Verlängert man in einem Dreieck die Grundseite um 5 cm und die Höhe um 2 cm, so wird der Flächeninhalt um 65 cm² größer. Wird dieselbe Seite um 3 cm vergrößert und die Höhe um 2 cm verkleinert, so entsteht ein Dreieck, dessen Flächeninhalt 7 cm² kleiner ist als der des ursprünglichen Dreiecks. Berechne die Länge der Grundseite und der Höhe.
b) Im Obstgeschäft bezahlt Frau Fischer für 5 kg Äpfel und 3 kg Orangen 9,40 €. Herr Schirrmacher bezahlt für 2 kg Äpfel und 1,5 kg Orangen 4,15 €. Berechne jeweils den Preis pro Kilogramm.

KREUZ UND QUER

Zahl

Rationale Zahlen

a) Berechne.

A	5 + (−2) + (−4)	B	2,25 − (−0,85)
C	9 · (−4) · (−2)	D	−0,2 : (−0,5)
E	0,24 · (−5) · 0,5	F	84 : (−3) : (−7)

b) Stelle eine Gleichung auf und löse.

A	Zu welcher Zahl muss man −7 addieren, um −36 zu erhalten?
B	Mit welcher Zahl muss man −2,5 multiplizieren, um 17,5 zu erhalten?
C	Durch welche Zahl muss man −28,8 teilen, um 3 zu erhalten?
D	Von welcher Zahl muss man −3,9 subtrahieren, um −9 zu erhalten?

Bruchteile

Welcher Anteil der Gesamtfläche ist gefärbt? Notiere als Bruch, Dezimalbruch, in Prozent.

 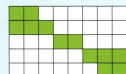

Prozent

Berechne die fehlenden Werte.

	a)	b)	c)	d)	e)
G	■	800 m	900 t	50 km	■
p	12 %	■	2,5 %	■	15 %
P	72 €	120 m	■	15 km	45 kg

	f)	g)	h)	i)
bisheriger Lohn in €	1 800	■	2 000	■
Lohnerhöhung in €	■	60	■	96
Lohnerhöhung in %	3	4	■	3
neuer Lohn in €	■	■	2 040	■

Funktionaler Zusammenhang

Lineare Funktionen

a) Übertrage ins Heft. Ermittle jeweils m und t. Stelle dann die Funktionsgleichung auf.

A 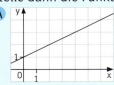 B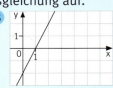

b) Ordne einander zu.

A $y = 2x − 2$ B $y = 2x + 2$
C $y = 0,5x + 2$ D $y = 0,5x − 2$

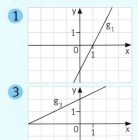 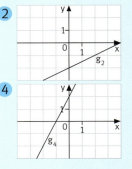

c) Zeichne die Geraden.

A $y = 2x + 3$ B $y = 0,5x − 2$

Messen

Größen

a) Ordne der Größe nach.

A 600 kg; 6 000 000 mg; 0,06 t; 60 000 g
B 70 m; 0,071 km; 699 dm; 70 007 mm

b) Schreibe als Dezimalbruch.

A	14 dm³ 83 cm³	B	3 m³ 5 dm³ 17 cm³

Daten und Zufall

Wahrscheinlichkeit

In einer Tüte befinden sich Gummibärchen in folgenden Farben.

rot	gelb	grün	weiß	orange
𝍸 𝍸	𝍸 /	𝍸 𝍸 //	𝍸 𝍸 ///	𝍸 ///

Ein Gummibärchen wird zufällig entnommen. Notiere die Wahrscheinlichkeiten für die Ereignisse als Bruch, Dezimalbruch und in Prozent.

A rot   B gelb   C grün   D weiß   E orange

Geometrie 2

Das kann ich schon

① Rechne in die angegebenen Einheiten um.
 a) in cm: 2,5 m   3,45 dm   520 mm   6 mm
 b) in dm²: 25 m²   0,47 m²   2 620 cm²   65 cm²
 c) in cm³: 29 dm³   1,35 dm³   5 560 mm³   430 mm³

② Die Abbildungen zeigen jeweils Draufsicht und Vorderansicht von Körpern.
 a) Benenne die Körper.
 b) Berechne von den Körpern A und B jeweils das Volumen und die Oberfläche (Maße in mm).

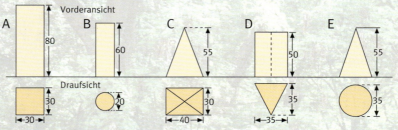

③ a) Welche Körper entstehen aus den Netzen?
 b) Berechne das Volumen (die Oberfläche) der Körper (Maße in cm).

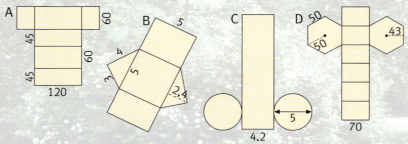

④ Aus einem quadratischem Blech (u = 20 cm) wird ein möglichst großes kreisförmiges Stück geschnitten. Wie viel Prozent sind Abfall?

⑤ a) Wie groß ist das Fassungsvermögen des Öltanks A?
 b) Wie schwer ist das 1 m lange Profilstück B aus Aluminium ($\varrho = 2{,}7\,\frac{g}{cm^3}$)?
 c) Wie schwer ist das Rohr C aus Stahl ($\varrho = 7{,}4\,\frac{g}{cm^3}$)?

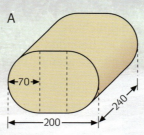
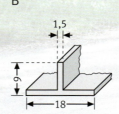
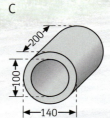

Alle Maße in cm

Bei welchen Aufgaben hast du noch Schwierigkeiten? Versuche, diese zu beschreiben.

- Wie groß ist wohl die Werbefläche der Litfaßsäule?
- Normalerweise können 24 Plakate des Formats DIN A1 geklebt werden. Informiere dich über deren Größe und überprüfe das Ergebnis der vorherigen Aufgabe.
- Wo entdeckst du Plakate im Format DIN A1? Begründe.
- Wie müsste die Höhe der Litfaßsäule geändert werden, damit der Platz für 18 Plakate reicht?
- Finde weitere Aufgabenstellungen und beantworte sie.

Ansichten von Körpern erkennen und zeichnen

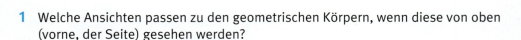

1 Welche Ansichten passen zu den geometrischen Körpern, wenn diese von oben (vorne, der Seite) gesehen werden?

2 a) Vergleiche jeweils Vorderansicht und Draufsicht der Körper. Was fällt dir auf?
b) Welche Ansicht wäre zusätzlich nötig, um die Körper eindeutig unterscheiden zu können?

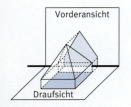

Zweitafelbild

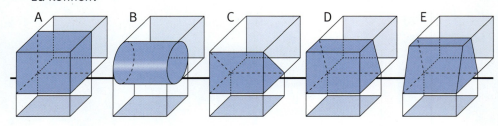

3 a) Um Körper eindeutig beschreiben zu können, zeichnet man neben Vorderansicht und Draufsicht zusätzlich eine Seitenansicht. Man nennt diese Darstellung Dreitafelbild. Erläutere.
b) Der Zylinder hat einen Durchmesser d = 4 cm und eine Körperhöhe h_K = 6 cm. Zeichne das aufgeklappte Dreitafelbild in den wirklichen Maßen. Beachte die gepunkteten Hilfslinien.

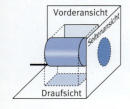

Dreitafelbild

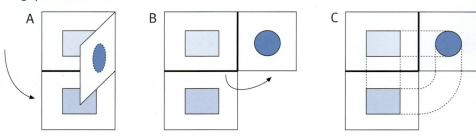

4 Die Körper bestehen aus Würfeln mit der Kantenlänge a = 1 cm. Zeichne jeweils das Dreitafelbild.

a) b) c) d) e)

Schrägbilder von Pyramide und Kegel zeichnen

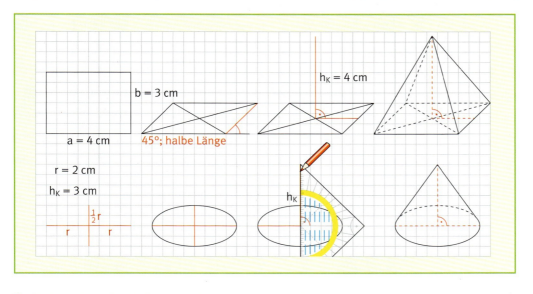

Schrägbild Pyramide

Schrägbild Kegel

1 Zeichne jeweils ein Schrägbild von einer Pyramide und einem Kegel mit den Vorgaben aus dem Merkkasten.

2 Zeichne Schrägbilder folgender Pyramiden mit rechteckiger Grundfläche.
a) $a = 2$ cm $b = 5$ cm $h_K = 3{,}5$ cm   b) $a = 3{,}5$ cm $b = 4$ cm $h_K = 3$ cm
c) $a = 4{,}2$ cm $b = 3{,}6$ cm $h_K = 4{,}5$ cm   d) $a = 2{,}6$ cm $b = 4{,}4$ cm $h_K = 3{,}8$ cm

3 Hier ist jeweils die Vorderansicht eines Kegels dargestellt. Zeichne die Schrägbilder der Kegel im Maßstab 2 : 1.

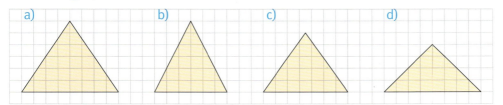

a)   b)   c)   d)

4 a) Brauchen wir Schrägbilder nur zur Veranschaulichung einer Aufgabe, genügen oft Freihandskizzen. Vergleiche mit der Schrägbilderstellung auf der Seite oben und erkläre.

Freihandskizze

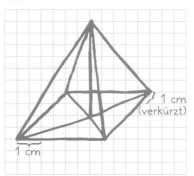 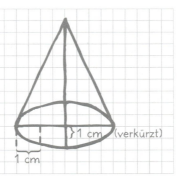

b) Zeichne die Körper B bis F von Seite 108, Nr. 1 als Freihandskizze.

Volumen von Pyramiden berechnen

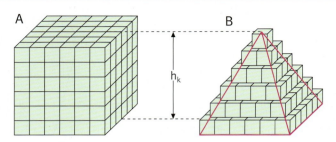
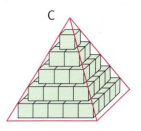

1 a) Gib das Volumen des Würfels A und der Stufenpyramiden B und C an, wenn die kleinen Würfel eine Kantenlänge von 1 cm haben.
b) Wie groß ist ungefähr das Volumen der roten Pyramide?
c) Die jeweils rot eingezeichnete Pyramide hat die gleiche Grundfläche und die gleiche Höhe wie der Würfel A. Welchen Bruchteil des Würfelvolumens A nimmt in etwa das Volumen der roten Pyramide ein?

Umfüllprobe

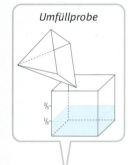

2 Schüttet man den Inhalt einer Pyramide in einen Würfel mit gleicher Grundfläche und gleicher Höhe, so füllt sich dieser zu einem Drittel.
a) Probiert selbst mit entsprechenden Hohlkörpern.
b) Wie groß ist das Pyramidenvolumen, wenn die Kantenlänge des Würfels a = 9 cm beträgt?

3 Berechne zuerst das Volumen des Prismas, dann mit Hilfe von Aufgabe 2 das der Pyramide mit jeweils gleicher Grundfläche und Höhe (Maße in cm).

a)   b) 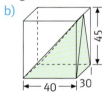   c)   d)

Volumen Pyramide

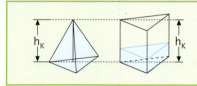

Volumen einer Pyramide = Grundfläche · Körperhöhe : 3

$V_{\text{Pyramide}} = \frac{1}{3} \cdot G \cdot h_K$

4 Wie ändert sich das Volumen der Pyramide?
a) Die Grundfläche bleibt gleich, die Körperhöhe wird verdoppelt (verdreifacht).
b) Die Körperhöhe bleibt gleich, die Grundfläche wird auf die Hälfte (ein Drittel) verkleinert.

Grundfläche: ABCD
Spitze: S

5 In einen Würfel mit der Kantenlänge a = 8 cm werden die Raumdiagonalen eingezeichnet.
a) Wie viele Pyramiden entstehen, die gleich groß sind wie die markierte Pyramide ABCDS? Benenne sie.
b) Berechne das Volumen einer der Pyramiden auf zwei unterschiedlichen Wegen.

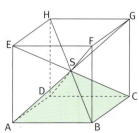

Volumen von Pyramiden berechnen

A	B	C	D
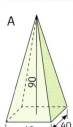	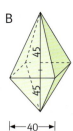	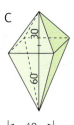	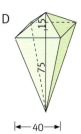

1 Welcher der Körper hat das größte Volumen? Schätze zuerst (Maße in cm).

2 Bestimme das Volumen der Pyramiden.

a) 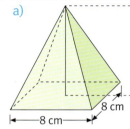 b) 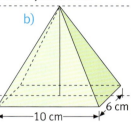 c)  d)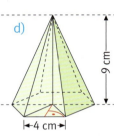

Berechne fehlende Maße bei c) und d) über den Satz des Pythagoras.

3 Berechne das Volumen folgender Pyramiden (Angaben in cm).

	rechteckige Grundfläche	dreieckige Grundfläche	sechseckige Grundfläche
a)	$a = 36$, $b = 12$, $h_K = 48$	$g = 15$, $h = 6$, $h_K = 32$	$s = 80$, $h_K = 220$
b)	$a = 52$, $b = 24$, $h_K = 70$	$g = 64$, $h = 50$, $h_K = 85$	$s = 56$, $h_K = 90$
c)	$a = 120$, $b = 99$, $h_K = 82$	$g = 125$, $h = 80$, $h_K = 160$	$s = 140$, $h_K = 230$
d)	$a = 150$, $b = 180$, $h_K = 120$	$g = 60$, $h = 4$, $h_K = 12$	$s = 40$, $h_K = 50$

4 Auf einer Säule steht eine quadratische Pyramide aus Granit (Dichte auf Seite 113). Die Grundkante misst 42 cm, die Körperhöhe 68 cm. Wie schwer ist die Pyramide?

5

	a)	b)	c)	d)	e)	f)
A_G	■	■	169 cm²	225 cm²	■	■
h_k	50 cm	45 cm	■	■	4,7 m	3,6 m
V_P	500 cm³	8 820 cm³	1 183 cm³	9 900 cm³	1,88 m³	6,48 m³

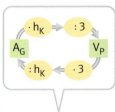

6 Eine rechteckige Pyramide hat Grundkanten von 4,5 m und 8,2 m (6,2 m und 4,1 m). Wie hoch ist sie, wenn ihr Volumen 76,26 m³ beträgt?

7 Aus einem Holzwürfel mit einem Volumen von 225,36 cm³ wird eine Pyramide mit gleicher Grundfläche und gleicher Höhe herausgearbeitet. Wie groß ist das Volumen des Restkörpers?

8 Berechne die Höhe x des Quaders, wenn sein Volumen zweimal so groß ist wie das der Pyramide. Stelle eine Gleichung auf.

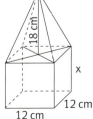

Lösungen zu 6 bis 8

9	6,2
12	150,24

Die Pyramiden von Gizeh

Die Pyramiden von Gizeh galten im Altertum als eines der sieben Weltwunder. Sie wurden unter den Pharaonen Cheops, Chephren und Mykerinos zwischen 3000 bis 2500 v. Chr. erbaut. Die größte von ihnen ist die Cheopspyramide.

Diese Pyramide mit quadratischer Grundfläche hatte zur Zeit ihrer Erbauung eine Grundkantenlänge von 233 m und eine Höhe von 148 m. Durch Verwittern und Abbröckeln der Steine ist sie heute nur noch 138 m hoch, die Grundkante misst 227 m.

Schätzungsweise 4 000 Arbeiter waren 30 Jahre lang damit beschäftigt, die 2 300 000 Steinblöcke mit einem Durchschnittsgewicht von 2,5 t zu behauen und zu transportieren.

Auf die heutige Zeit übertragen hat man errechnet, dass trotz vieler technischer Hilfsmittel immer noch etwa 400 Arbeiter benötigt würden, um in sechs Jahren dieses gewaltige Bauwerk zu erstellen. Und das würde dann etwa 2,5 Milliarden € kosten.

So imposante Bauten bedürfen einer überaus exakten Planung. Schon kleine Ungenauigkeiten im Grundriss hätten verheerende Folgen; so könnte eine schief geratene Pyramide unter ihrem Gewicht zusammenstürzen.

Der Untergrund musste völlig eben sein. Dazu wurden Rinnen in den felsigen Boden geschlagen. Sie wurden mit Wasser gefüllt. So entstand eine riesige Wasserwaage. Der Wasserstand, der überall gleich hoch war, wurde markiert und bis zu dieser Markierung der Fels abgetragen.

Die Pyramiden von Gizeh

Rechte Winkel wurden von den ägyptischen Baumeistern mit einfachen Mitteln festgelegt. Zwei Vorgehensweisen erscheinen wahrscheinlich. Versuche sie zu erläutern.

(1) Mithilfe zweier Pflöcke und einer Schnur wird eine Strecke abgesteckt. Anschließend werden an beide Pflöcke gleich lange Schnüre gebunden. Damit werden Kreisbögen in den Sand gezogen ...

(2) Ein geschlossenes Knotenseil mit 12 Knoten in jeweils gleichen Abständen wird so gespannt, dass ein rechtwinkliges Dreieck entsteht. Wie werden die Seiten wohl aufgeteilt?

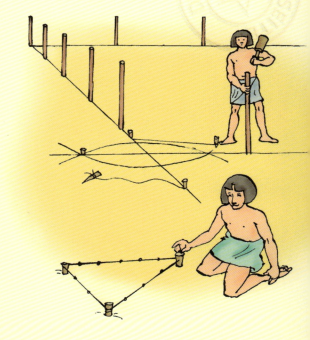

Das kannst du berechnen:

1. Wie viele Fußballplätze von 100 m Länge und 60 m Breite hätten auf der Grundfläche der Cheopspyramide heute noch Platz?
2. Aus welchem Stein bestanden die quaderförmigen Blöcke, wenn sie annähernd folgende Maße hatten: Länge 1,20 m, Breite 1 m und Höhe 0,80 m. Suche die Dichte auf Seite 115.
3. Wie viele m³ Gestein sind im Laufe der Zeit verwittert bzw. abgetragen worden?

Nun kannst du selbst Pyramidenbaumeister spielen.

Stelle die folgenden Teile aus Holzkugeln her und errichte damit die abgebildete Pyramide.

1. Herstellung
Entsprechende Anzahl Holzkugeln nach Zeichnung auf Rundstäbe aufschieben, absägen und verleimen

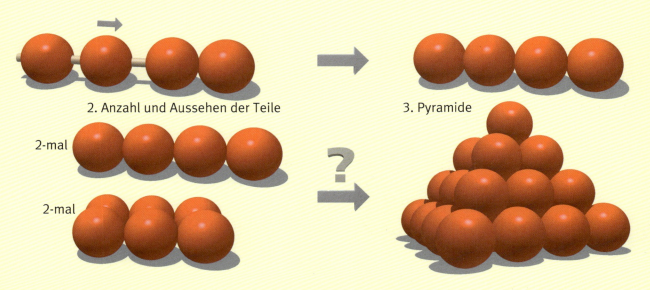

2. Anzahl und Aussehen der Teile

2-mal

2-mal

3. Pyramide

Volumen von Kegeln berechnen

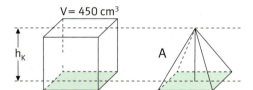
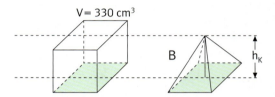

1 Die Pyramiden A und B haben jeweils die gleiche Grundfläche und die gleiche Höhe wie die zugehörigen Quader. Gib das Volumen der Pyramiden an. Erkläre.

2 a) Jede der beiden Pyramiden hat eine Grundfläche von 186 cm² und eine Körperhöhe von 12 cm. Berechne jeweils das Volumen.
b) Mit welchem Körper stimmt Pyramide B nahezu überein? Was schließt du daraus für die Volumenberechnung des Kegels?

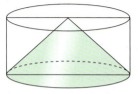

3 Schätze, wie oft das Volumen eines Kegels in das des Zylinders mit gleicher Grundfläche und gleicher Höhe passt. Überprüfe durch Umschütten. Wie müsste demnach eine Formel zur Volumenberechnung des Kegels lauten?

Volumen Kegel

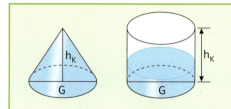

Volumen eines Kegels = Grundfläche · Höhe : 3

$V_{Kegel} = \frac{1}{3} \cdot G \cdot h_K$

$V_{Kegel} = \frac{1}{3} \cdot r^2 \cdot \pi \cdot h_K$

4 Berechne jeweils das Volumen des Kegels.

a) 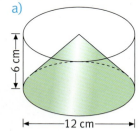 b) 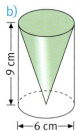 c) 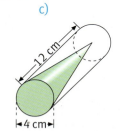 d)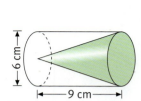

Lösungen zu 4 und 5

50,24	84,78
84,78	226,08
30	60
30	10
15	70
6	6
9	112 831
103 620	678,24

5 Berechne die fehlenden Werte.

Kegel	a)	b)	c)	d)	e)	f)
Durchmesser$_{Grundkreis}$ d	12 m	■	60 cm	■	20 cm	■
Radius$_{Grundkreis}$ r	■	35 cm	■	■	■	30 cm
Körperhöhe h_K	18 m	88 cm	110 cm	3 cm	■	■
Volumen des Kegels V	■	■	■	706,5 cm³	628 cm³	8 478 cm³

Volumen von Kegeln berechnen

1 In einer rechtwinkligen Ecke einer Baustelle liegt ein kegelförmiger Haufen Sand. Wie viele m³ lagern hier?

2 Durch ein Förderband wird ein kegelförmiger Sandhaufen aufgeschüttet, dessen Grundfläche einen Umfang von 5,652 m hat. Die Höhe beträgt 1,5 m. Wie viele m³ Sand sind es?

3 a) Das Zementsilo auf einer großen Baustelle hat die Form eines Zylinders mit einem kegelförmigen Abschluss nach unten. Entnimm die wichtigen Angaben der Skizze und berechne das Fassungsvermögen des Silos.
b) Bei einem anderen Silo sind die Maße des Zylinders die gleichen. Sein Fassungsvermögen ist jedoch um 0,6 m³ geringer. Wie hoch ist der kegelförmige Abschluss?

4 Auf einer 2,5 m hohen und 0,32 m starken Betonsäule ist ein Kegel mit gleicher Grundfläche und 0,6 m Höhe aufgesetzt. Wie schwer ist die ganze Säule?

5 An einem Traktor ist ein Düngerstreuer angebaut, dessen trichterförmiger Behälter einen inneren Durchmesser von 115 cm und eine innere Tiefe von 98 cm hat. Bestimme das Fassungsvermögen. Wie viele Säcke passen in den Behälter, wenn ein 50-kg-Sack des Düngemittels etwa 80 dm³ Volumen hat?

6 Die Kantenlänge eines Würfels beträgt 20 cm. Welchen Durchmesser hat die Grundfläche eines Kegels mit gleichem Volumen und gleicher Körperhöhe?

7 Ein Kegel aus Silber wiegt 840 g und ist 8 cm hoch. Wie groß ist die Grundfläche?

8 Berechne jeweils die Masse des Werkstücks aus Kupfer (Maße in cm). Runde das Ergebnis auf ganze Gramm.

a) 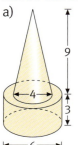   b) 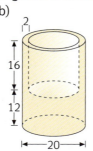   c)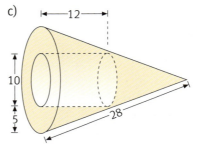

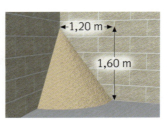

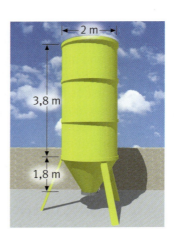

Lösungen zu 1 bis 8

0,60288	13,816
1,2717	1,23
339,133	$4\frac{1}{4}$
16 022	49 632
1 090	477,48
39,1	30

Stoff	Dichte $\left(\frac{g}{cm^3}\right)$
Kork	0,25
Benzin	0,75
Eis	0,9
Sand	1,6
Beton	2,2
Kalkstein	2,6
Aluminium	2,7
Glas	2,8
Granit	2,8
Eisen	7,8
Kupfer	8,9
Silber	10,5
Blei	11,3
Gold	19,3

Oberfläche von Pyramiden berechnen

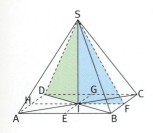

Seitenhöhe
Körperhöhe

1 a) Finde in nebenstehender quadratischer Pyramide weitere Dreiecke, welche mit den markierten jeweils deckungsgleich sind. Welche sind rechtwinklig?
b) An den Seitenflächen der Pyramide lassen sich deckungsgleiche rechtwinklige Dreiecke erkennen. Benenne sie.

2 a) Zeichne nach den Angaben das Netz einer Pyramide mit quadratischer Grundfläche auf festes Papier und schneide es aus.
b) Zeichne die Höhe der Seitendreiecke ein und miss ihre Länge. Überprüfe durch Berechnung.
c) Hefte das Netz mit Klebstreifen zu einem Modell zusammen. Miss daran die ungefähre Körperhöhe. Überprüfe rechnerisch.

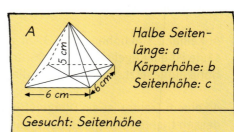

Seitenhöhen berechnen

3 a) Von Pyramide A mit quadratischer Grundfläche wurde die Seitenhöhe berechnet. Überprüfe.
b) Berechne von Pyramide B (rechteckige Grundfläche mit den Seitenlängen 6 cm und 3 cm und der Körperhöhe 5 cm) die Höhen der zwei verschiedenen Seitenflächen.

4 Zeichne zu den Pyramiden mit rechteckiger Grundfläche eine Skizze und berechne die Seitenhöhen.

	a)	b)	c)	d)
a	6 cm	8 cm	10 cm	12 cm
b	4 cm	6 cm	8 cm	10 cm
h_K	5 cm	4 cm	6 cm	7 cm

A — Halbe Seitenlänge: a
Körperhöhe: b
Seitenhöhe: c

Gesucht: Seitenhöhe

Rechnung: $c^2 = a^2 + b^2$
$c^2 = 3^2 + 5^2$
$c^2 = 9 + 25$
$c^2 = 34$
$c = \sqrt{34}$ (cm)
$c \approx 5{,}831$ (cm)

Antwort: Die Seitenhöhe misst 5,8 cm.

Oberfläche Pyramide

$O_{Pyramide}$ = Grundfläche + Mantelfläche
$O_{Pyramide} = G + M$

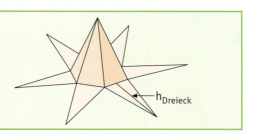

$h_{Dreieck}$

Lösungen zu 5b

122,2	315,2
105,6	79,6
66,6	214,6

5 a) Woraus setzt sich die Mantelfläche, woraus die Oberfläche von Pyramiden zusammen?
b) Berechne die Oberfläche der Pyramiden in den Aufgaben 3 und 4. Verwende dazu die gerundeten Endergebnisse aus den Aufgaben 3 und 4.

Oberfläche von Kegeln berechnen

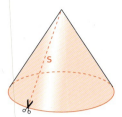 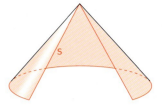 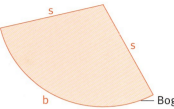

1 Schneidet man einen Kegel längs einer Mantellinie s auf, entsteht als Netz der Mantelfläche ein Kreisausschnitt.
  a) Nenne einander entsprechende Teile an Kegel und Kreisausschnitt.
  b) Wie groß ist der Umfang u des Kegels, wie groß die Bogenlänge b des entsprechenden Mantels, wenn der Durchmesser der Kegelgrundfläche 2 cm beträgt?

Mantelfläche Kegel

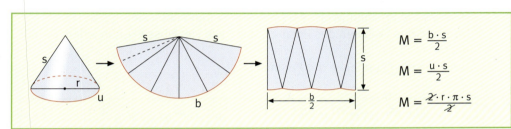

$$M = \frac{b \cdot s}{2}$$

$$M = \frac{u \cdot s}{2}$$

$$M = \frac{2 \cdot r \cdot \pi \cdot s}{2}$$

2 Erkläre die Formeln zur Berechnung des Kegelmantels.

3 Berechne die Mantelfläche der Kegel.

a) 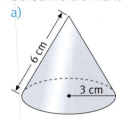 b) 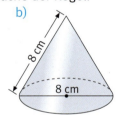 c) 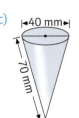 d)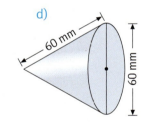

Oberfläche Kegel

O_{Kegel} = Grundfläche + Mantelfläche

$O_{Kegel} = G + M$

$O_{Kegel} = r^2 \cdot \pi + r \cdot \pi \cdot s$
$\qquad\;\; = r \cdot \pi \, (r + s)$

4 Berechne die Mantelfläche der Kegel.

	a)	b)	c)	d)	e)
Durchmesser d	1,40 m	2,70 m	1,80 m	1,30 m	5,40 m
Mantellinie s	2,30 m	3,50 m	3,20 m	1,90 m	8,40 m

Lösungen zu 4 und 5

14,84	3,88
6,59	11,59
94,11	5,06
9,04	71,22
20,56	5,20

5 Berechne die Oberfläche der Kegel von Aufgabe 4.

Regelmäßige Prismen berechnen

Bestimmungsdreieck

	A	B	C	D	E
a	4 cm	4 cm	3 cm	3 cm	2 cm
h	–	3,5 cm	2,1 cm	2,6 cm	2,4 cm
h_K	7,5 cm	7,5 cm	7,5 cm	7,5 cm	7,5 cm

1 a) Benenne die Prismen. Welche Gemeinsamkeiten haben sie?
b) Berechne das Volumen des Prismas, dann wie viel Flüssigkeit in jedem Behälter ist.
c) Berechne die Oberfläche der Prismen.

2 *Egal, welche Form die Grundfläche hat, es gilt immer:*
Volumen$_{Prisma}$ = Grundfläche · Körperhöhe

Stimmt diese Aussage wirklich immer?

3 In der Formelsammlung findet sich nebenstehender Eintrag.
a) Erläutere die dargestellten Berechnungen zum Flächeninhalt des Dreiecks. Berechne anschließend die Dreieckshöhe für a = 5 cm.
b) Bei welcher der obigen Prismen müsste man in gleicher Weise die Höhe des Dreiecks berechnen können? Überprüfe.

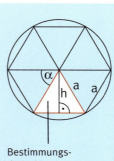
Bestimmungsdreieck

Besonderheit beim regelmäßigen Sechseck: Die Angabe einer Seitenlänge genügt für die Berechnung des Flächeninhalts.

$h = \frac{a}{2}\sqrt{3}$

$A_{Best.-Dreieck} = \frac{a^2}{4}\sqrt{3}$

4 Ein Eisenwarenhändler hat folgende Muttern im Katalog.

Sechskantmuttern aus Stahl

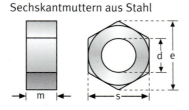

	Größe	d	m	s	e
a)	M10	10	8	17,0	19,6
b)	M12	12	10	19,0	21,9
c)	M14	14	11	22,0	25,4
d)	M16	16	13	24,0	27,7
e)	M18	18	15	27,0	31,2

Beachte: d ist nicht die Seitenlänge einer sechseckigen Mutter.

Überlege, welche Maßeinheit realistisch ist.
Wie schwer ist jeweils der Inhalt einer Packung mit 500 Muttern ($\varrho = 7{,}4 \frac{g}{cm^3}$)?

Regelmäßige Prismen berechnen

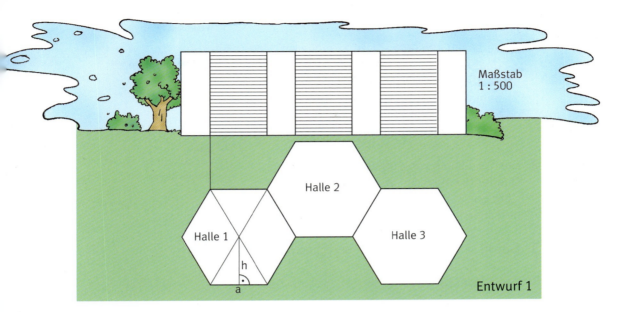

Entwurf 1

1 Eine Firma errichtet Lagerhallen im Baukastensystem. Je nach Wunsch des Bauherrn können die sechsseitigen Elemente unterschiedlich aneinander gereiht werden. Entnimm für die folgenden Aufgaben die benötigten Maße der Vorderansicht und Draufsicht in Entwurf 1.
  a) Berechne den umbauten Raum des gesamten Gebäudes in Kubikmeter (m^3).
  b) Berechne die Gesamtfassade (Außenfläche ohne Dachflächen) des Bauwerks.
  c) Wie sind die drei Hallen anzuordnen, damit man möglichst wenig Fassadenfläche hat? Skizziere die Draufsicht und berechne die Gesamtfassade.

Umbauter Raum = Volumen

2 Entwurf 2 — Entwurf 3

  a) Erstelle jeweils eine Skizze der Draufsicht zu den Entwürfen 2 und 3. Trage die Maße ein und berechne die Höhe des Bestimmungsdreiecks auf eine Dezimalstelle.
  b) Wie groß ist jeweils der umbaute Raum des gesamten Gebäudes?
  c) Um wie viele m^2 ist die Gesamtfassade (ohne Dachfläche) bei Entwurf 3 größer als bei Entwurf 2?
  d) Wie viele Eimer Farbe würden für einen Anstrich der jeweiligen Fassaden (Entwürfe 2 und 3, ohne Dachflächen) benötigt, wenn ein Eimer durchschnittlich für 40 m^2 reicht?

Lösungen zu 1 und 2

5046	1 207,5
5,2	1 422,72
1872	144
8	12
1 035	

Größen von Körpern mit dem Computer berechnen

1 Zu einer Aufgabe hat sich Alissa das Rechenblatt erstellt.
  a) Versuche, die Aufgabe zu formulieren (Maße in cm).
  b) Skizziere das mögliche Werkstück und bemaße richtig.
  c) Gib die Formeln an, die in den Zellen C 12 bis C 15 eingegeben wurden.

	A	B	C
1	Werkstück		
2			
3	gegeben:		
4		Dichte	7,8
5	Zylinder	r	6
6		h_K	4
7			
8	Kegel	r	3
9		h_K	2
10			
11	gesucht:		
12	Volumen (Zylinder)	V_1	452,16
13	Volumen (Kegel)	V_2	18,84
14		V_{gesamt}	471
15		Gewicht	3673,8

2 Das Werkstück von Aufgabe 1 wird auf einen Quader (6 cm · 6 cm · 3 cm) aufgesetzt. Wie sieht das Rechenblatt aus, wenn das Gewicht berechnet wird?

3 Entwirf selbst Aufgaben und berechne mit dem Computer.

TRIMM-DICH-ZWISCHENRUNDE

1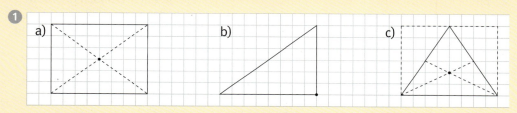

Zeichne zu den Grundflächen von Pyramiden Schrägbilder. Die Körperhöhe beträgt jeweils 5 cm und ist an den gekennzeichneten Punkten zu errichten.
Tipp zu c): Zeichne zuerst das gestrichelte Hilfsrechteck im Schrägbild.

2 Zeichne die Freihandskizze des Kegels mit den Maßen r = 4 cm und h_K = 5 cm.

3 Berechne das Volumen des regelmäßigen sechsseitigen Prismas: a = 6 cm, h_K = 8 cm. Runde auf eine Dezimale.

4 Wie groß sind jeweils Oberfläche und Volumen? Berechne fehlende Längen über den Satz des Pythagoras und runde sie auf eine Dezimale.

a) 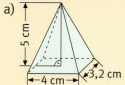   b) 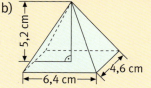   c)

Wo hast du noch Schwierigkeiten? Versuche, diese zu beschreiben.

5 a) V = ? 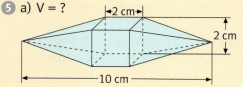   b) O = ? 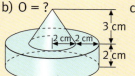   c) V = ?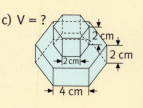

Geometrische Körper wiederholen

Dreitafelbild

Schrägbilder

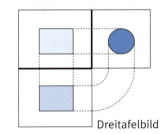

Zylinder

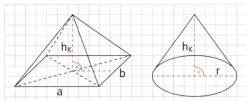

$V = G \cdot h_K$
$V = r^2 \cdot \pi \cdot h_K$
$M = 2 \cdot r \cdot \pi \cdot h_K$
$O = 2 \cdot G + M$

Pyramide

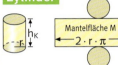

$V = \frac{1}{3} G \cdot h_K$

$O = G + M$

Kegel

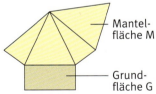

$V = \frac{1}{3} G \cdot h_K$
$V = \frac{1}{3} r^2 \cdot \pi \cdot h_K$

$u = 2 \cdot r \cdot \pi$
$M = r \cdot \pi \cdot s$
$O = r^2 \cdot \pi + r \cdot \pi \cdot s$

Regelmäßige Prismen

$A_{\text{Best.-Dreieck}} = \frac{a \cdot h}{2}$

$A_{n\text{-Eck}} = \frac{a \cdot h}{2} \cdot n$

$V_{n\text{-Prisma}} = A_{n\text{-Eck}} \cdot h_K$

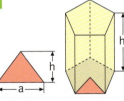

1 Welches Zweitafelbild gehört zu dem Körper?

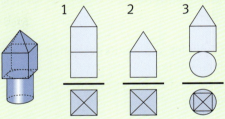

2 Zeichne Schrägbilder (Freihandskizzen) von Pyramide und Kegel.
Pyramide: $a = 4$ cm, $b = 6$ cm, $h_K = 5$ cm
Kegel: $r = 2$ cm, $h_K = 4$ cm

3 Zeichne zu den Körpern aus Aufgabe 2 jeweils ein Dreitafelbild.

4 a) Zeichne das Pyramidennetz und färbe die Linien wie im Schrägbild.
b) Berechne die Oberfläche der Pyramide.

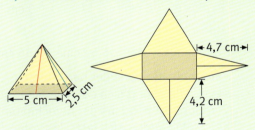

5 Berechne das Volumen von Werkstück A und die Oberfläche von Werkstück B.

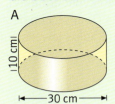
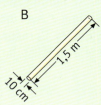

6 Wer hat Recht?
Oscar: Die Seitenflächen einer quadratischen Pyramide sind gleichseitige Dreiecke.
Frida: Die Mantelfläche eines Zylinders ist ein Quadrat, wenn der Umfang der Grundfläche und die Zylinderhöhe übereinstimmen.
Clara: Bei einem Kegel stimmen Umfang des Grundkreises und Bogenlänge vom Kreismantel überein.

AUF EINEN BLICK

7 Wie hoch stünde das Wasser, wenn die Pyramide entfernt würde?

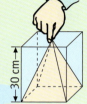

8 Der Zylinder und der Kegel haben das gleiche Volumen. Wie hoch ist wohl der Zylinder? Überlege.

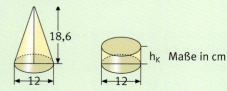

9 Ein Kegel hat ein Volumen von 251,2 cm³ (200,96 cm³). Wie hoch ist dieser Kegel, wenn der Durchmesser der Grundfläche 8 cm beträgt?

10 a) Ergänze die Tabelle für Kegel.

Radius r	6 cm	■	3 cm
Höhe h_K	5 cm	6 cm	■
Volumen V	■	56,52 cm³	75,36 cm³

b) Verdopple die Höhe der berechneten Kegel. Wie ändert sich das Volumen?

c) Verdopple den Radius der berechneten Kegel. Wie ändert sich jetzt das Volumen?

11 Die Abbildung zeigt einen Zylindermantel. Bestimme zwei mögliche Oberflächen des Zylinders. Berechne den Radius jeweils auf eine Dezimalstelle.

12 Lege mit drei Streichhölzern ein gleichseitiges Dreieck. Nimm nun sechs Streichhölzer und erstelle damit vier gleichseitige Dreiecke.

13 Aus jeweils gleich großen Vierkanthölzern wurden zwei Pyramiden und ein Kegel gefräst. Wie viel Prozent betrug jeweils der Abfall? (Maße in cm)

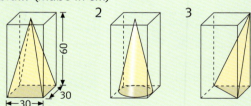

14 Die Messbecher sollen 1 l fassen.
a) Wie hoch muss ein Messbecher werden, wenn der obere Durchmesser 20 cm (15 cm; 10 cm) beträgt?
b) Ein Becher soll genau 20 cm (30 cm) hoch werden. Wie groß ist dann der obere Durchmesser?

15 Wie groß ist die Oberfläche der Kegel? Runde auf eine Dezimale.

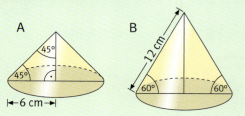

16 Der Kegel dreht sich um seine eigene Achse, bis er wieder in seine Ausgangslage zurückkehrt. Ist das 1-mal, 2-mal oder 3,14-mal? Begründe.

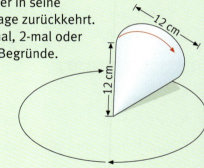

AUF EINEN BLICK

17 Ein Kegel hat einen Durchmesser von 20 cm. Seine Mantellinie s ist 25 cm lang.
  a) Berechne zuerst die Höhe des Kegels und dann sein Volumen.
  b) Berechne das Volumen der Kegel.

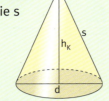

Durchmesser	20 cm	30 cm	60 cm	7 dm
Mantellinie	20 cm	50 cm	1,2 m	2,1 m

18 Das Werkstück aus Aluminium hat eine zylinderförmige Aussparung, deren Höhe $\frac{2}{3}$ der Kegelhöhe misst. Berechne die Masse. (Dichte auf Seite 115)

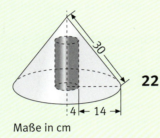

19 Das Schreibtischset wurde aus einem sechseckigen Verpackungsmaterial (a = 3 cm) ausgeschnitten und zusammengeklebt.
  a) Welches Volumen hat das gesamte Gebilde?
  b) Wie viel Pappe wird einschließlich Böden mindestens gebraucht?
  c) Die sichtbare Außenfläche soll rot gefärbt werden. Wie viele cm² sind das?

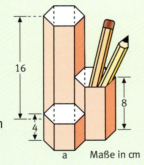

20 Ein Körper besteht aus einem zylindrischen Mittelteil, dem oben und unten Kegel mit gleich großer Grundfläche aufgesetzt sind. Der Abstand der Kegelspitzen voneinander beträgt 33 cm.
Der Durchmesser des zylindrischen Mittelteils misst 18 cm, seine Höhe 9 cm. Berechne Volumen und Oberfläche des Werkstücks.

21 In einen Holzwürfel (a = 8 cm) werden von jeder Seite quadratische Aussparungen mit einer Seitenlänge von 4 cm gefräst.
  a) Wie viel Prozent des ursprünglichen Rauminhalts hat der neue Körper noch?
  b) Wie viel Prozent der ursprünglichen Oberfläche sind noch vorhanden?

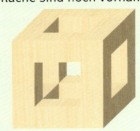

22

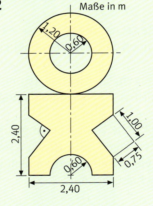

Eine Werbefirma entwirft ein Logo. Wie schwer ist die Figur, wenn sie 5 mm stark und aus Aluminium ($\varrho = 2,7 \frac{g}{cm^3}$) hergestellt ist? Rechne mit $\pi = 3,14$. Runde alle Ergebnisse auf zwei Dezimalen.

23 Ein Werkstück aus Aluminium besteht aus einer quadratischen Pyramide mit einer kegelförmigen Vertiefung. Die Höhe des Kegels beträgt $\frac{3}{7}$ der Höhe der Pyramide.
  a) Wie groß ist das Volumen des Werkstücks? Rechne mit $\pi = 3,14$.
  b) Berechne die Masse des Werkstücks in Gramm.
  c) Zur Herstellung mehrerer Werkstücke wird ein Aluminiumquader mit den Maßen a = 0,7 m, b = 0,8 m und c = 46,2 cm eingeschmolzen. Wie viele ganze Werkstücke können daraus gegossen werden?

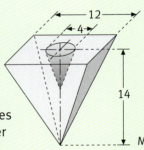

TRIMM-DICH-ABSCHLUSSRUNDE

1 Vorderansicht

Draufsicht

a) Welche Körper sind jeweils in Vorder- und Draufsicht dargestellt?
b) Zeichne die Körper als Schrägbilder im Maßstab 3 : 1.

2 Eine quadratische Pyramide hat eine Grundkante von 4,4 cm und ist 3 cm hoch.
a) Berechne ihr Volumen.
b) Zeichne eine Seitenfläche. Berechne dazu zuerst die notwendige Seitenhöhe.

3 Das Volumen eines pyramidenförmigen Werkstücks aus Blei beträgt 8,26 dm³.
Die rechteckige Grundfläche ist 3,5 dm lang und 1,2 dm breit.
Berechne die Masse und die Höhe der Pyramide (Dichte auf S. 115).

4 Ein Kegel hat die Maße r = 2 cm und h = 15 cm. Nun wird der Radius verdoppelt.
Wie hoch wird der Kegel bei gleichem Volumen?

5 Aus einem Quader von 16 cm Länge, 12 cm Breite und 24 cm Höhe soll eine
möglichst große Pyramide angefertigt werden. Wie viele cm³ sind Abfall?

6 Eine Fläche von 10 m Länge und 2,50 m Breite soll mit
sechseckigen Betonsteinen gepflastert werden.
Wie viele Steine werden benötigt, wenn man mit 10%
Verschnitt rechnet?

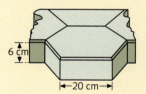

7 Berechne die Oberfläche von Körper A und das Volumen von Körper B.

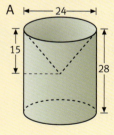 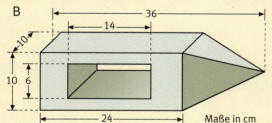

Maße in cm

8 Beim Betriebspraktikum im Kindergarten sollen Evi und Ute
für ihre Gruppe 22 kegelförmige Spitzhüte außen mit bunter
Metallfolie bekleben.
a) Wie viele m² Folie werden insgesamt benötigt, wenn mit
20% Verschnitt zu rechnen ist? Runde alle Ergebnisse
– auch Zwischenergebnisse – auf zwei Dezimalstellen.
b) Im Geschäft wird die Folie in Bögen von 80 cm Länge
und 40 cm Breite angeboten. Jeder Bogen kostet 3,95 €.
Wie viel müssen Evi und Ute bezahlen?

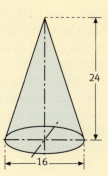

KREUZ UND QUER

Zahl

Rationale Zahlen

a) Ordne die Zahlen nach ihrer Größe.

A	+9	−3	+2	−4	+3	−9	+4
B	−1,9	+2,2	0	−4,8	+0,5	−2,2	+1,9

b) Übertrage und vervollständige die Lücken der Rechenkette.

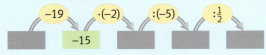

c) Multipliziere.

A	$(2a + 3b) \cdot (4a + 2b)$	B	$(x + 4y) \cdot (3x − y)$
C	$(\frac{1}{2}z − 2v) \cdot (2z − \frac{1}{2}v)$	D	$(k + 1) \cdot (k + 1)$
E	$(m − n) \cdot (m − n)$	F	$(p + q) \cdot (p − q)$
G	$(2x + 3y) \cdot (2x + 3y)$	H	$(3y + 2x) \cdot (2x − 3y)$
I	$(x − y) \cdot (−x − y)$	J	$(−x + y) \cdot (x − y)$

Funktionaler Zusammenhang

Gleichungen

a) Löse die Gleichungen.

A	$4(2x + 4) = 48$
B	$6(15x + 9) = 234$
C	$4(3x + 2) + 2(6x + 4) = 88$

b) Familie Breu zahlt für ihre Wohnung (124 m²) monatlich 806 € Miete. Wie viel muss Familie Windisch unter gleichen Bedingungen für ihre Wohnung (116 m²) bezahlen?

Funktionen

Aus einem Rohr fließen pro Stunde 900 l Wasser.

a) Stelle die Zuordnung graphisch dar.
   (x-Achse: 1 cm ≙ 20 min;
   y-Achse: 1 cm ≙ 200 l)
b) Wie lange dauert es, bis folgende Mengen durchgeflossen sind?
   300 l   450 l   750 l   1 125 l   1 350 l
c) Wie viele Liter Wasser fließen in folgenden Zeitspannen durch das Rohr?
   10 min   25 min   1 h 20 min   120 min

Raum und Form

Quader

Welche Quader verschiedener Farben berühren sich jeweils? Übertrage die Tabelle und kreuze an.

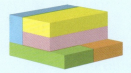

	braun	grün
braun		x
grün	x	

Würfel

a) Zeichne das Schrägbild eines Würfels (Kantenlänge a = 4 cm) und bestimme die Oberfläche sowie das Volumen.
b) Wie verändert sich das Volumen des Würfels, wenn man die Kantenlänge verdoppelt (halbiert)?

Volumen

Berechne das Volumen (alle Angaben in dm).

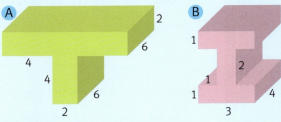

Messen

Größen

a)

A	840 cm = ■ dm = ■ m = ■ mm
B	64 dm = ■ cm = ■ m = ■ mm
C	2,08 m = ■ dm = ■ cm = ■ mm

b)

A	300 000 mm² = ■ cm² = ■ dm² = ■ m²
B	4 600 cm² = ■ mm² = ■ dm² = ■ m²
C	20 000 m² = ■ a = ■ ha = ■ km²

c)

A	75 000 cm³ = ■ dm³ = ■ m³
B	9 dm³ = ■ cm³ = ■ mm³
C	0,005 m³ = ■ dm³ = ■ cm³

d)

A	$4\frac{1}{2}$ h = ■ min = ■ s
B	1,25 h = ■ min = ■ s
C	0,75 h = ■ min = ■ s

Funktionen

Das kann ich schon

① a) Welche Größen sind einander zugeordnet?
b) Übertrage die Tabelle und lies fehlende Werte ab.

km	■	100	125	■	250	300
l	4	■	■	16	■	■

c) Liegt eine proportionale Funktion vor? Begründe.
d) Ist die Funktion linear?

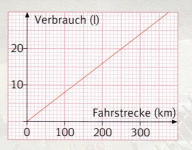

② Ein Mietwagenunternehmen verlangt eine Grundgebühr von 20 € und 20 Ct pro gefahrenen Kilometer.
a) Lege eine Wertetabelle bis zu einer Fahrleistung von 500 km an.

Fahrstrecke (km)	0	50	100
Gesamtkosten (€)	20	■	■

b) Wähle einen geeigneten Maßstab und stelle die Funktion grafisch dar.

③ a) Gib an, wie der jeweilige Lösungsweg genannt wird.
b) Übertrage und ergänze beide.

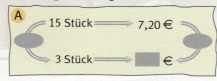
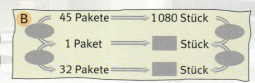

④ Berechne die fehlenden Werte der proportionalen Funktion.

a)

kg	2	6	12	30
€	■	9	■	■

b)

m²	2	5	9	■
€	■	22	■	66

⑤ Die Tabelle der linearen Funktion enthält einen Fehler. Finde und berichtige ihn.

a)

h	0	1	2,5	4	7
€	4	6,50	10,25	12,75	21,50

b)

m³	0	20	40	50	70
€	30	55	80	92,50	122,50

⑥ a) Gib jeweils die Steigung m und den y-Achsenabschnitt t an.

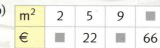

$y = 3 \cdot x - 2$ **A** $y = \frac{1}{2} \cdot x + 1$ **B**

b) Lege für die Funktion $y = 2 \cdot x + 1$ eine Wertetabelle mit x-Werten von −2 bis 2 an und zeichne den Graphen.
c) Ermittle bei den Geraden a bis d jeweils die Steigung m und den y-Achsenabschnitt t und stelle die Funktionsgleichung auf.

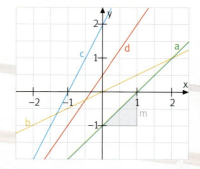

Bei welchen Aufgaben hast du noch Schwierigkeiten? Versuche, diese zu beschreiben.

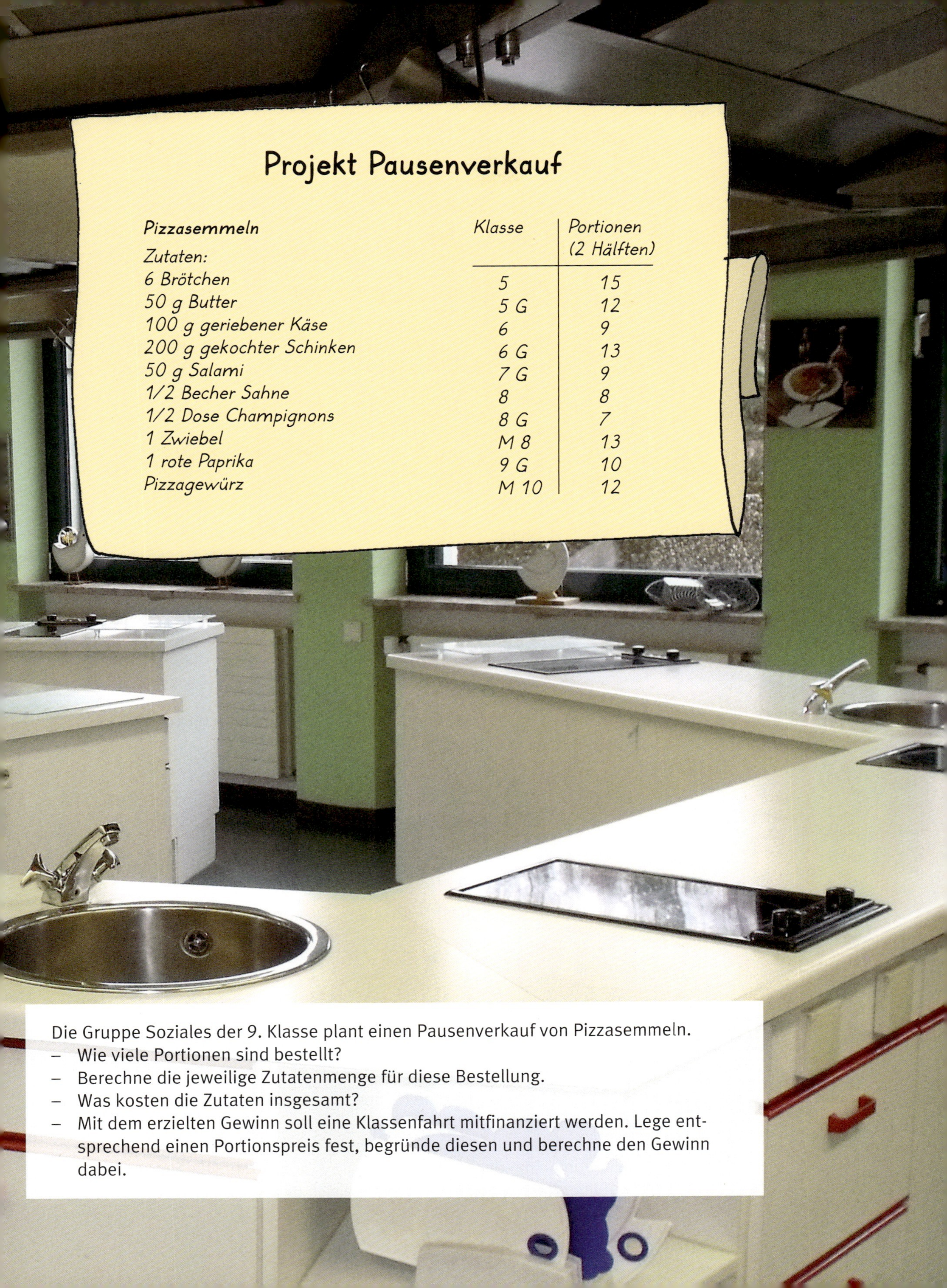

Projekt Pausenverkauf

Pizzasemmeln

Zutaten:
- 6 Brötchen
- 50 g Butter
- 100 g geriebener Käse
- 200 g gekochter Schinken
- 50 g Salami
- 1/2 Becher Sahne
- 1/2 Dose Champignons
- 1 Zwiebel
- 1 rote Paprika
- Pizzagewürz

Klasse	Portionen (2 Hälften)
5	15
5 G	12
6	9
6 G	13
7 G	9
8	8
8 G	7
M 8	13
9 G	10
M 10	12

Die Gruppe Soziales der 9. Klasse plant einen Pausenverkauf von Pizzasemmeln.
- Wie viele Portionen sind bestellt?
- Berechne die jeweilige Zutatenmenge für diese Bestellung.
- Was kosten die Zutaten insgesamt?
- Mit dem erzielten Gewinn soll eine Klassenfahrt mitfinanziert werden. Lege entsprechend einen Portionspreis fest, begründe diesen und berechne den Gewinn dabei.

Lineare Funktionen darstellen und berechnen

1 Die Abbildung zeigt eine Funktion kg → € für Weintrauben.
  a) Lies den Preis für 1 kg (3 kg; 4,5 kg) ab.
  b) Lies die Menge für 10 € (15 €; 12,50 €) ab.
  c) Begründe, warum die Funktion proportional ist.

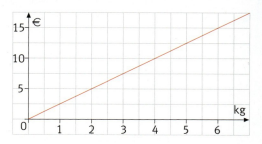

proportionale Funktion

> Zum Doppelten, Dreifachen, …/dritten, vierten, … Teil der einen Größe gehört das Doppelte, Dreifache, …/der dritte, vierte … Teil der anderen. Der Graph ist eine vom Nullpunkt ausgehende Halbgerade.

2 a) Erstelle eine Wertetabelle bis zu 10 kg.
  b) Stelle die Funktion grafisch dar.

3 Erkläre den Lösungsweg und vervollständige ihn. Berechne die fehlenden Werte ebenso.

Dreisatz

Lösungen zu 3

23,37	2,40
324	5
6,75	7
11	2,25

a)
Stück	€
15	9,00
4	■
■	6,60

b)
kg	€
3	8,55
■	14,25
8,2	■

c)
m²	€
0,5	18
■	252
9	■

4 Ergänze die Tabellen so, dass proportionale Funktionen entstehen und stelle diese im Koordinatensystem dar.

a) Fliesen

m²	3	2	■	■	8	10
Stück	48	■	80	112	■	■

b) Farbverbrauch

l	2	■	5	■	9	■
m²	■	18	30	42	■	60

5 Berechne jeweils die fehlenden Größe. Runde auf zwei Stellen.

Sorte	Äpfel	Kirschen	Trauben	Bananen	Pfirsiche
gekaufte Menge in kg	1,78	0,92	■	1,36	■
Preis in €/kg	1,39	■	2,45	■	1,89
bezahlter Preis in €	■	4,14	0,93	2,03	1,17

6 a) Eine Pumpe hat eine Leistung von 45 $\frac{l}{min}$. Berechne, wie viele Liter die Pumpe in 5 (30; 75; 180) Minuten schafft.
  b) Welche Leistung (in $\frac{l}{min}$) hat eine Pumpe, die in 40 Minuten ein Becken von 1 m³ leerpumpen kann?
  c) Ermittle zeichnerisch (x-Achse: 1 cm ≙ 1 min, y-Achse: 1 cm ≙ 100 l), wie lange eine Pumpe mit der Leistung von 60 $\frac{l}{min}$ braucht, um ein Becken von 750 l zu füllen. Nach welcher Zeit befinden sich dabei 450 l im Becken?

Lineare Funktionen darstellen und berechnen

1 a) Welche Größen sind einander zugeordnet?
b) Wie setzen sich die Gesamtkosten zusammen?
c) Lies den Grundbetrag für die Wasserversorgung ab.
d) Übertrage die Tabelle und ergänze fehlende Werte durch Ablesen.

m³	25	■	■	125
€	■	300	350	■

e) Ist die Funktion linear? Begründe.

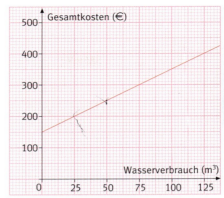

> Eine Funktion, deren Graph eine Gerade ist, heißt lineare Funktion. Jede proportionale Funktion ist folglich auch eine lineare Funktion.

lineare Funktion

2 a) Wie viel kostet 1 m³ Wasser bei Aufgabe 1?
b) Erkläre, wie Arbenita die Gesamtkosten bei einem Verbrauch von 95 m³ berechnet. Überprüfe das Ergebnis am Graphen.

Arbenita
$95 \cdot 2 + 150 = 340$ (€)

c) Berechne ebenso die Gesamtkosten für 72 (104; 148) m³ Wasser.
d) Ermittle rechnerisch die verbrauchte Wassermenge bei Gesamtkosten von 324 (458; 718) €.

Lösungen zu 2c und d

154	284
446	294
87	358

3 In einer Großstadt beträgt der jährliche Grundbetrag für die Wasserversorgung 120 € und 1 m³ Wasser kostet 2,50 €.
a) Lege eine Wertetabelle bis zu einem Verbrauch von 200 m³ Wasser an.
b) Stelle die Funktion grafisch dar.

m³	0	25	50	75
€	■	■	■	■

4 Banken verlangen für die Kontoführung meist Gebühren.

Bank A
monatliche Grundgebühr: 2,50 €
10 Ct je Buchung

Bank B
keine monatliche Grundgebühr
20 Ct je Buchung

a) Lege jeweils eine Wertetabelle bis zu 50 Buchungen in 5-er-Schritten an.
b) Stelle die zwei Angebote mit verschiedenen Farben in einem Koordinatensystem dar und vergleiche sie miteinander.

5 Bei einem Experiment werden mehrmals jeweils 50 ml Wasser in ein Gefäß gegossen. Dabei wird die jeweilige Wasserstandshöhe gemessen.
a) Übertrage und ergänze die Tabelle bis zu einem Wasservolumen von 0,5 l.
b) Stelle die Funktion grafisch dar.
c) Welche Form könnte das Gefäß haben, in das gegossen wird? Begründe.

Wasservolumen (ml)	0	50	100
Füllhöhe (cm)	0	2,5	5

Lineare Funktionen darstellen und berechnen

Äpfel Kl. 1
2,2 kg Karton
(1 kg: ▮)

Schinken
125 g Packung
(100 g: 1,59 €)
1,98 €

Nuss-Nougat-Creme
400 g Glas
(1 kg: 2,78 €)

Schnittkäse
▮ Stange
(1 kg: 2,89 €)
7,23 €

1 a) Berechne die fehlenden Angaben aus den Werbeangeboten.
b) Erstelle ähnliche Aufgaben und lass diese deinen Partner lösen.

Lösungen zu 1

2,5	1,11
0,90	1,99

2 a) Lege für beide Tarife eine Wertetabelle bis zu 200 SMS an.

SMS	0	20	40
€	▮	▮	▮

Handytarif Young
6 € monatl. Grundgeb.
5 Ct pro SMS

Handytarif Cheap
keine Grundgebühr
9 Ct pro SMS

b) Stelle beide Tarife im Koordinatensystem dar.
c) Ist die Funktion SMS → € jeweils proportional? Begründe.
d) Welcher Tarif wäre für dich günstiger? Begründe.

3 a) Erstelle für alle drei Angebote Wertetabellen bis zu einer Fahrleistung von 500 km.

km	0	50	100	150	200
Angebot A (€)	▮	▮	▮	▮	▮
Angebot B (€)	▮	▮	▮	▮	▮
Angebot C (€)	▮	▮	▮	▮	▮

LEIHWAGEN FÜR 1 TAG

Angebot A
pauschal
50 €

Angebot B
pro km
0,25 €

Angebot C
20 € Grundgebühr
0,20 € pro km

b) Stelle die drei Angebote mit verschiedenen Farben in einem Koordinatensystem dar.
c) Vergleiche die Angebote miteinander.

Lösungen zu 4

1,5	6
10,5	2
5,5	1
2	10,5
12	

4 Zwei unterschiedliche Wachskerzen brennen gleichmäßig ab. Nach 2 Stunden Brenndauer sind sie 8,5 cm und 8 cm hoch, 3 Stunden später nur noch 5,5 cm und 2 cm.
a) Stelle beide Brennvorgänge in einem Schaubild dar und lies für jede Kerze ab: Anfangshöhe, gesamte Brenndauer, stündliche Abnahme der Höhe.
b) Wie hoch sind die Kerzen jeweils nach 5 Stunden?
c) Die Kerzen werden gleichzeitig angezündet. Wann sind beide gleich hoch?

5 Meltem springt bei 8 m Anlauf 3,75 m weit. Welche Weite schafft sie bei doppelt so langem Anlauf?

6 Auf einer Packung Kopierpapier (500 Blatt) findet sich nebenstehender Aufdruck. Wie schwer ist die Packung? Runde auf ganze Gramm.

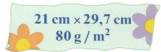

21 cm × 29,7 cm
80 g / m²

Steigungsfaktoren bestimmen

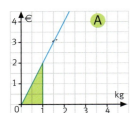
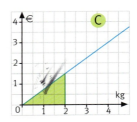

1 a) Erstelle für jede Zuordnung eine Wertetabelle von 0 kg bis 4 kg. Bilde dann jeweils den Quotienten zusammengehöriger Wertepaare. Was stellst du fest?
b) Welcher Zusammenhang besteht zwischen dem gemeinsamen Quotienten (= Proportionalitätsfaktor) und der Steigung des Graphen?
c) Ordne jedem Graphen die entsprechende Funktionsgleichung zu.

$y = 1{,}5 \cdot x$ $y = 0{,}75 \cdot x$ $y = 2 \cdot x$

2 Der Graph einer proportionalen Funktion hat an jeder Stelle die gleiche Steigung, wie man an den Steigungsdreiecken erkennen kann. Der Quotient aus Höhe und Breite des Dreiecks ist das Maß für die Steigung. Er wird als Steigungsfaktor m bezeichnet.
a) Erkläre den Steigungsfaktor m an nebenstehender Abbildung.
b) Bestimme anhand der Steigungsdreiecke die Steigungsfaktoren m in Aufgabe 1.

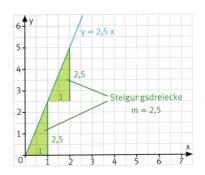

Funktionsgleichung einer proportionalen Funktion:
$y = m \cdot x$ Steigungsfaktor

Der Steigungsfaktor gibt die Steigung des Graphen an.
Er ist der Quotient aus Höhe und Breite des Steigungsdreiecks.

Steigungsdreieck: $m = \frac{1{,}5}{2} = 0{,}75$

Funktionsgleichung

Steigungsfaktor m

---

3 Gib für jedes Steigungsdreieck den Steigungsfaktor m an.

Dreieck	A	B	C	D	E	F
Höhe (cm)	4	7	3	5	3	1
Breite (cm)	1	1	2	4	5	6

4 Um den Steigungsfaktor exakt zu bestimmen, errichtet man das Steigungsdreieck am besten dort, wo der Graph genau einen Gitternetzpunkt trifft.
Lies jeweils die Steigung m der Geraden ab und gib die Funktionsgleichung an.

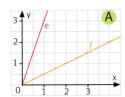
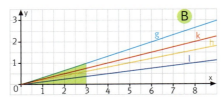
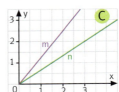

Lösungen zu 4

$y = \frac{1}{8}x$	$y = \frac{2}{3}x$
$y = \frac{1}{5}x$	$y = \frac{1}{3}x$
$y = 3x$	$y = 1\frac{1}{4}x$
$y = \frac{1}{4}x$	$y = \frac{1}{2}x$

Funktionsgleichungen bestimmen

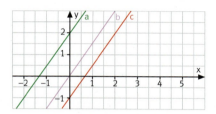 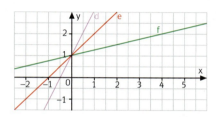

1 a) Beschreibe den Verlauf der Graphen a bis c bzw. d bis f. Was ist bei den zusammengehörigen drei Funktionsgleichungen jeweils gleich?
b) Bestimme mit dem Steigungsdreieck den Steigungsfaktor m jeder Geraden.
c) Ordne die Funktionsgleichungen zu.

$y = 2 \cdot x + 1$ $y = 1{,}5 \cdot x + 2$ $y = \tfrac{1}{4} \cdot x + 1$

$y = 1{,}5 \cdot x$ $y = x + 1$ $y = 1{,}5 \cdot x - 1$

d) Was lässt sich anhand der Funktionsgleichungen über die Graphen sagen?

Funktionsgleichung

Steigung

Achsenabschnitt

> Funktionsgleichung einer linearen Funktion:
> Steigungsfaktor $y = m \cdot x + t$ y-Achsenabschnitt
> Bei positivem Steigungsfaktor steigt, bei negativem fällt die Gerade.

2 Gib jeweils die Steigung m und den y-Achsenabschnitt t an.
a) $y = 3 \cdot x + 2$ b) $y = 4{,}5 \cdot x + 0{,}5$ c) $y = 1{,}5 + 6 \cdot x$
d) $y = \tfrac{2}{5} \cdot x$ e) $y = 2x - 2$ f) $y = x - 1$

3 Geraden können auch einen negativen Steigungsfaktor haben.
a) Erkläre, wie bei den Geraden g und h die Steigungsfaktoren ermittelt werden und gib sie an.
b) Bestimme für die Geraden l und k den Steigungsfaktor m ebenso.
c) Stelle für jeden Graphen die Funktionsgleichung auf.

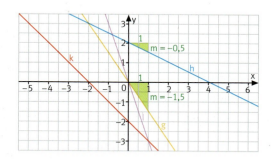

Lösungen zu 5a und b

5	3,5
2	−5,5
−1	3
−3,5	−3
6,5	6,5
−4	−5,5

4 Notiere die Funktionsgleichung. Gib an, ob der Graph steigt oder fällt.

	a)	b)	c)	d)	e)	f)	g)	h)
m	4	1,5	0,75	$\tfrac{1}{3}$	−1	−2	$-\tfrac{1}{2}$	0
t	1	0	2	−2	0	−1	$-\tfrac{3}{4}$	2

5 Berechne die fehlenden Koordinaten der Punkte für jede Funktionsgleichung.
A (2|■)   B (−2|■)   C (0,5|■)   D (−1$\tfrac{1}{2}$|■)   E (■|11)   F (■|−8,5)
a) $y = 3x + 0{,}5$ b) $y = -3x + 0{,}5$ c) $y = 2x + 3$ d) $y = 2x - 3$

Funktionsgleichungen bestimmen

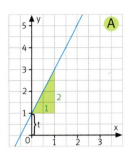 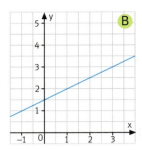 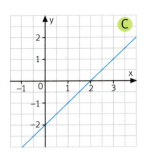 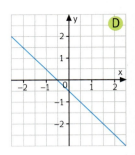

1 Lies aus dem Schaubild jeweils den y-Achsenabschnitt t und die Steigung m der Geraden ab und stelle damit die Funktionsgleichung auf.

2 Die Ursprungsgerade a hat die Steigung 0,5. Alle übrigen Geraden verlaufen parallel zu a.
   a) Gib die Funktionsgleichung von a an.
   b) Stelle die Funktionsgleichungen der anderen vier Geraden auf.

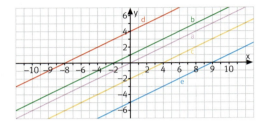

3 a) Lies den Schnittpunkt jeder Geraden mit der y-Achse ab.
   b) Bestimme die Steigung der jeweiligen Geraden.
   c) Stelle für jede Gerade die Funktionsgleichung auf.

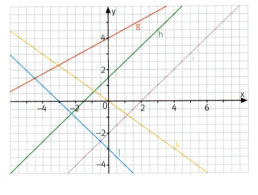

4 Eine Gerade verläuft durch P (0|−3) und schneidet die x-Achse im Punkt Q (6|0). Gib die zugehörige Funktionsgleichung an.

Ursprungsgerade: Gerade, die durch Punkt (0|0) verläuft.

5 Zeichne eine Ursprungsgerade, die durch den angegebenen Punkt verläuft. Ermittle die jeweilige Steigung und gib die Funktionsgleichung an.
   a) A (3|3)   b) B (4|2)   c) C (2,5|7,5)   d) D (2|−2)   e) E (−4|−1)

6 Zeichne die Gerade und gib die Funktionsgleichung an.

a)
x	−2	−1	0	1	2
y	−5	−2,5	0	2,5	5

b)
x	−2	−1	0	1	2
y	−1,5	0	1,5	3	4,5

c)
x	−4	0	2	6
y	−3	0	1,5	4,5

d)
x	−2	−1	1	2	3
y	−7,5	−4,5	1,5	4,5	7,5

e)
x	−6	−3	3	6	9
y	2	1	−1	−2	−3

f)
x	−5	−2	1	3
y	3	0	−3	−5

Lösungen zu 6 und 7

y = −x − 2	y = 2x − 2
y = − 2	y = 2,5x
y = −1,5x + 1,5	y = 1,5x + 1,5
y = −$\frac{1}{10}$x + 2,5	y = 2x
y = 0,5x	y = 3x − 1,5
y = −$\frac{1}{3}$x	y = $\frac{3}{4}$x

7 Zeichne die Gerade AB und bestimme ihre Funktionsgleichung.
   a) A (2|1)   B (6|3)   b) A (−2|−4)   B (3|6)   c) A (1|0)   B (5|8)
   d) A (−2|4,5)   B (2|−1,5)   e) A (−5|3)   B (5|2)   f) A (−4|−2)   B (8|−2)

Funktionsgraphen zeichnen

A $y = 2 \cdot x$

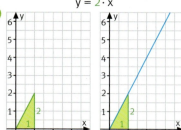

B $y = 0,5 \cdot x + 1$

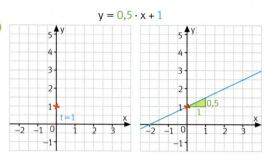

1. Achsenabschnitt festlegen
2. Steigungsdreieck zeichnen

1 Erkläre, wie Okan jeweils mithilfe der Funktionsgleichung die Geraden zeichnet.

2 Zeichne die Graphen folgender Funktionen ebenso.
- a) $y = 3 \cdot x$
- b) $y = 1,5 \cdot x$
- c) $y = \frac{1}{2} \cdot x$
- d) $y = -2 \cdot x$
- e) $y = 2 \cdot x + 0,5$
- f) $y = x + 2$
- g) $y = 1,5 \cdot x - 1$
- h) $y = 3 \cdot x - 2$
- i) $y = 2 \cdot x - 3$
- j) $y = -2 \cdot x + 4$
- k) $y = -x - 1$
- l) $y = -0,5 \cdot x - 2$

3 Bringe die Funktionsgleichungen zunächst jeweils auf die Form $y = m \cdot x + t$. Zeichne dann den Graphen.
- a) $y - 3 = x$
- b) $y - 2x = 3$
- c) $y + 3x = 1$
- d) $y - 4x - 2 = 0$
- e) $1,5x + y - 2 = 0$
- f) $2 - y = -0,5x$
- g) $4y = 8x + 6$
- h) $0,25y = x - 0,5$
- i) $4,5x - 3y - 9 = 0$

Lösungen zu 4

$y = x - 1$	$y = 4$
$y = -2x + 1,5$	$y = 1,5x + 2$
$y = -0,5x - 2,5$	$y = 2,5x$

4 Stelle zuerst jeweils die Funktionsgleichung der Geraden auf, die durch den Punkt S verläuft und die angegebene Steigung hat. Zeichne dann den Graphen.
- a) $S(0|2)$ $m = 1,5$
- b) $S(0|0)$ $m = 2,5$
- c) $S(0|1,5)$ $m = -2$
- d) $S(0|-1)$ $m = 1$
- e) $S(0|-2,5)$ $m = -0,5$
- f) $S(0|4)$ $m = 0$

5 Zeichne die Gerade mithilfe des y-Achsenabschnitts und eines Steigungsdreiecks wie im Beispiel.
- a) $y = \frac{3}{5}x$
- b) $y = \frac{2}{5}x + 1$
- c) $y = \frac{1}{3}x - 2$
- d) $y = -\frac{1}{5}x + 2$
- e) $y = -\frac{3}{4}x - 1$
- f) $y = 1\frac{1}{3}x$
- g) $y = \frac{1}{6}x + 0,5$
- h) $y = -\frac{3}{7}x + 3$

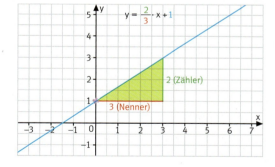

6 Der Schnittpunkt S des Graphen mit der y-Achse ist gegeben. Notiere zu jedem Punkt zwei Funktionsgleichungen und zeichne die zugehörigen Geraden.
- a) $S(0|3)$
- b) $S(0|-1)$
- c) $S(0|0,5)$
- d) $S(0|-2,5)$

Lösungen zu 7

$S(5|0)$	$S(-2|-8)$
$S(-1|-1)$	$S(4|2)$

7 Zeichne die Graphen der beiden Funktionen und gib die Koordinaten des Schnittpunktes S an.
- a) $y = 0,5x$ $y = x - 2$
- b) $y = x$ $y = -2x - 3$
- c) $y = \frac{1}{5}x - 1$ $y = -\frac{3}{5}x + 3$
- d) $y + 5 = 1,5x$ $2y - 8x = 0$

Umgekehrt proportionale Funktionen erkennen   135

1 Maria will die Pausenhalle dekorieren. Sie klebt dazu bunte Kreismuster aus verschiedenfarbigem Tonpapier auf. Jedes Kreismuster soll dabei aus gleich großen Stücken zusammengesetzt werden. Sie überlegt sich vorher, wie viele Kreisausschnitte sie jeweils braucht.

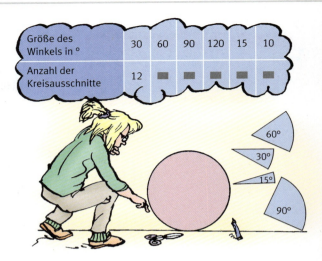

Größe des Winkels in °	30	60	90	120	15	10
Anzahl der Kreisausschnitte	12	■	■	■	■	■

a) Übertrage und vervollständige die Tabelle.
b) Wie hängen Größe des Winkels und Anzahl der Kreisausschnitte zusammen (je …, desto …)?
c) Wie groß ist die Anzahl der Kreisausschnitte bei doppelter (halber) Winkelgröße?
d) Welche Winkelgröße gehört zur dreifachen Anzahl (zum dritten Teil der Anzahl) der Kreisausschnitte?

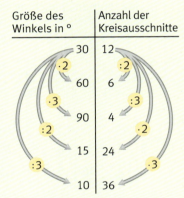

Zwischen nebenstehenden Größen besteht folgender Zusammenhang:
- zur doppelten Winkelgröße gehört die halbe Anzahl von Kreisausschnitten,
- zur dreifachen Winkelgröße gehört der dritte Teil der Anzahl von Kreisausschnitten,

oder
- zur halben Winkelgröße gehört die doppelte Anzahl von Kreisausschnitten,
- zum dritten Teil der Winkelgröße gehört die dreifache Anzahl von Kreisausschnitten.

Solche Funktionen heißen **umgekehrt proportional**.

umgekehrt proportionale Funktion

---

2 Bei welchen Tabellen liegen umgekehrt proportionale Funktionen vor? Begründe.

a)
Anzahl der Teilnehmer	24	12	48	36
Kosten pro Teilnehmer (€)	18	36	9	12

b)
Rohrlänge (m)	5	15	10	7,5
Anzahl der Rohre	300	100	150	200

c)
Länge (m)	1,5	3	4,5	9
Preis (€)	7,95	15,90	23,85	47,70

d)
Anzahl der Gläser	8	16	20	40
Füllmenge je Glas (l)	0,5	0,25	0,2	0,1

3 Mehmet schneidet acht gleich lange Schnüre jeweils anders in gleich lange Stücke. Bestimme die fehlenden Stückzahlen bzw. Stücklängen.

6 Stücke	4,00 m	4 Stücke	■	■	1,20 m	16 Stücke	■
12 Stücke	■	■	3,00 m	10 Stücke	■	32 Stücke	■

Lösungen zu 3

20	8
0,75	24
2	1,50
6	2,40

Umgekehrt proportionale Funktionen erkennen

1 Löse im Kopf.
Wenn ein Futtervorrat bei 8 Tieren 12 Tage reicht, dann reicht er bei einem Tier ■-mal so lange, also 12 Tage · ■ = ◆ Tage.
Wenn der Vorrat bei einem Tier ◆ Tage reicht, dann reicht er bei 6 Tieren den ▲ Teil, also ◆ Tage : ▲ = ● Tage.

2

Länge eines Stückes (cm)	96	■	■	12	6	48	■	32
Anzahl der Stücke	■	32	4	8	■	■	12	■

Gleich lange Papierstreifen werden in gleiche Stücke zerschnitten.
Übertrage die Tabelle in dein Heft und vervollständige sie.

Lösungen zu 3

$3\frac{3}{4}$	1
100	200
5	0,25
3	80
2	

3 Ergänze die Tabellen folgender umgekehrt proportionaler Funktionen.

a) Mengen abpacken

Gewicht (g)	Anzahl der Packungen
250	40
50	■
125	■
100	■

b) Flüssigkeiten abfüllen

Dosen-inhalt (l)	Anzahl der Dosen
5	30
■	150
■	50
■	600

c) Maschinen einsetzen

Anzahl der Maschinen	Laufzeit je Maschine (h)
3	10
6	■
■	15
8	■

4 Die Rechtecke sollen den gleichen Flächeninhalt haben. Suche die beiden fehlerhaften Wertepaare und berichtige diese.

Länge (dm)	9	3	18	1	6	8	24
Breite (dm)	4	12	2,5	36	6	3,5	1,5

5 Bilde kleine Aufgaben und überlege, welche Zuordnungen umgekehrt proportional sind. Notiere die zugehörigen Buchstaben.

6 Bestimme die fehlenden Werte und finde mögliche Zusammenhänge.

a)

b)

c)
Flascheninhalt (l)	Anzahl
0,7	250
0,1	■
■	700

7 Den Rohbau eines Hauses können 12 Arbeiter in 50 Tagen fertigstellen. Wie viele Arbeiter braucht man, wenn der Bau an einem Tag erstellt werden soll?

Umgekehrt proportionale Funktionen darstellen

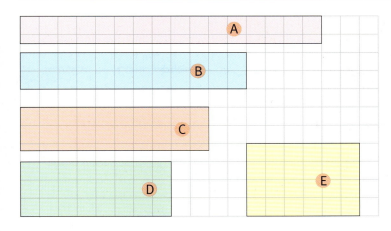
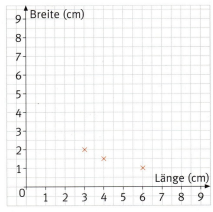

1 a) Bestimme bei jedem Rechteck die Länge und die Breite. Trage die Werte in eine Tabelle ein und ermittle den jeweiligen Flächeninhalt. Was stellst du fest?

Rechteck	A	B	C	D	E
Länge (cm)	8	6			
Breite (cm)	0,75				
Flächeninhalt (cm²)	6				

b) Welche Art von Funktion liegt beim Zusammenhang zwischen Länge und Breite bei flächeninhaltsgleichen Rechtecken vor? Begründe.
Ergänze die Tabelle um die Seitenlängen 2 cm, 1,5 cm, 1 cm und 0,75 cm.

c) Im obigen Koordinatensystem wurden einige Wertepaare eingetragen. Übertrage die Darstellung und ergänze die fehlenden Wertepaare.

d) Verbinde die ermittelten Punkte. Beschreibe den Verlauf des Graphen.

2 a) Erstelle für die Funktion zwischen der Länge und Breite bei Rechtecken mit jeweils 18 cm² Flächeninhalt eine Wertetabelle bis zur Länge/Breite 12 cm.

b) Stelle die Funktion in einem Koordinatensystem dar. Was lässt sich über den Graphen einer umgekehrt proportionalen Funktion aussagen (vergleiche auch Aufgabe 1d)?

> Bei umgekehrt proportionalen Funktionen liegen alle Punkte einander zugeordneter Werte auf einer Kurve, die Hyperbel genannt wird.

Hyperbel

3 Das Schaubild zeigt, wie lange Inas Taschengeld in Abhängigkeit von der jeweiligen täglichen Ausgabe reicht.

a) Erstelle eine Tabelle. Lies die Werte aus dem Schaubild ab.
b) Wie viel € Taschengeld hat Ina?
c) Wie lange reicht das Taschengeld bei einer täglichen Ausgabe von 5 € (10 €; 20 €)?
d) Stelle ebenso grafisch dar, wenn Ina 30 € Taschengeld hat.

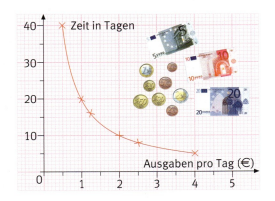

Umgekehrt proportionale Funktionen berechnen

1

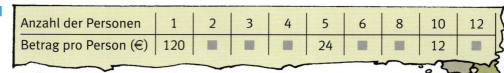

Anzahl der Personen	1	2	3	4	5	6	8	10	12
Betrag pro Person (€)	120	■	■	■	24	■	■	12	■

a) Überlege dir einen möglichen Sachverhalt.
b) Übertrage die Tabelle und ergänze fehlende Werte.
c) Wähle einen geeigneten Maßstab aus und stelle grafisch dar.

| x-Achse: 1 cm ≙ 10 Pers. | x-Achse: 1 cm ≙ 1 Pers. | x-Achse: 1 cm ≙ 1 Pers. |
| y-Achse: 1 cm ≙ 10 € | y-Achse: 1 cm ≙ 10 € | y-Achse: 1 cm ≙ 1 € |

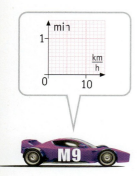

2 Bei verschiedenen Geschwindigkeiten braucht man unterschiedlich lange, um eine Strecke von 1 km zurückzulegen.

$\frac{km}{h}$	60	30	15	10	5
min	1	■	■	■	■

a) Ergänze die Tabelle und stelle die Funktion im Koordinatensystem dar.
b) Bei welcher Geschwindigkeit braucht man 5 min (1,5 min; 8 min) für 1 km?

3 Eine Tippgemeinschaft in einem Betrieb gewinnt 10 800 € im Lotto.
a) Wie hängen Anzahl der Mitspieler und Gewinnsumme pro Person zusammen?
b) Welchen Betrag erhält jeder bei 12 Mitspielern?
c) Welchen Betrag erhält jeder bei 3 Mitspielern? Übertrage und ergänze den Lösungsweg.

d) Welchen Betrag erhält jeder bei 4 (6; 18) Mitspielern?
e) Wie viele Mitspieler hat die Tippgemeinschaft, wenn jede Person 450 € (300 €; 1 350 €) erhält?

Lösungen zu 3d/e

8	600
2 700	36
24	1 800

4 Für den Kauf eines Rollers leiht sich Klaus von seinem Vater Geld, das er innerhalb von 30 Monaten in Raten zu je 45 € zurückzahlen will.
a) Wie viel € hat ihm sein Vater geliehen?
b) Er will nach 12 Monaten schuldenfrei sein. Wie viel € muss er monatlich zurückzahlen? Erkläre und ergänze den Lösungsweg.
c) Wie viel € muss er monatlich zurückzahlen, wenn er nach 10 (8; 18; 24) Monaten schuldenfrei sein will?
d) Wie lange dauert die Rückzahlung bei einer monatlichen Ratenhöhe von 112,50 € (90 €; 30 €; 37,50 €)?

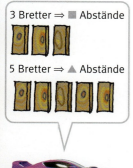

5 Die Vorderseite eines 3 m langen Balkons besteht aus 12 cm breiten Brettern, die den gleichen Abstand haben.
a) Wie groß muss der Abstand zwischen den einzelnen Brettern sein, wenn die Vorderfront des Balkons insgesamt aus 17 Brettern besteht?
b) Welcher Abstand ergibt sich bei 19 Brettern mit 12 cm Breite?
c) Wähle die Angaben so, dass sich ein Abstand von 5 cm ergibt. Finde drei verschiedene Möglichkeiten.

Umgekehrt proportionale Funktionen berechnen 139

1 Hans möchte sich ein Rennrad kaufen und spart. Er überlegt.

Sparzeit (Monate)	6	2	8	10	15	18
Monatliche Sparrate (€)	69	■	■	■	■	■

a) Übertrage und ergänze die Tabelle. Welche Zuordnung liegt vor?
b) Wie teuer ist das Rennrad? Überprüfe alle Wertepaare.
c) Was stellst du beim Produkt aus Sparzeit und monatlicher Sparrate fest?

2

Uhrzeit (h)	8	14	22
Temperatur (°C)	16	24	18

Geschwindigkeit ($\frac{km}{h}$)	60	90	120
Wegstrecke (km)	40	60	80

Geschwindigkeit ($\frac{km}{h}$)	90	120	60
Fahrtdauer (min)	60	45	90

a) Welche Zuordnung von Werten ist umgekehrt proportional?
b) Bilde jeweils das Produkt aus den Wertepaaren jeder Funktion. Was stellst du fest?
c) Welche Eigenschaft haben demnach umgekehrt proportionale Funktionen?

> Bei umgekehrt proportionalen Funktionen sind die Produkte der Wertepaare gleich, das heißt sie sind produktgleich.

Produktgleichheit

3

Sparzeit (Monate)	monatliche Sparrate (€)
6	69
4	x

$4 \cdot x = 6 \cdot 69$
$4 \cdot x = 414 \quad /:4$
$x = 103{,}50$

a) Erkläre Hans' Rechnung zur monatlichen Sparrate für eine Sparzeit von 4 Monaten.
b) Berechne ebenso die monatliche Rate für eine Sparzeit von 5 (9; 24) Monaten.
c) Wann kann er das Rad kaufen, wenn er monatlich 138 € (34,50 €; 20,70 €) spart?

4 a)

Anzahl der Arbeiter	5	10	1	2
Arbeitsdauer (h)	4	2	15	10

b)

Futterverbrauch (kg)	2,5	2	1,5	3
Vorratsdauer (Tage)	12	15	20	9

Überprüfe, ob eine umgekehrt proportionale Funktion vorliegt und korrigiere gegebenenfalls so, dass umgekehrt proportionale Funktionen entstehen.

5 Übertrage ins Heft und ergänze zu umgekehrt proportionalen Funktionen.

a)

Anzahl der Maschinen	6	4	10	■
Zeit (min)	60	■	■	45

b)

Personenzahl	10	5	■	■
Gewinn (€)	960	■	2400	1600

Lösungen zu 5 und 6

8	6
0,7	4
90	15 750
1 920	36

6 a) Eine Getränkefabrik stellt die Produktion von 0,5-Liter- auf 0,33-Liter-Flaschen um. Bisher wurden täglich 10 395 Flaschen abgefüllt. Wie viele 0,33-Liter-Flaschen werden benötigt, wenn das gleiche Volumen abgefüllt wird?
b) Auf welche Flaschen würde die Produktion umgestellt, wenn täglich 7 425 Flaschen abgefüllt werden würden?

Funktionsgleichungen bestimmen

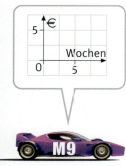

1 a) Wie bestimmt Silvia die wöchentliche Sparrate bei 27 Wochen Sparzeit?
b) Übertrage die Wertetabelle und berechne fehlende Werte ebenso.
c) Stelle die umgekehrt proportionale Funktion graphisch dar.

2

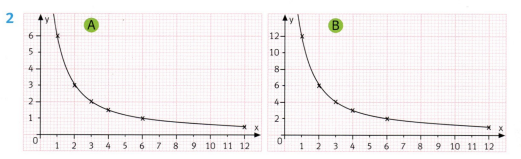

a) Erstelle jeweils eine Wertetabelle mit den x-Werten 1, 2, 3, 4, 6 und 12.
b) Ermittle das gemeinsame Produkt und ordne die Funktionsgleichungen zu. $\quad y = \frac{12}{x} \quad y = \frac{6}{x}$
c) Wie erhält man die Funktionsgleichung einer umgekehrt proportionalen Funktion?

Funktionsgleichung

Produktwert

> Funktionsgleichung einer umgekehrt proportionalen Funktion:
> $y = \frac{a}{x}$ Produktwert aus x und y. Zu x = 0 gibt es keinen Funktionswert.

3 Stelle die Funktionsgleichung auf und berechne damit fehlende Werte.

a)
Anzahl Personen	5	3	8
Gewinn (€)	2 400	■	■

b)
Anzahl Gläser	200	250	400
Füllmenge (l)	0,5	■	■

Lösungen zu 4

10	60
40	60
40	52,50
42	

4 Löse mithilfe der Funktionsgleichung.
a) Bei einem durchschnittlichen Verbrauch von 70 $\frac{€}{Tag}$ reicht die Urlaubskasse von Familie Kraus 12 Tage. Wie viel € dürfen sie pro Tag verbrauchen, wenn das Geld 14 (16; 20; 21) Tage reichen soll?
b) Eine Pumpe mit einer Leistung von 40 l in der Minute füllt ein Wasserbecken in $2\frac{1}{2}$ h. Das Becken soll in 2 h (1 h; $1\frac{1}{4}$ h) gefüllt sein. Wie viele Liter muss eine zweite Pumpe in jeder Minute leisten?

Funktionen mit dem Computer bearbeiten 141

1 Das Rechenblatt zeigt die Berechnung von Funktionswerten.
  a) Um welchen Sachverhalt geht es wohl?
  b) Welche Art von Funktion liegt vor?
  c) Erläutere die Formel in der Zelle B2.
  d) Was ist in den Zellen B3 bis B6 eingetragen?
  e) Wie kann man Formeln in Zellen kopieren?
  f) Was ist zu tun, damit auch die Ergebnisse für 5 und 9 Maschinen in der Tabelle erscheinen?

	A	B
	Maschinenzahl	Bearbeitete Fläche (m²)
2	0	0
3	1	500
4	2	1000
5	3	1500
6	4	2000

B2: fx =500*A2

2 a) Finde einen möglichen Sachverhalt.
  b) Um welche Art von Funktion handelt es sich?
  c) Welche Formel ist in Zelle B2, welche in B6 eingegeben?
  d) Was ist zu tun, wenn man auch die Werte für 8 und 12 Maschinen berechnen will?

	A	B
	Maschinenzahl	Dauer (d)
2	1	18
3	2	9
4	3	6
5	4	4,5
6	5	3,6
7	6	3

B2: fx =18/A2

3 a) Erstelle die Rechenblätter und überprüfe.
  b) Welche Möglichkeiten bietet dein Programm, die Tabellen grafisch darzustellen? Probiere.

TRIMM-DICH-ZWISCHENRUNDE

❶ a) Zu welcher Geraden gehören die Funktionsgleichungen?

   $y = 1{,}5x + 0{,}5$ $y = -\frac{2}{3}x$

  b) Gib für die übrigen Geraden die Funktionsgleichungen an.

❷ Zeichne den Graphen der Funktion.
  a) $y = \frac{2}{3}x - 1$ b) $y - 2x + 0{,}5 = 0$

❸ Ergänze die fehlenden Werte der umgekehrt proportionalen Funktion im Heft.

a)
Anzahl Lkw	4	2	6
Fahrten pro Lkw	12	■	■

b)
Anzahl Pferde	2	5	■
Vorratsdauer (d)	■	40	25

❹ Zwei gleiche Pumpen können ein Becken in sechs Stunden leeren. Übertrage und ergänze erst die Wertetabelle und stelle dann grafisch dar.

Anzahl der Pumpen	1	2	■	■	8	■
Dauer in Stunden	■	6	3	■	■	1

Wo hast du noch Schwierigkeiten? Versuche, diese zu beschreiben.

❺ Eine Wohnung ist 120 m² groß und kostet 6,20 $\frac{€}{m^2}$ Miete. Wie groß ist eine andere Wohnung, die bei 8 $\frac{€}{m^2}$ genauso teuer ist?

142 Abschlussfahrt nach Wien

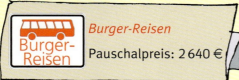

Burger-Reisen
Pauschalpreis: 2 640 €

FIRMA WIESER
315 €/Tag
+ 1,80 € pro km

1 Für die 5-tägige Abschlussfahrt werden die Angebote zweier Busunternehmen verglichen. Welches Angebot ist günstiger, wenn die einfache Entfernung 260 km beträgt und für Fahrten vor Ort weitere 100 km einkalkuliert werden müssen?

2 Welche Kosten fallen je Teilnehmer für den Aufenthalt in Wien an?

Übernachtung mit Frühstück	20,50 €/Tag
Abendessen	5,50 €/Tag
Kurtaxe	1,50 €/Tag*

*An- und Abreisetag zählen als ein Tag.

3 Von wie vielen Teilnehmern gehen die Lehrkräfte aus, wenn sie für die Buskosten (2 640 €), die Unterkunft und Verpflegung (27,50 €/Tag) und für Eintrittsgelder (25 €) pro Person insgesamt 190 € einsammeln?

4 Vier Schüler fahren aus verschiedenen Gründen nicht mit.
  a) Um wie viel € erhöhen sich dadurch die Buskosten pro Teilnehmer?
  b) Der Elternbeirat übernimmt das Defizit. Wie hoch ist sein Zuschuss?

5 Der organisierende Lehrer hat bei den Gesamtkosten der 5-tägigen Fahrt für jeden der 44 Teilnehmer 5 € pro Tag für besondere Ausgaben einkalkuliert. Diese Ausgaben hat er in einer Liste notiert. Der Restbetrag soll den Schülern nach der Fahrt zurückbezahlt werden.
  a) „Restlichen Geldbetrag auf alle Teilnehmer gleichmäßig verteilen" lautet ein Vorschlag. Wie viel € bekäme jeder zurückerstattet?
  b) Etwa die Hälfte der Schüler ist mit diesem Vorschlag nicht einverstanden. Überlege warum und mache selbst einen entsprechenden Vorschlag.

Ausgabenliste:
Praterbesuch: 44 Personen je 10,50 €
Stadtrundfahrt: 20 Personen je 6 €
Museum: 24 Personen je 3,50 €
sonst. Eintritte: 44 Personen je 2,50 €
Feier (letzter Abend): 82 €

Funktionen wiederholen

Lineare Funktionen

Ein Autoverleiher verlangt 20 € Grundgebühr und 0,25 € für jeden gefahrenen Kilometer.

Funktionsgleichung
Bsp.: $y = 0{,}25x + 20$ allg.: $y = m \cdot x + t$

Wertetabelle

Fahrstrecke (km)	0	20	40	60	80
Gesamtkosten (€)	20	25	30	35	40

Graph

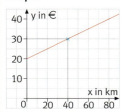

Der Graph ist eine Gerade.
Auch proportionale Funktionen sind folglich lineare Funktionen.

Umgekehrt proportionale Funktionen

Zum n-fachen (n-ten Teil) der einen Größe gehört der n-te Teil (das n-Fache) der anderen.

Zwei Druckmaschinen können einen Auftrag in 12 h erledigen. In welcher Zeit schaffen 3 (4, 6) leistungsgleiche Druckmaschinen den Auftrag?

Funktionsgleichung
Bsp.: $y = \frac{24}{x}$ allg.: $y = \frac{a}{x}$

Wertetabelle

Maschinen	1	2	3	4	6
Zeit (h)	24	12	8	6	4

Graph

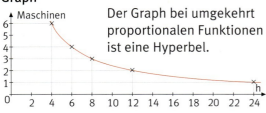

Der Graph bei umgekehrt proportionalen Funktionen ist eine Hyperbel.

Dreisatz

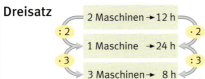

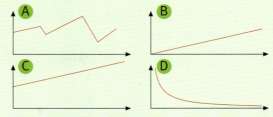

1 Welche der Graphen gehören zu linearen Funktionen? Begründe.

2 Welche der nachfolgenden Funktionen sind linear und sogar proportional, welche umgekehrt proportional? Begründe.
 a) Litermenge Benzin → Preis
 b) Alter eines Kindes → Größe
 c) Anzahl der Arbeitsstunden → Kosten
 d) Anzahl der Maschinen → Laufzeit
 e) Gefahrene Kilometer → Taxirechnung
 f) Täglicher Verbrauch → Vorratsdauer

3 Ein Lkw wird mit Sand beladen.

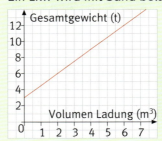

 a) Gib das Leergewicht des Lkw und das Gewicht von 1 m³ Sand an.
 b) Übertrage und ergänze die Tabelle.

Vol. Ladung (m³)	1	■	■	■	6
Gesamtgewicht (t)	■	7,5	9	11,25	■

 c) Stelle die Funktionsgleichung auf.

4 Der Graph veranschaulicht eine Funktion Teilnehmerzahl → Kosten je Teilnehmer.

 a) Wie viel muss jeder bei 10 (40) Teilnehmern bezahlen?
 b) Wie viele Personen nahmen bei Kosten von 4 (16) € pro Teilnehmer teil?
 c) Stelle die Funktionsgleichung auf.

AUF EINEN BLICK

5 Berechne die fehlenden Werte der proportionalen Funktion.

a)
kg	€
3	■
5	■
12	30

b)
Stückzahl	Preis (€)
4	■
■	6,30
15	10,50

6 Berechne die fehlenden Werte der umgekehrt proportionalen Funktion.

a)
Ladekapazität eines Lkw (t)	Anzahl der Fahrten
36	24
9	■
12	■

b)
Anzahl der Teilnehmer	Fahrpreis je Teilneh. (€)
48	15
■	18
32	■

7
Länge (cm)	1	■	4	6	8	■	■	18	■
Breite (cm)	■	18	12	■	6	■	4	3	■	1

Übertrage und ergänze so, dass jeweils flächeninhaltsgleiche Rechtecke entstehen. Stelle anschließend grafisch dar.
x-Achse: 1 cm ≙ 4 cm   y-Achse: 1 cm ≙ 4 cm

8 a) Bestimme die fehlenden Werte der Funktion Wasserverbrauch → Kosten.

m³	0	10	■	40	50	■	■
€	60	80	100	■	■	200	210

b) Zeichne den Graphen der Funktion.
x-Achse: 1 cm ≙ 10 m³
y-Achse: 1 cm ≙ 20 €

c) Ist die Funktion proportional?

9 Von einem Kunststoffrohr wiegen 5 m 12,5 kg. Stelle die Funktionsgleichung auf und zeichne mit ihr den Graphen.
x-Achse: 1 cm ≙ 1 m   y-Achse: 1 cm ≙ 5 kg

10 Bestimme erst den y-Achsenabschnitt t und die Steigung m, dann zeichne die Gerade.

a) $y = 2x - 3$
b) $y = \frac{1}{2}x - 1$
c) $y = -4x + 4$
d) $y = 2,5 - x$
e) $y - 1 = x$
f) $y - 2x - 0,5 = 0$
g) $y + 2x = 2$
h) $y + 1,5 - 0,5x = 0$

11 Gib jeweils die Funktionsgleichung an.

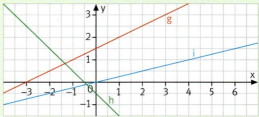

12 Vergleiche die Funktionsgleichungen und begründe, ob die zugehörigen Geraden sich schneiden oder parallel verlaufen.

a) $y = 2x$ und $y = 2x + 2$
b) $y = 3x$ und $y = x + 3$
c) $y = x + 0,5$ und $y = 0,5x + 1$
d) $y = 1,5x + 2$ und $y = 1,5x - 2$

13

a) Gib die Daten zu den Aufgaben 5 a) und 6 a) in den Computer ein, vervollständige und überprüfe.
b) Bearbeite die Aufgaben 5 b) und 6 b) ebenso mit dem Computer.
c) Erstelle für die Aufgaben 7 und 8 Tabellen und Computergrafiken. Kontrolliere damit deine Ergebnisse und Graphen.

14 Die Stadtwerke bieten zwei Erdgastarife an.

Tarif A: 150 € Grundgebühr, 0,40 € pro m³
Tarif B: 50 € Grundgebühr, 0,50 € pro m³

a) Stelle für beide Tarife die Funktionsgleichung auf und zeichne den jeweiligen Graphen.
b) Bei welchem Verbrauch ist Tarif A, bei welchem Tarif B günstiger?

AUF EINEN BLICK

15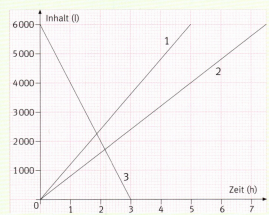

Ein Wasserbecken (Inhalt 6000 l) wird durch die Pumpen 1 und 2 gefüllt.
a) Lies ab, wie viele Liter pro Stunde jede dieser beiden Pumpen schafft.
b) In welcher Zeit füllt jede der beiden Pumpen das Becken?
c) Wie lange bräuchten beide Pumpen gemeinsam zum Füllen?
d) Welcher Vorgang kann durch den Graphen 3 dargestellt werden? Erkläre.
e) Wie hoch ist die Leistung der Pumpe 3?

16 Peter hält sich fit.
a) Berechne die Differenz seines Kalorienverbrauchs nach 1,5 Stunden bei folgenden Aktivitäten:
Mountain-Biking: 140 kcal pro 15 min
Badminton: 94 kcal pro 15 min
b) Wie lange müsste Peter Badminton spielen, um so viele Kalorien zu verbrauchen wie bei 3,5 Stunden Mountain-Biking?

17 Päckchenbeförderung mit Fahrradkurier.

Angebot A	Angebot B
7,50 € Grundgebühr	0 € Grundgebühr
1 € pro km	1,50 € pro km

a) Welches Angebot ist bei einer Fahrt von 24 km preisgünstiger?
b) Stelle beide Angebote in einem Koordinatensystem dar.
Rechtswertachse: 2 km ≙ 1 cm
Hochwertachse: 3 € ≙ 1 cm
c) Bei welcher Entfernung wären die Kosten für die Lieferung gleich groß?

18 Ein Mann besitzt sechs Schlittenhunde. Der Futterbedarf für ein Tier beträgt 14 kg Trockenfutter pro Woche.
a) Wie viele 15-kg-Säcke Futter zu je 40 € kauft der Hundebesitzer in einer Woche für alle seine Hunde?
b) Ein anderer Hersteller füllt sein Hundefutter in 30-kg-Säcke ab und bietet sie zu je 75 € an. Er verlangt für die Lieferung der Säcke insgesamt 4,50 €. Welches Angebot ist günstiger?

19 Eine kleine Ortschaft in Spanien mit 250 Haushalten hat ein Speicherbecken angelegt, um in Dürremonaten daraus Wasser entnehmen zu können. Es fasst 4,5 Millionen Liter Wasser.
a) Wie viele Liter Wasser stehen pro Haushalt im Becken zur Verfügung?
b) Die Dürrezeit kann unterschiedlich lange dauern. Übertrage die Tabelle und berechne die fehlenden Werte.

Angenommene Dürretage	30	60	90	120
Tägl. Wassermenge pro Haushalt (l)	■	■	■	■

c) Zeichne den zugehörigen Graphen.
Rechtswertachse: 10 Tage ≙ 1 cm
Hochwertachse: 100 Liter ≙ 1 cm

20 Die Gerade g_1 hat die Funktionsgleichung $y = \frac{1}{2}x$. Die Gerade g_2 ist die Parallele zu g_1 durch den Punkt P (0|5). Die Gerade g_3 ist durch die Punkte Q_1 (2|1) und Q_2 (3,5|−2) bestimmt. Sie verläuft senkrecht zu den Geraden g_1 und g_2.
a) Zeichne die drei Geraden in ein Koordinatensystem mit der Einheit 1 cm.
b) Bestimme die Funktionsgleichungen der Geraden g_2 und g_3.
c) Die Gerade g_4 verläuft parallel zu g_3 durch den Punkt R (0|1). Gib ihre Funktionsgleichung an.
d) Notiere zwei weitere Funktionsgleichungen, deren Gerade jeweils parallel zu g_3 ist.

TRIMM-DICH-ABSCHLUSSRUNDE

1 Der Graph veranschaulicht eine Funktion Fahrzeit → Geschwindigkeit.
  a) Welche Art von Funktion liegt vor? Begründe.
  b) Wie lang ist die Fahrzeit bei einer Geschwindigkeit von 80 $\frac{km}{h}$ (20 $\frac{km}{h}$; 16 $\frac{km}{h}$)?
  c) Wie hoch ist die Geschwindigkeit bei einer Fahrzeit von 2 h (8 h; 10 h)?

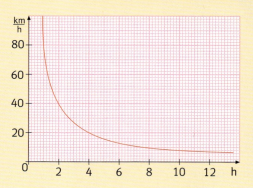

2 Übertrage und ergänze die Tabelle und stelle die Funktion im Koordinatensystem dar.

a)

Anzahl der Pumpen	1	■	3	■	6	12
Zeit (h)	12	6	■	3	■	■

b)

Ausleihdauer (h)	0	2	4	■	■	10
Gesamtkosten (€)	5	10	■	17,50	22,50	■

x-Achse: 1 cm ≙ 1 h   y-Achse: 2 cm ≙ 5 €

3 a) Eine Schule will ein Kopiergerät leasen. Pro Tag werden durchschnittlich 400 Kopien gemacht.
Berechne für beide Angebote die monatlichen Kosten, wenn von 20 Schultagen ausgegangen wird und vergleiche.
  b) An einer kleinen Schule werden durchschnittlich 180 Kopien pro Tag gemacht.

> COPY-FRIEND
> Grundgebühr
> 80 €/Monat
> 0,02 € je Kopie
> Papier und Toner frei

> COPY-SHOP
> keine Grundgebühr
> 0,04 € je Kopie
> Papier und Toner frei

4 Für das Abschlussfest werden 546 Buttons mit dem neuen Schullogo hergestellt. Es stehen 6 Button-Maschinen zur Verfügung.
  a) Mit einer Maschine können pro Stunde 26 Buttons hergestellt werden. Wie lange dauert die Arbeit, wenn alle 6 Maschinen eingesetzt werden?
  b) Übertrage und vervollständige die Tabelle.

Anzahl der Button-Maschinen	■	3	5
Stunden	21	7	■

5 Notiere zur Wertetabelle die passende lineare Funktionsgleichung.

a)
x	−2	0	2
y	2	0	−2

b)
x	−1	0	1	2
y	0	2	4	6

c)
x	−6	−2	0	2
y	−4	−2	−1	0

6 a) Bestimme anhand der Graphen die Funktionsgleichungen.
  b) Zeichne die Geraden l, m, n und o mit verschiedenen Farben in ein Koordinatensystem.
  l: y = x + 2,5   m: y = 2x − 2
  n: y = −2x + 1   o: y = −$\frac{1}{4}$x

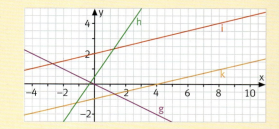

KREUZ UND QUER

Zahl

Rationale Zahlen

a) Suche passende Terme zum Term 6^3.

216   6 + 6 + 6   6 · 3   6 · 6 · 6   18

b) Addiere bzw. subtrahiere.

A	16 − 25	B	−18 + 1	C	−7 − 17
D	5,5 − 7,5	E	−3,2 + 4,2	F	−2,6 − 2,4

c) Multipliziere bzw. dividiere.

A	7 · (−9)	B	(−8) · 5	C	(−3) · (−9)
D	25 : (−5)	E	(−36) : 6	F	(−16) : (−4)

d) Notiere als Dezimalbruch.

A	10^{-4}	B	10^{-5}	C	10^{-3}
D	$7 \cdot 10^{-2}$	E	$1,2 \cdot 10^{-3}$	F	$3,8 \cdot 10^{-5}$

Prozent

Schüler einer Mittelschule kommen unterschiedlich zur Schule. Übertrage die Tabelle in dein Heft und ergänze.

zu Fuß	mit Rad	mit Pkw	mit Bus
40 Schüler	■	■	180 Schüler
10%	15%	■	■

Funktionaler Zusammenhang

Zuordnungen

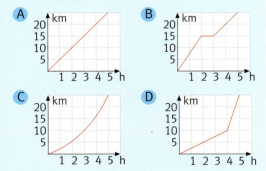

Ordne richtig zu.

a) Tom ging immer gleich schnell.
b) Für 25 km habe ich 5 Stunden gebraucht.
c) Evi legte eine Rast ein.
d) Frida beeilte sich, weil es plötzlich zu regnen anfing.

Gleichungen

Bestimme den Definitionsbereich der Bruchgleichung und löse sie.

A	$\frac{2}{3x} + \frac{5}{6} + \frac{3}{2x} = 3$	B	$\frac{3}{x} + \frac{4x}{x+1} = 4 - \frac{2}{x}$
C	$\frac{3}{2x} + \frac{1}{x} - \frac{5}{6} = 0$	D	$\frac{3x}{x-1} + \frac{8}{x} = 3 - \frac{2}{x}$

Raum und Form

Würfelnetz

Welcher Würfel entspricht dem Würfelnetz?

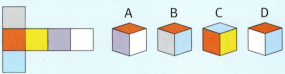

Körper

a) Berechne das Volumen. Rechne mit π = 3.

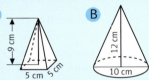

b) Die beiden Körper haben ein Volumen von 480 cm³. Berechne jeweils die Höhe h_K. Rechne mit π = 3.

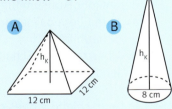

Daten und Zufall

Mittelwert

a) Berechne den Notendurchschnitt der Proben in Mathematik und in Deutsch.

Note	1	2	3	4	5	6
Anzahl	2	6	7	3	1	1

Note	1	2	3	4	5	6
Anzahl	2	5	6	4	2	1

b) Berechne die durchschnittliche Jahrestemperatur der Messstation.

Monat	Jan.	Feb.	März	April	Mai	Juni
°C	−32	−25	−15	−5	8	14

Monat	Juli	Aug.	Sept.	Okt.	Nov.	Dez.
°C	18	15	7	−4	−20	−30

Beschreibende Statistik

Das kann ich schon

① Die Jugendabteilung des FC Neunburg führt eine Statistik über die Treffsicherheit der Elfmeter- bzw. Achtmeterschützen.

	verwandelt	verschossen
A-Jugend	13	4
B-Jugend	15	6
C-Jugend	17	7
D-Jugend	8	3
E-Jugend	10	4
F-Jugend	12	4

a) Ermittle die Gesamtzahl aller Elfmeter bzw. Achtmeter.
b) Stelle fest, wie viel Prozent aller Schüsse verwandelt oder verschossen wurden.
c) Welche Altersgruppe hat die besten Schützen? Begründe.

② In einer Umfrage wurden Jugendliche nach ihrer Lieblingssportart gefragt.
a) Wie viele Jugendliche haben teilgenommen?
b) Bestimme die absolute und die relative Häufigkeit der genannten Sportarten.
c) Stelle die relativen Häufigkeiten in einem Säulendiagramm dar.

Fußball													
Handball							
Schwimmen										
Radfahren														
Skaten												

③ Das Schaubild gibt Aufschluss über den Alkoholkonsum Jugendlicher.
a) Formuliere passende Aussagen zum Schaubild.
b) Übertrage das Schaubild in ein Säulendiagramm.

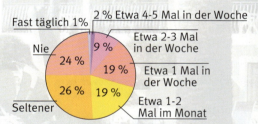

④ In Deutschland gibt es ca. 14,4 Millionen Kinder.
a) Beschreibe den dargestellten Sachverhalt.
b) Überschlage, wie viel Prozent ohne, mit einem, mit zwei, mit drei oder mehr Geschwistern aufwachsen.

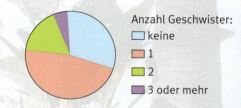

⑤ Berechne den Notendurchschnitt dieser Schulaufgabe.

Note	1	2	3	4	5	6
Anzahl der Schüler	3	6	9	5	2	1

Bei welchen Aufgaben hast du noch Schwierigkeiten? Versuche, diese zu beschreiben.

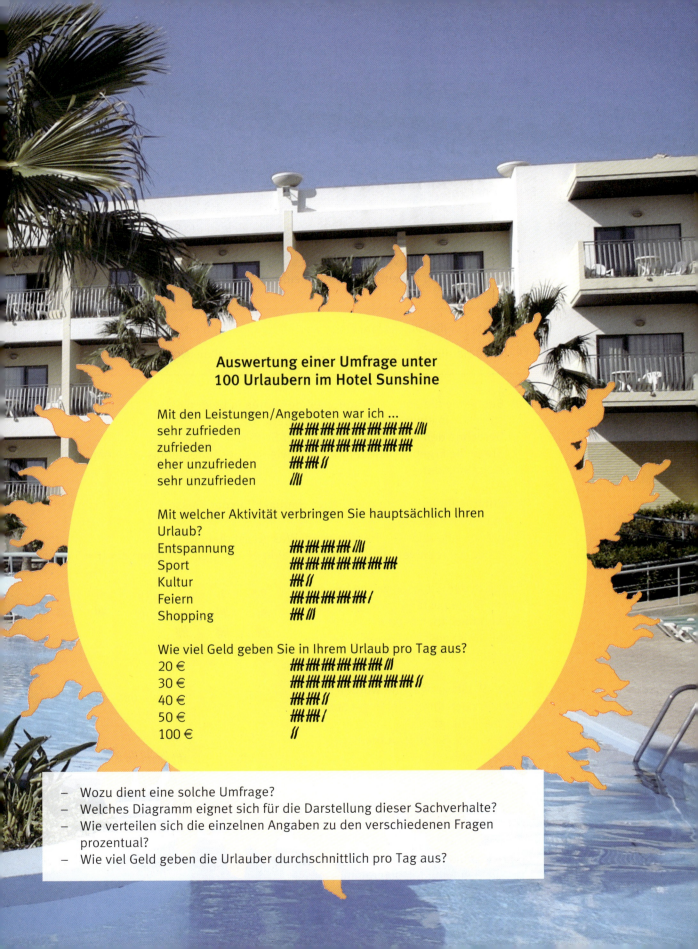

Auswertung einer Umfrage unter 100 Urlaubern im Hotel Sunshine

Mit den Leistungen/Angeboten war ich ...
- sehr zufrieden ||||| ||||| ||||| ||||| ||||| ||||| ||||| ||||
- zufrieden ||||| ||||| ||||| ||||| ||||| |||||
- eher unzufrieden ||||| ||
- sehr unzufrieden ||||

Mit welcher Aktivität verbringen Sie hauptsächlich Ihren Urlaub?
- Entspannung ||||| ||||| ||||| ||||
- Sport ||||| ||||| ||||| ||||| |||||
- Kultur ||||| ||
- Feiern ||||| ||||| ||||| ||||| |
- Shopping ||||| |||

Wie viel Geld geben Sie in Ihrem Urlaub pro Tag aus?
- 20 € ||||| ||||| ||||| ||||| ||||| |||
- 30 € ||||| ||||| ||||| ||||| ||||| ||
- 40 € ||||| ||
- 50 € ||||| ||||| |
- 100 € ||

— Wozu dient eine solche Umfrage?
— Welches Diagramm eignet sich für die Darstellung dieser Sachverhalte?
— Wie verteilen sich die einzelnen Angaben zu den verschiedenen Fragen prozentual?
— Wie viel Geld geben die Urlauber durchschnittlich pro Tag aus?

Daten sammeln und aufbereiten

Strichliste						
Note	1	2	3	4	5	6
Anzahl der Schüler der 9a	/	卌	卌 ///	///	//	
Anzahl der Schüler der 9b	///	卌	卌 /	////	/	/

Häufigkeitstabelle						
Note	1	2	3	4	5	6
Anzahl der Schüler der 9a	1	5	8	3	2	0
Anzahl der Schüler der 9b	3	5				

1 a) Wie viele Schüler sind in der Klasse 9a, wie viele in der 9b?
   b) Ergänze die Häufigkeitstabelle und vergleiche beide Darstellungsformen.
   c) Welche Klasse ist vermutlich die bessere? Überprüfe deine Einschätzung, indem du den Notendurchschnitt beider Klassen berechnest.

absolute Häufigkeit

relative Häufigkeit

> Absolute Häufigkeit: Anzahl eines Wertes   z.B. 5-mal die Note 2
>
> Relative Häufigkeit: $\frac{\text{Anzahl eines Wertes}}{\text{Gesamtzahl der Werte}}$ z.B. 5-mal die Note 2 bei 19 Noten: $\frac{5}{19}$

2 a) Bestimme die absolute Häufigkeit der Noten in beiden Klassen zusammen und stelle sie in einer Häufigkeitstabelle dar.
   b) Berechne den Notendurchschnitt aller Schüler.
   c) Stelle die Ergebnisse jeder Klasse sowie das Gesamtergebnis in einem Säulendiagramm dar.

3 a) Ermittle für jede Note die relative Häufigkeit in der Klasse 9a (in der Klasse 9b, in beiden Klassen).
   b) Addiere die relativen Häufigkeiten. Was stellst du fest?
   c) Stelle die relativen Häufigkeiten von a) in einem Kreisdiagramm dar (r = 5 cm).

4 Schülern der 9. Klasse wurde folgende Frage gestellt: „Wie oft gehst du werktags abends weg?" Erstelle eine Häufigkeitstabelle und berechne die relativen Häufigkeiten.

0	1	2	3	4	5
卌 卌 ///	卌 卌 卌	卌 卌 /	卌 ///	卌 /	///

5 In der 9. Jahrgangsstufe wurden die Schüler nach ihrem Lieblingscomputerspiel befragt.
   a) Wie viele Schüler wurden insgesamt befragt?
   b) Bestimme die Anzahl der Nennungen für die jeweiligen Spiele und stelle sie in einem Säulendiagramm dar.
   c) Bestimme die relative Häufigkeit der Spiele und veranschauliche sie in einem Kreisdiagramm.

Spiele	Anzahl der Nennungen	Häufigkeit in %
Fusion	卌 卌 卌 卌	■
Robots	卌 卌 卌 卌 //	■
Jewels	卌 卌 卌 /	■
Soccer	卌 卌 卌 卌 /	■
Tetris	卌 卌 ///	■
Ice-Racer	卌 卌 卌 卌	■
Super Bubbles	卌 卌	■

Diagramme mit dem Computer erstellen

1 Die Schülerzeitung „Durchblick" möchte sich in der nächsten Ausgabe mit dem Thema Fernsehen auseinandersetzen. Sechs Schülerinnen und Schüler haben sich bereit erklärt, eine Woche lang aufzuschreiben, wie viele Minuten sie täglich fernsehen.

	A	B	C	D
1				
2	**Tag**	**Martin**	**Eva**	**Tobias**
3	Montag	56	30	15
4	Dienstag	83	45	40
5	Mittwoch	76	35	38
6	Donnerstag	45	65	52
7	Freitag	69	113	90
8	Samstag	115	105	115
9	Sonntag	45	42	50
10				

  a) Erkläre, was in den einzelnen Zellen eingegeben wird und übertrage die Daten entsprechend.
  b) Was wird berechnet, wenn man in der Zelle B10 die Formel =SUMME(B3:B9) eingibt?
  c) Für jeden Schüler soll die gesamte wöchentliche Fernsehzeit berechnet werden. Welche Formel ist jeweils einzugeben? Wie kann man geschickt vorgehen?

2 a) Die Redaktionsmitglieder wollen auch die durchschnittlichen Fernsehzeiten der befragten Schüler pro Tag berechnen. Stelle einen Term zur Berechnung der durchschnittlichen Fernsehzeit pro Tag für Martin auf.
  b) Überlege, welche der folgenden Formeln für die obige Berechnung in das Programm einzugeben ist und probiere dann aus:
  =(B3+B4+B5+B6+B7+B8+B9)/7   =Summe(B3:B9):7   =Summe(B3:B9)/7
  c) Wie kannst du für jeden Schüler schnell seine durchschnittliche Fernsehzeit pro Tag berechnen? Runde deine Ergebnisse mit Hilfe des Programms auf ganze Minuten.

3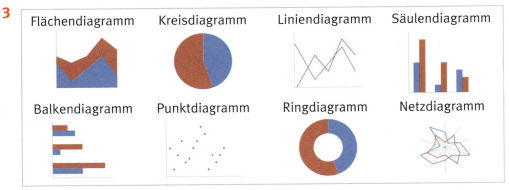

Mit dem Programm lassen sich verschiedene Diagrammtypen zeichnen.
  a) Welche eignen sich zur Veranschaulichung des Sachverhalts aus Aufgabe 1? Erstelle verschiedene Diagramme und bewerte ihre Aussagekraft.
  b) Verändere in der Tabelle einige Fernsehzeiten und beobachte die Diagramme. Was stellst du fest?
  c) Welche Diagrammtypen eignen sich für die Darstellung der relativen Häufigkeiten? Erkläre.

4 a) Trage entsprechend deine eigenen Fernsehzeiten ein und erstelle ein geeignetes Diagramm, das deine eigenen Fernsehzeiten enthält.
  b) Berechne deine durchschnittliche Fernsehzeit pro Tag und vergleiche sie mit der deiner Mitschüler.

152 Irreführende Diagramme

Bei der Erstellung von Diagrammen wird oft von der üblichen „Normaldarstellung" abgewichen, um beim Betrachter bestimmte Eindrücke hervorzurufen. Wird dies mit der Absicht getan, den Betrachter zu täuschen, so spricht man von Manipulation.

1 „Die Zuschauerzahl nimmt rapide zu"
Dem Diagramm nach scheint es im Februar doppelt so viele Zuschauer wie im Januar gegeben zu haben (100 % mehr). Wie viele sind es in Wirklichkeit? Wodurch wird der Eindruck einer rapiden Zunahme erreicht?

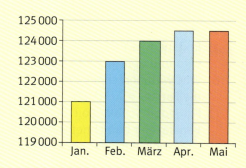

2 „Der Preisvorteil"

Das 4 kg Maxipaket enthält doppelt so viel Waschmittel wie das 2 kg Normalpaket.
In der Werbung erscheint das Maxipaket aber doppelt so lang, doppelt so breit und doppelt so hoch. Wie viel Inhalt ist eigentlich in einem solchen Paket?

3 „Überwältigende Mehrheit"
Das Redaktionsteam der Schülerzeitung hat eine Umfrage in der Schule gemacht, ob Smartphones auf dem Schulgelände verboten werden sollen, und wertete das Umfrageergebnis auf zwei Arten aus. Beurteile die beiden Darstellungen.
Einige Schüler wollen die linke Darstellung wählen und mit der dazu passenden Überschrift „Überwältigende Mehrheit nicht für Smartphoneverbot" versehen. Warum ist dies irreführend?

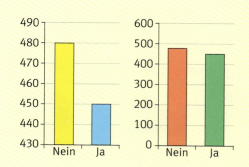

4 „Straftaten bleiben gleich"

a) Erkläre die Unterbrechung der Linien.
b) Welches der beiden Säulendiagramme stellt die Entwicklung der Straftaten besser dar?
c) Welche der Darstellungsformen würdest du wählen? Begründe.

Ranglisten erstellen

Berufswünsche der Schüler der 9. Klassen			
Jungen		Mädchen	
Kraftfahrzeugmechaniker	⊮⊮/	Friseurin	⊮///
Bankkaufmann	/	Fachverkäuferin	⊮
Elektroinstallateur	⊮/	Arzthelferin	////
Maurer	///	Bürokauffrau	////
Schreiner	////	Bankkauffrau	//
Heizungsbauer	//	Schreinerin	/
Gas- u. Wasserinstallateur	//	Sekretärin	//

1 a) Ordne die Berufswünsche der Schülerinnen und Schüler nach der Häufigkeit der Nennungen, getrennt nach Jungen und Mädchen.
b) Hebe die Geschlechtertrennung auf und ordne erneut.

Rangliste

In einer Rangliste werden alle vorkommenden Werte der Größe nach geordnet. Gleiche Werte werden so oft aufgeführt, wie sie tatsächlich vorkommen.

Werte: 11 1 8 3 4 2 2 8 5 4 4 2 1 2
Aufsteigende Rangliste: 1 1 2 2 2 2 3 4 4 4 5 6 8 11
Absteigende Rangliste: 11 8 6 5 4 4 4 3 2 2 2 2 1 1

2 a) Führe in deiner Klasse eine Umfrage zu den Berufswünschen durch und erstelle aus der Zahl der Nennungen eine aufsteigende (absteigende) Rangliste.
b) Berechne die relative Häufigkeit der Berufe und erstelle ein Kreisdiagramm.

3 Die Schüler der Arbeitsgemeinschaft Computer haben folgendes Alter:
15 11 11 13 16 15 12 12 11 14
11 13 12 11 14 13 13 11 13 15
a) Aus welchen Jahrgangsstufen kommen die Schüler wohl?
b) Erstelle eine Rangliste der Altersangaben. Berechne das Durchschnittsalter.

4 „Versendete SMS im letzten Monat"
a) Stelle eine aufsteigende Rangliste ohne Trennung der Geschlechter auf.
b) Wie viele SMS wurden durchschnittlich verschickt?
c) Wie groß ist der Unterschied zwischen dem höchsten und dem niedrigsten Wert?
d) Erstelle mit Hilfe des Computers ein geeignetes Diagramm.

Hasan	23	Sarah	23
Peter	7	Lena	15
Simon	35	Estefania	35
Tobias	3	Maria	65
Donato	42	Aische	52

Lösungen zu 4b und c

30	62

154 Mittelwerte und Zentralwerte berechnen

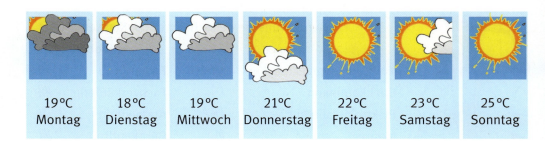

| 19°C | 18°C | 19°C | 21°C | 22°C | 23°C | 25°C |
| Montag | Dienstag | Mittwoch | Donnerstag | Freitag | Samstag | Sonntag |

1 Für eine Woche werden folgende Tageshöchsttemperaturen vorhergesagt. Berechne für diese Kalenderwoche die durchschnittliche Temperatur.

Mittelwert (Durchschnittswert)

Mittelwert $\overline{x}$ (Durchschnittswert, arithmetisches Mittel)

$$\overline{x} = \frac{\text{Summe der Einzelwerte}}{\text{Anzahl der Einzelwerte}}$$

Werte: 12, 18, 7, 10, 3

$$\overline{x} = \frac{12 + 18 + 7 + 10 + 3}{5} = \frac{50}{5} = 10$$

2 a) Stelle die angegebenen Mittagstemperaturen in einem Säulendiagramm dar und zeichne den Durchschnittswert als rote durchgehende Linie ein.
b) Wie viele Temperaturangaben liegen über (unter) dem Durchschnitt?
c) Bestimme für jeden Tag die Abweichung zum Durchschnittswert.
d) Vergleiche die Summe der positiven und der negativen Abweichungen.

Lösungen zu 3 und 4

| 51,33 | 56,50 |

3 Die Senioren-Mannschaft der Volleyballer muss einen ihrer Stammspieler wegen Krankheit durch einen Jugendlichen ersetzen.
Die sechs Spieler sind nun 55, 62, 17, 57, 61 und 56 Jahre alt.
a) Berechne das Durchschnittsalter der Mannschaft.
b) Warum beschreibt dieser Wert die Altersstruktur der Mannschaft nur schlecht? Begründe.

4 Weichen Werte stark voneinander ab, so vermittelt der Durchschnittswert oft einen falschen Eindruck. Der Zentralwert kann bei „Ausreißern" aussagekräftiger sein.
a) Erläutere mithilfe des Merksatzes, wie der Zentralwert berechnet wird.
b) Ermittle den Zentralwert für Aufgabe 3 und vergleiche mit dem Mittelwert.

Zentralwert

Zentralwert z (Median)
Für die Ermittlung des Zentralwertes ist eine Rangliste zu erstellen.

Ungerade Anzahl von Werten:	Gerade Anzahl von Werten:
17 18 18 ⑲ 23 25 26	18 18 ⑲ ⑳ 23 25
z: mittlerer Wert der Rangliste	z: Durchschnittswert der beiden mittleren Werte
z = 19	z = 19,5

Statistische Kennwerte berechnen

Name	Schwimmen 200 m	Weitsprung	Kurzstrecke 100 m	Schlagball 200 g	Langstrecke 800 m
Anna	6:45 min	3,60 m	14,4 sec	25,5 m	4:20 min
Lisa	5:10 min	3,80 m	15,3 sec	37,5 m	3:39 min
Laura	5:15 min	4,00 m	14,0 sec	30,0 m	3:23 min
Andrea	6:00 min	3,75 m	15,4 sec	35,0 m	3:50 min

1 Die Mädchen der Klasse M9 erreichten bei den Wettkämpfen zum Sportabzeichen die obigen Ergebnisse.
  a) Berechne das arithmetische Mittel in den einzelnen Disziplinen.
  b) Wie weit sind jeweils das beste und das schlechteste Ergebnis voneinander entfernt?

Spannweite

> Die Differenz aus größtem und kleinstem Wert nennt man Spannweite s.
> Sie gibt die Länge des Bereiches (Intervalls) an, in dem alle Werte liegen.
>
> Spannweite s = größter Wert − kleinster Wert
>
> Beispiel: s = 15,4 sec − 14,0 sec = 1,4 sec

Statistische Kennwerte
– Median
– arithmetisches Mittel
– Spannweite

2 Peter und Thomas trainieren für einen 200-m-Lauf und notieren ihre Laufzeiten. Berechne jeweils die in der Randspalte angegebenen statistischen Kennwerte und vergleiche sie miteinander.
Runde auf Zehntel.

Peter		Thomas	
29,4 s	27,3 s	31,1 s	25,4 s
28,2 s	26,4 s	25,8 s	31,6 s
26,1 s	25,7 s	26,3 s	25,5 s

3 Aus der 9. Klasse haben 24 Schülerinnen und Schüler an einer Umfrage zum Sport teilgenommen. Der Tabelle kannst du entnehmen, wie lange sie pro Woche Sport treiben. Die Sportstunden in der Schule und die täglichen Wege in die Schule wurden dabei nicht mitgezählt.
  a) Ermittle die in der Randleiste angegebenen statistischen Kennwerte mit und ohne Geschlechtertrennung.
  b) „Wer treibt im Schnitt mehr Sport: Jungen oder Mädchen?"
     Formuliere ähnliche Fragen, die sich mit den Daten beantworten lassen.
  c) Führe in deiner Klasse eine analoge Umfrage durch und werte sie aus.

Amelie	90 min	Leon	150 min
Julia	35 min	Nikolas	90 min
Laura	45 min	Luca	30 min
Elena	30 min	Luis	60 min
Nina	120 min	Pablo	240 min
Sophia	90 min	Andy	300 min
Lara	150 min	Benedikt	30 min
Daria	180 min	Helmut	0 min
Aynur	60 min	Dirk	60 min
Zoe	0 min	Sven	30 min
Emma	80 min	Noah	0 min
Lydia	140 min	Hans	90 min

Lösungen zu 2 und 3

87,5	85
90	300
70	180
300	85
60	27,2
27,6	3,7
6,2	26,9
26,1	

Statistische Kennwerte berechnen

Preis einer 100-g-Tafel Schokolade	Voll-milch	Nuss
Kaufhaus Mitte	57 Ct	55 Ct
Kaufhaus Nord	66 Ct	68 Ct
Kaufhaus Süd	66 Ct	68 Ct
Kaufhaus West	66 Ct	68 Ct
Kaufhaus Ost	65 Ct	68 Ct
Konditorei „Löffel"	75 Ct	65 Ct
Feinkost Emma	56 Ct	63 Ct
Kiosk am Sportplatz	70 Ct	65 Ct
Kiosk am Bahnhof	60 Ct	70 Ct
Confiserie „Spatz"	63 Ct	56 Ct
Minipreis	60 Ct	80 Ct

1 Schüler vergleichen die Preise für Schokolade und schreiben die Preise einer 100-g-Tafel Schokolade der Firma SÜSSLI in elf Geschäften auf. Hier äußern sie ihre Meinungen dazu:

Im Durchschnitt kostet eine Tafel 64 Ct.

Am häufigsten müsste man 66 Ct pro Tafel bezahlen.

Die Preise pro Tafel bewegen sich um 65 Ct.

Die Preise pro Tafel unterscheiden sich um bis zu 19 Ct.

a) Überprüfe, zu welcher Schokolade die Aussagen passen.
b) Formuliere analoge Aussagen zur anderen Sorte.
c) Welche statistischen Kennwerte sind angesprochen?
d) Lucas erstellt nebenstehendes Schaubild. Welche der obigen Aussagen kann man damit zeigen? Erstelle ein Diagramm für die andere Schokolade.

TRIMM-DICH-ZWISCHENRUNDE

❶ Die Wetterwarte misst im Juni folgende Tageshöchsttemperaturen (Angaben in °C).

21	20	25	26	27	27	30	30	32	29	26	21	21	19	18
20	21	23	24	25	25	25	26	26	23	25	25	22	21	24

a) Übertrage die Tabelle ins Heft und vervollständige sie.
b) Berechne die Durchschnittstemperatur.

Tageshöchstwert (°C)	absolute Häufigkeit	relative Häufigkeit
18	/	$\frac{1}{30} \approx 3{,}3\%$

❷ Bei einem großen Autohersteller sind acht Ferienarbeiter in verschiedenen Abteilungen für je einen Monat beschäftigt. Die Löhne fallen unterschiedlich aus.

1246 €	1357 €	998 €	1325 €	1109 €	1007 €	980 €	1280 €

a) Überlege, warum unterschiedliche Löhne gezahlt werden.
b) Erstelle eine Rangliste und berechne Median, arithmetisches Mittel und Spannweite.

❸ Bei einem Wettbewerb haben sieben der acht Teilnehmer die Punktezahl 350, 348, 356, 348, 349, 345 bzw. 352 erreicht.
Wie viele Punkte muss der achte Teilnehmer erreichen, damit sich als Durchschnittswert 349 Punkte ergeben?

Wo hast du noch Schwierigkeiten? Versuche, diese zu beschreiben.

Beschreibende Statistik wiederholen

Strichliste und Häufigkeitstabelle

Note	1	2	3	4	5	6
Anzahl	/	////	//	//	/	
relative Häufigkeit	$\frac{1}{10}$	$\frac{4}{10}$	$\frac{2}{10}$	$\frac{2}{10}$	$\frac{1}{10}$	$\frac{0}{10}$
in Prozent	10%	40%	20%	20%	10%	0%

Absolute Häufigkeit
Anzahl eines Wertes
Beispiel: Note 3: 2

Relative Häufigkeit
$\frac{\text{Anzahl des Wertes}}{\text{Gesamtzahl der Werte}}$

Beispiel: Note 3: $\frac{2}{10} = 0{,}2 = 20\%$

Rangliste
Der Größe nach geordnete Auflistung aller vorkommenden Werte. Mehrfach vorkommende Werte werden mehrfach notiert.
Beispiel: 1 2 2 2 2 3 3 4 4 5

Mittelwert $\bar{x}$ (Durchschnittswert, arithmetisches Mittel)

$\bar{x} = \frac{\text{Summe der Einzelwerte}}{\text{Anzahl der Einzelwerte}}$

Beispiel:
$\bar{x} = \frac{1 \cdot 1 + 4 \cdot 2 + 2 \cdot 3 + 2 \cdot 4 + 1 \cdot 5}{10} = \frac{28}{10} = 2{,}8$

Zentralwert z (Median)

Ungerade Anzahl von Werten
z: mittlerer Wert der Rangliste
Beispiel: 2 2 2 2 ③ 3 4 4 5
z = 3

Gerade Anzahl von Werten
z: Mittelwert der beiden mittleren Werte
Beispiel: 1 2 2 2 ②③ 3 4 4 5
z = 2,5

Spannweite s
s = größter Wert − kleinster Wert
Beispiel: s = 5 − 1 = 4

1 Neunte Klassen wurden zur täglichen Nutzung eines Social Networks befragt.

	Jungen	Mädchen
nie	4	2
1 h	10	5
2 h	6	10
3 h	4	7

a) Nimm zu den Aussagen kurz Stellung:
  – *Mädchen nutzen ein Social Network täglich länger als Jungen.*
  – *Mehr als die Hälfte der Jungen nutzt täglich weniger als 2 h ein Social Network.*
b) Erstelle zur Tabelle ein Säulendiagramm.

2 Bei einem Sporttag werden den Klassen Sportarten zum Schnuppern angeboten.

	7a	7M	8a	8M	9a	9M
Inlineskaten	2	7	6	4	4	2
Reiten	3	3	3	4	4	5
Tennis	4	7	2	3	2	2
Judo	7	4	6	6	8	7
Streetball	3	3	3	4	4	4

a) Wie viele Schüler wurden befragt?
b) Bestimme die absoluten und relativen Häufigkeiten für jede Sportart.
c) Stelle die relativen Häufigkeiten in einem Kreisdiagramm dar.

3 18-jährige Jugendliche gaben an, wann sie zum ersten Mal in einer Disco waren.

Alter der Jugendlichen	15	16	17	18
Anzahl der Jugendlichen	48	49	14	9

a) Wie viele Jugendliche wurden befragt?
b) Berechne das Durchschnittsalter für den ersten Discobesuch. Runde auf eine Nachkommastelle.
c) Bestimme die Anteile der jeweiligen Altersgruppe in Prozent und erstelle ein geeignetes Diagramm.

AUF EINEN BLICK

4 Die nachfolgende Tabelle zeigt die Ergebnisse einer Englischprobearbeit in den Klassen 9a und 9b.

Noten	1	2	3	4	5	6
Schüler 9a	//	///	//// ////	//// /	///	

Noten	1	2	3	4	5	6
Schüler 9b	///	////	//// //	////	//	//

a) Trage die Ergebnisse in eine Häufigkeitstabelle ein.
b) Bestimme für jede Klasse die relative Häufigkeit der einzelnen Noten.
c) Bestimme für beide Klassen zusammen die absolute und die relative Häufigkeit der einzelnen Noten.

5 Die 7., 8. und 9. Klassen haben an den Bundesjugendspielen teilgenommen.

Bundesjugendspiele					
	7a	8a	8b	9a	9b
Ehrenurkunde	4	7	5	6	5
Siegerurkunde	12	9	11	13	14
Keine Urkunde	5	4	4	2	2

a) Berechne die relativen Häufigkeiten der Ehrungen pro Klasse. Runde auf ganze Prozent.
b) Veranschauliche die Daten in einem geeignetem Diagramm.

6 Der FC Schwarzenfeld konnte bei seinen Heimspielen in der Saison 2012/2013 folgende Besucherzahlen verzeichnen.

FC Schwarzenfeld
Besucherzahlen bei den Heimspielen 2012/13
280 195 220 380 125 148 173
245 332 247 235 312 236 197
576 238 198 432

a) Stelle eine Rangliste auf.
b) Um wie viel Prozent lag die höchste Besucherzahl über der niedrigsten?
c) Wie viele Besucher hatte der Verein durchschnittlich pro Spiel?

7 Dunja hat aufgeschrieben, wie lange sie Hausaufgaben gemacht hat.

> Dauer der Hausaufgaben in Minuten:
> 45; 32; 55; 27; 38;
> 22; 62; 15; 72; 41

a) Erstelle eine Rangliste.
b) Bestimme den Höchst- und den Niedrigstwert, die Spannweite sowie den Zentral- und den Mittelwert.
c) Dunja überlegt: „Wenn ich die nächsten Hausaufgaben in 31 min erledige, liegt mein Schnitt genau bei 40 Minuten." Überprüfe.

8 Der Förderverein einer Mittelschule konnte von Januar bis November folgende Spenden verbuchen.

25 €	12,50 €	220 €	50 €	200 €
300 €	25 €	50 €	100 €	160 €
70 €	120 €	320 €	145 €	420 €

a) Erstelle eine Rangliste und ermittle die Spannweite, den Zentralwert und den Mittelwert.
b) Ein wohlhabender Bürger der Gemeinde spendete im Dezember 5 000 €. Bestimme nun die statistischen Kennwerte. Was sagen die Werte jeweils aus?

9 Beim Kinder-Basketballturnier ist ein Spieler ausgefallen und wird durch einen Jugendlichen ersetzt. Die Spieler haben jetzt folgende Körpergrößen: 130 cm, 127 cm, 178 cm, 136 cm und 129 cm.

a) Bestimme den Durchschnittswert und den Zentralwert.
b) Welche der beiden Größen ist aussagekräftiger? Begründe.

AUF EINEN BLICK

10 Das Diagramm stellt grafisch das Alter der Schüler einer Mittelschule dar.

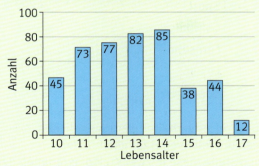

a) Wie viele Schüler besuchen die Mittelschule?
b) Berechne das Durchschnittsalter der Schüler.
c) Berechne die relativen Häufigkeiten der einzelnen Altersgruppen und stelle das Ergebnis in einem Säulendiagramm dar. Runde auf ganze Prozentsätze.

11 Johanna hat eine Rangliste erstellt und einen Wert vergessen.
50 46 38 38 31 25 25 20 ■ 18
a) Bestimme den Zentralwert.
b) Welchen Wert könnte Johanna vergessen haben?
c) Bestimme die Spannweite und das arithmetische Mittel. Finde mehrere Möglichkeiten.

12 In der Tabelle sind die persönlichen Bestzeiten einiger Schülerinnen im 100-m-Lauf und im 800-m-Lauf angegeben.

	Sina	Simone	Lena	Julia	Denise
100 m (s)	14,0	13,8	13,7	14,4	14,7
800 m (min)	3:42	3:51	3:12	4:10	4:43

a) Erstelle für beide Laufstrecken jeweils eine Rangliste.
b) Bestimme jeweils Median, arithmetisches Mittel und Spannweite.

13 Ergebnisse im Schlagballweitwurf:

	Nadine	Evelyn	Daniela
1. Wurf	32 m	36 m	45 m
2. Wurf	45 m	39 m	41 m
3. Wurf	■	■	■
Durchschnitt	■	■	■

Der 3. Wurf bringt folgende Ergebnisse:
– Nadine verbessert ihren bisherigen Schnitt um 1,50 m.
– Evelyn erreicht einen Schnitt von 38 m.
– Daniela wirft durchschnittlich 42,5 m.
a) Übertrage die Tabelle und ergänze.
b) Gib die Spannweiten an.

14 Gewicht von zehn Schülerinnen und Schülern:

Lisa	34 kg	Max	53 kg
Petra	46 kg	Jonas	43 kg
Eva	39 kg	Sonja	47 kg
Julian	51 kg	Laura	36 kg
Klaus	60 kg	Lena	48 kg

a) Versuche, Gruppen von 2 (3; 4; 5; 6; 7; 8) Personen so zusammenzustellen, dass das Durchschnittsgewicht 50 kg beträgt. Wo gibt es mehrere Lösungen, wo keine?
b) Berechne das arithmetische Mittel, den Median und die Spannweite.
c) Wie ändern sich die Werte, wenn Bastian (70 kg) hinzukommt?

15 Altersgruppe von Schülern einer Grundschule:

Alter in Jahren	6	7	8	9	10	11
Anzahl Schüler	72	84	91	98	55	12

a) Gib die Werte in ein Tabellenkalkulationsprogramm ein.
b) Berechne damit die relativen Häufigkeiten und gib sie auf zwei Nachkommastellen gerundet an.
c) Stelle die absoluten und relativen Häufigkeiten mit Hilfe geeigneter Diagramme dar.

160 TRIMM-DICH-ABSCHLUSSRUNDE

Mittelschule Altenstadt	
Sport	25
Computer	34
Fernsehen	43
Lesen	9
Sonstiges	5

Mittelschule Nabburg	
Sport	24
Computer	46
Fernsehen	30
Lesen	12
Sonstiges	8

1 In zwei Schulen wurden Umfragen zum Freizeitverhalten der Jugendlichen gemacht. Berechne für beide Umfragen die relativen Häufigkeiten der Freizeitbeschäftigungen in Prozent und stelle diese in zwei Kreisdiagrammen dar.

2 Drei Pizzerien notierten den Verkauf von Pizzas in einer Woche.

Pizzeria La Casa	
Salami	20
Spezial	43
Funghi	41
Chef	31

Pizzeria Capri	
Salami	13
Spezial	35
Funghi	44
Chef	51

Pizzeria Amalfi	
Salami	24
Spezial	29
Funghi	45
Chef	39

a) Stelle für die Pizzeria Capri die absoluten Häufigkeiten in einem Balkendiagramm dar.
b) Berechne für jede der drei Pizzerien die relativen Häufigkeiten der verkauften Pizzas. Runde dabei jeweils auf ganze Prozent.
c) Stelle für die Pizzeria Amalfi die relativen Häufigkeiten der verkauften Pizzas in einem Kreisdiagramm dar.

3 Marianne hat ihre monatlichen Telefongebühren (in €) notiert.

Jan.	Feb.	März	April	Mai	Juni	Juli	Aug.	Sept.	Okt.	Nov.	Dez.
37,20	43,50	41,30	47,40	39,50	51,60	46,10	42,00	47,40	■	■	■

a) Wie hoch ist die Telefonrechnung in den ersten 3 Quartalen durchschnittlich?
b) Wie viel darf Marianne durchschnittlich in den letzten 3 Monaten noch telefonieren, um einen Durchschnittswert von 45 € für das gesamte Jahr einzuhalten?
c) Berechne den Durchschnitts- und Zentralwert für das 1. Halbjahr.

4 Bei einer Klassenarbeit in den Gruppen A und B waren jeweils maximal 48 Punkte zu erreichen.

A	37	21	46	40	15	35	44	32	31	18	7	48
B	29	32	36	33	47	12	41	24	30	34	16	

a) Berechne die durchschnittlich erreichte Punktzahl jeder Gruppe.
b) Ermittle für beide Gruppen die Spannweite der erzielten Ergebnisse.
c) Bestimme für beide Gruppen den Zentralwert der erreichten Punkte.
d) Vergleiche die Leistungen der Gruppen anhand der gewonnenen Ergebnisse.
e) Ermittle Durchschnitts- und Zentralwert sowie die Spannweite beider Gruppen zusammen.

KREUZ UND QUER

Zahl

Terme
Berechne.
a) $0{,}345 \cdot 100$
b) $16 + 24 : 8 - 4$
c) $0{,}2 \cdot 0{,}3$
d) $\frac{3}{8} \cdot \frac{5}{8}$
e) $68 : 0{,}04$
f) $\frac{5}{10} : 2$
g) $37{,}2 - 19{,}5$
h) $22{,}9 + 58{,}6$

Potenzen
$>$, $<$ oder $=$?
a) $3{,}4 \cdot 10^7$ ■ $3\,400\,000$
b) $5{,}2 \cdot 10^{-5}$ ■ $5{,}2 \cdot 10^{-6}$
c) $8{,}6 \cdot 10^4$ ■ $0{,}86 \cdot 10^5$
d) $0{,}00007 \cdot 10^5$ ■ $7000 \cdot 10^{-4}$

Prozent
a) Ratenkauf oder Barzahlung? Wie viel spart man sich bei der günstigeren Variante?

8 Monatsraten zu je 170,00 €

Preis: 1 300,00 €
5 % Rabatt bei Barzahlung

b) In einer Zeitung war zu lesen: „Ein Fünftel, also fast 80 % der Bevölkerung, hat Probleme mit der Prozentrechnung." Berichtige diese Aussage.

Raum und Form

Flächen und Körper
a) Bestimme den Flächeninhalt der schraffierten Fläche (r = 2 cm). Rechne mit $\pi = 3$.

b) Welcher Körper hat das größere Volumen? Berechne den Unterschied. Rechne mit $\pi = 3$.

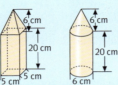

c) Vergleiche die Flächeninhalte der Dreiecke. Begründe deine Meinung.

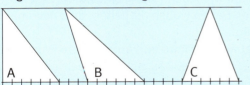

Funktionaler Zusammenhang

Lineare Funktionen
a) Bestimme die Funktionsgleichungen der Geraden.

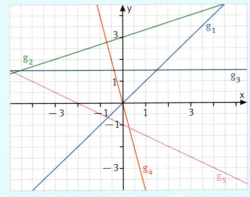

b) Zeichne die Geraden mit folgenden Funktionsgleichungen.
f: $y = x + 2{,}5$
g: $y = 4x$
h: $y = 2x - 1{,}5$
i: $y = -x + 2$

Messen

Maßstab
Die Entfernung zweier Orte auf einer Landkarte beträgt 15 cm. Die Karte hat den Maßstab 1 : 100 000. Wer hat Recht?
Bernd: „Es sind 1500 m."
Carina: „Ich meine, dass es 1,5 km sind."
Oliver entscheidet sich für 15 km.
Sabrina legt sich auf 150 km fest.

Schätzen
Schätze, wie breit die Brücke und wie groß der Kaktus ist. Begründe dein Schätzergebnis.

Quali-Training

Der qualifizierende Abschluss der Mittelschule im Fach Mathematik

Teil A – Ohne Hilfsmittel (30 Minuten)

Hier sollen grundlegendes mathematisches Verstehen und Können gezeigt werden. Die Benutzung von Formelsammlung und Taschenrechner ist nicht erlaubt.

Im Buch hast du das auf den Seiten „Kreuz und quer" bereits erproben und üben können. Vielleicht schaust du auch dort nochmals nach.

Teil B – Mit Hilfsmittel (70 Minuten)

Hier sind die Aufgaben komplex aufgebaut. Taschenrechner und Formelsammlung darfst du jetzt einsetzen.

Viele Aufgaben dieses Schwierigkeitsgrades oder Original-Qualiaufgaben hast du schon in den beiden letzten Spalten der jeweiligen Seiten „Auf einen Blick" bearbeitet.

„Fit für den Quali"

Die Lerninhalte sind behandelt und die Grundlagen für einen erfolgreichen Quali geschaffen.
Und doch erfordert der Quali in Mathematik wie jede Prüfung eine entsprechende Vorbereitung auf den Tag X. Die folgenden Seiten wollen dir helfen, dich nochmals vertieft in wichtige Bereiche einzuarbeiten.
Du findest zu den Teilen A und B überlegt ausgewählte und aufbereitete Prüfungsaufgaben vergangener Jahre. Bearbeite möglichst viele. Das gibt dir Sicherheit.
Die Lösungen zum Teil A findest du auf Seite 200.

Teil A – Gleichungen aufstellen und lösen

Löse die Gleichung: $(12x - 24) : 2 + 6 = 32 - 2 \cdot (4 - 0{,}5x)$

Lösung:

$(12x - 24) : 2 + 6 = 32 - 2 \cdot (4 - 0{,}5x)$ — Klammern ausmultiplizieren bzw. ausdividieren

$(6x - 12) + 6 = 32 - \blacksquare$ — Klammern auflösen; dabei Rechenzeichen beachten

$\blacksquare + 6 = 32 \blacksquare$ — Zusammenfassen

$6x - 6 = x + 24 \quad / \blacksquare$ — Variable schrittweise isolieren

$5x - 6 = \blacksquare \quad /+6$

$5x = \blacksquare \quad / \blacksquare$

$x = $

Beachte: Sauber schrittweise und übersichtlich Zeile für Zeile lösen

1 Übertrage den Lösungsweg ins Heft und vervollständige ihn.

2 Fülle die Platzhalter so aus, dass die Gleichung stimmt.
   a) $3 \cdot (7 + \blacksquare) - 4x = \blacksquare + 6x - 4x$
   b) $4 \cdot (\blacksquare \cdot x + \blacksquare) - 4 = -12 \cdot x + 20 - 4$
   c) $(\blacksquare \cdot x - \blacksquare) \cdot 3 = -21x - 15$
   d) $(\blacksquare \cdot x - 35) : 5 + 9 = -3x - \blacksquare + 9$

3 Bestimme die ursprüngliche Form der Gleichung.
   a) $\blacksquare = \blacksquare \quad /-2$
      $\blacksquare = \blacksquare \quad /:3$
      $x = 2$
   b) $\blacksquare = \blacksquare \quad /+4$
      $\blacksquare = \blacksquare \quad /\cdot 5$
      $x = 15$

4 Suche Fehler und rechne richtig.
   a) $(2{,}5x - 9) \cdot 2 = (12 + 18x) : 6$
      $5x - 9 = 2 + 3x$
      $5x = 3x + 11$
      $2x = 11$
      $x = 5{,}5$
   b) $8(6 - 3x) - 2(x - 2) = 0$
      $48 - 24x - 2x - 4 = 0$
      $44 - 22x = 0$
      $44 = 22x$
      $2 = x$

Die Klasse 9a besuchen 25 Schülerinnen und Schüler. Wenn niemand fehlt, sitzen fünf Jungen mehr als Mädchen im Klassenzimmer. Berechne die Anzahl der Mädchen und Jungen. Löse mit einer Gleichung.

Lösung:

Anzahl Mädchen	Anzahl Jungen
x	$\blacksquare$
alle Schülerinnen und Schüler	
$\blacksquare$	

Gleichung:
$x + \blacksquare = \blacksquare$

Beachte: Sachverhalt mit Tabelle oder Skizze veranschaulichen und damit Gleichung aufstellen

5 Übertrage ins Heft, ergänze und löse.

6 Löse mit einer Gleichung.
   a) In einem Strauß mit 15 Blumen sind drei Tulpen mehr als Narzissen. Berechne die Anzahl der jeweiligen Blumenart.
   b) Ehepaar Heinrich ist zusammen 91 Jahre alt. Herr Heinrich ist drei Jahre älter als seine Frau. Wie alt ist sie in fünf Jahren?
   c) In einem gleichschenkligen Dreieck ist die Grundseite um 3 cm kürzer als ein Schenkel. Der Umfang des Dreiecks beträgt 30 cm. Berechne die Länge der Grundseite und der Schenkel.

Teil A – Mit Prezenten rechnen

Beachte: Wenn man geschickt vorgeht, lassen sich Rechnungen im Teil A recht einfach lösen, manchmal sogar im Kopf.

Für eine Sportveranstaltung wurden insgesamt 400 Karten in drei Preiskategorien verkauft. Übertrage die Tabelle ins Heft und fülle sie aus.

Preisklasse	A	B	C
Verkaufte Karten	100		
Anteil			35 %

Lösung:

Preisklasse	A	B	C
Verkaufte Karten	100	3)	4)
Anteil	1)	2)	35 %

1) 100 von 400 = $\frac{1}{4}$ = ■ %
2) 100 % − 35 % − ■ % = ▲ %
3) ▲ % von 400 = ⬤
4) 400 − 100 − ⬤ = ◆

1 a) Überprüfe und ergänze die Lösungsschritte im Heft. Übertrage dann die Tabelle und fülle sie aus.
b) Man kann Lösungsschritte auch vertauschen. Finde einen anderen Lösungsweg.

2 Eine Umfrage unter Prüfungsteilnehmern an einer Mittelschule lieferte folgendes Ergebnis. Wie viel Prozent der befragten Schüler gefällt der A-Teil der Prüfung gut?

4 Ein Modegeschäft bietet 30 % Nachlass auf alle Kleidungsstücke. Sabrina kauft sich eine Hose und ein T-Shirt.
Wie viel muss sie insgesamt bezahlen?

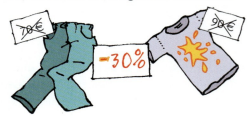

3 a) Berechne bei A den prozentualen Anteil der weißen Kreisfläche und bei B die Größe des Winkels α.

b) Zeichne einen Kreis (r = 3 cm) und färbe 40 % der Fläche.
c) Übertrage und ergänze die Tabelle für die Funktion Anteil (%) → Winkelgröße (°).

Anteil (%)	10	■	60
Winkelgröße (°)	■	180	■

5 Chris kauft sich beide Computerspiele zum reduzierten Preis. Berechne die Preisminderung für beide Spiele zusammen in Prozent.
a)

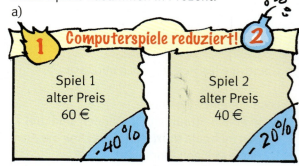

b) Verändere eine Angabe so, dass die Preisminderung für beide Spiele zusammen 28 € beträgt.

Teil A – Schaubilder lesen

Entscheide mit Hilfe des Diagramms, ob die Aussage wahr oder falsch ist.
a) 40 Formelsammlungen kosten so viel wie 20 Arbeitshefte.
b) 20 Schulbücher kosten viermal so viel wie 20 Formelsammlungen.
c) 2 Schulbücher kosten 50 €.

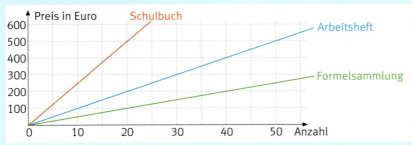

Lösung:
a) Kosten 40 Formelsammlungen: ▬
   Kosten 20 Arbeitshefte: ▬   ⇒ Aussage ist ▬.
b) Kosten 20 Schulbücher: ▬
   Kosten 20 Formelsammlungen: ▬   ⇒ Aussage ist ▬.
c) Kosten 20 Schulbücher: ▬
   Kosten 2 Schulbücher: ▬   ⇒ Aussage ist ▬.

Beachte:
Mache dir klar, was genau abzulesen ist. Lies exakt ab. Beim Quali darfst du auch Markierungen im vorgegebenem Diagramm vornehmen.

❶ Übertrage die Lösung in dein Heft und ergänze.

❷ Michael hat für seine Radtour ein Diagramm erstellt.

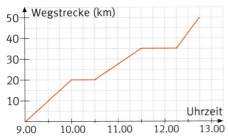

a) Um wie viel Uhr erreichte er sein Ziel?
b) Wie viele Minuten machte er insgesamt Pause?
c) Wann hatte er die höchste Geschwindigkeit?

❸ Betrachte das Weg-Zeit-Diagramm einer Autofahrt. In welchem Abschnitt war die Geschwindigkeit am geringsten (höchsten)? Begründe.

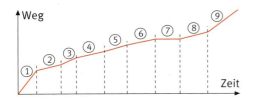

❹ Stromerzeugung in Deutschland
a) Wie viel Prozent des Stroms wurden 2010 durch Kohle erzeugt?
b) Welcher ungefähre Bruchteil kam auf erneuerbare Energien?

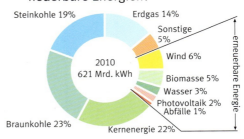

❺ Elif meint: „Von 2000 auf 2005 stieg der weltweite CO_2-Ausstoß etwa doppelt so stark an wie von 1995 auf 2000." Hat sie Recht? Begründe.

Die Erde gerät ins Schwitzen
Weltweiter CO_2-Ausstoß in Milliarden Tonnen

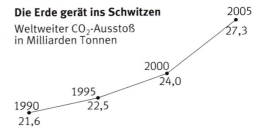

Teil A – Aufgaben aus der Geometrie lösen

> **Beachte:**
> Teile Flächen geschickt in Teilflächen auf. Auch Körper lassen sich in Teilkörper gliedern. Beim Quali darfst du die Aufteilung in die vorgegebene Figur einzeichnen.

Berechne den Flächeninhalt der Figur. Rechne mit $\pi = 3$.

Lösung:
Die Figur lässt sich in ein Quadrat und 4 Halbkreise (= 2 Kreise) aufteilen.

$A_{Qu} = a \cdot a$
$\phantom{A_{Qu}} = 4\,cm \cdot 4\,cm$
$\phantom{A_{Qu}} = \blacksquare$

$A_{2\,Kreise} = 2 \cdot r \cdot r \cdot 3$
$\phantom{A_{2\,Kreise}} = 2 \cdot 2\,cm \cdot 2\,cm \cdot 3$
$\phantom{A_{2\,Kreise}} = \blacklozenge$

$A_{Figur} = \blacksquare + \blacklozenge = \blacktriangle$

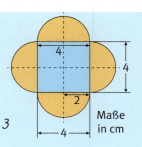
Maße in cm

1 Überprüfe den Lösungsweg. Übertrage und vervollständige ihn im Heft.

2 Berechne jeweils den Flächeninhalt der gefärbten Fläche.
Rechne mit $\pi = 3$.

a)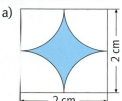

b)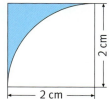

3 Wie groß ist der Flächeninhalt der gefärbten Figur?
Rechne mit $\pi = 3$.

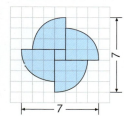
Maße in cm

4 a) Berechne das Volumen des abgebildeten Körpers.
b) Wie groß ist die Oberfläche?

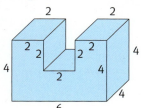
Maße in cm

5 50 Steine sind zu einem Quader aufgeschichtet. Wie viele Steine sind notwendig, um die abgebildete Kiste vollständig zu füllen?

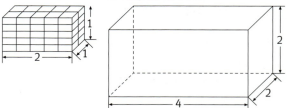

6 Der Würfel ist aus kleinen Würfeln gebaut. Außen ist er vollständig. Innen ist er hohl. Wie viele Würfel fehlen?

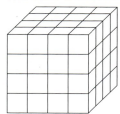

7 Die Platte ist aus Würfeln mit der Kantenlänge 1 cm gebaut. Wie ändert sich die Oberfläche der Platte, wenn die roten Würfel entfernt werden? Begründe.

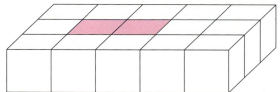

Teil A – Schätzen

Ein Mann reinigt eine Turmuhr. Wie groß ist in etwa der Umfang des Ziffernblatts? Rechne mit π = 3.

Lösung:
Schritt 1:
Bezugsgröße (bekannte Größe) suchen
Ein Mann ist im Durchschnitt etwa 1,80 m groß.
Schritt 2:
Gesuchte Größe mit Hilfe der Bezugsgröße berechnen
Die Bezugsgröße passt 4-mal in den Durchmesser des Ziffernblatts.

$d = 4 \cdot 1{,}80\ m =$ ▭
$u =$ ▭ $\cdot\ 3 =$ ◆

*Beachte:
Schätzen ist nicht Raten. Es geht vielmehr darum, eine Bezugsgröße zu suchen oder wie bei Aufgabe 5 ein Raster zu verwenden.*

❶ Überprüfe den Lösungsweg. Übertrage ihn vollständig ins Heft.

❷ Ein Erwachsener steht neben einem Stapel aus 20 gleichen Papierpackungen zu je 500 Blatt. Wie dick ist ungefähr jedes einzelne Blatt. Begründe rechnerisch.

❹ Ein Erwachsener steht neben dem Modell eines Schuhs. Wie groß wäre ungefähr ein Mensch, dem dieser Schuh passen würde? Begründe rechnerisch.

❸ Ein Auto steht auf einem Sockel mit kreisförmiger Grundfläche. Welchen Umfang hat der Sockel ungefähr? Begründe.
Rechne mit π = 3.

❺ Die Abbildung zeigt Algen auf einer Fläche von 1 mm² in vergrößerter Darstellung. Wie viele Algen befinden sich dann ungefähr auf 1 cm²? Wie kann man geschickt vorgehen? Begründe.

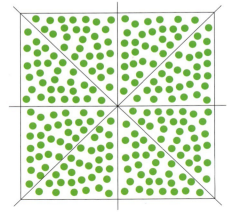

Teil B – Gleichungen aufstellen und lösen

Schrittweise lösen: Für jeden Rechenschritt eine neue Zeile

Klammer- und Punkt-vor-Strich-Regel beachten

Lösung durch Einsetzen überprüfen

Löse die Gleichung: $\frac{7(5x-8)}{3} - \frac{x+3}{2} = 1\frac{1}{2} + \frac{1}{3}x$

Lösung:

$\frac{7(5x-8)}{3} - \frac{x+3}{2} = 1\frac{1}{2} + \frac{1}{3}x \quad /\cdot 6$ — mit dem Hauptnenner multiplizieren

$\frac{\overset{2}{\cancel{6}}\cdot 7(5x-8)}{\cancel{3}_{1}} - \frac{6(x+3)}{2} = \frac{6\cdot 3}{2} + \frac{6x}{3}$ — Kürzen

$14(5x-8) - 3(x+3) = 9 + 2x$ — Klammern ausmultiplizieren

$(70x - 112) - (3x + 9) = 9 + 2x$ — Klammern auflösen

$70x - 112 - 3x - 9 = 9 + 2x$ — Zusammenfassen

$67x - 121 = 9 + 2x \quad /-2x$ — Variable schrittweise isolieren

Lösungen zu 1 und 2

2	–5
7	6
3,5	–1
0,5	

1 Vervollständige den Lösungsweg im Heft. Überprüfe die Lösung durch Einsetzen.

2 a) $20 - 4(2x + 3) = (18 - 12x) : 3$
b) $(8x + 8)\cdot 5 = 34x - (6x - 2,5) : 0,25$
c) $(3x - 8)\cdot 0,75 - 0,25x + 0,25 = 1,45 - 0,2(2x - 6)$
d) $12 - \frac{5x-2}{2} = \frac{7x+6}{3} - 3x$
e) $\frac{3x+7}{4} - 4 = \frac{4x-8}{5} - 1$
f) $\frac{6x}{5} - \frac{4(x+2)}{3} - 6x + 4(x - 2) = 0$

Löse mit Hilfe einer Gleichung.
Subtrahiert man vom Dreifachen einer Zahl die Differenz aus dem Vierfachen der Zahl und 5,5, so erhält man die Hälfte der Summe aus der gesuchten Zahl und 2.

Lösung:

Subtrahiert man vom Dreifachen einer Zahl	$3x -$
die Differenz aus dem Vierfachen der Zahl und 5,5,	$3x - (4x - 5,5)$
so erhält man	$3x - (4x - 5,5) =$
die Hälfte der Summe aus der gesuchten Zahl und 2.	$3x - (4x - 5,5) = 0,5\cdot$ ■

Gleichung: $3x - (4x - 5,5) =$ ▭

Text in Sinnschritte zerlegen und daraus Gleichung aufstellen

Gleichung unter Beachtung bekannter Regeln schrittweise lösen

Lösungen zu 3 und 4

3	–5
42	14

3 Vervollständige die Lösungsschritte und bestimme x in deinem Heft.

4 a) Dividiert man die Differenz aus dem Achtfachen einer Zahl und 12 durch 4, so erhält man dasselbe, wie wenn man 16 vom Doppelten der Zahl subtrahiert und die Differenz durch 2 teilt.
b) Wenn man die Summe aus dem sechsten Teil einer Zahl und 4 verdreifacht, erhält man den fünften Teil der Differenz aus dem Vierfachen der Zahl und 3.
c) Subtrahiert man vom Fünffachen einer Zahl die Differenz aus der Zahl und 4, so erhält man die doppelte Summe aus der Zahl und 16.

Teil B – Gleichungen aufstellen und lösen

Ein neues Schwimmbad wurde am Eröffnungstag von insgesamt 506 Personen besucht. Dabei war die Anzahl der Jugendlichen um 20 geringer als die doppelte Anzahl der Kinder. Die Zahl der Erwachsenen betrug ein Zehntel der Zahl der Jugendlichen. Wie viele Kinder, Jugendliche und Erwachsene besuchten jeweils das Schwimmbad?

Lösung:
Anzahl der Kinder: x

	Kinder	Jugendliche	Erwachsene
Anzahl	x	$2x - 20$	$\frac{1}{10} \cdot$
Gesamt	506		
Gleichung	$x + 2x$		

Variable festlegen

Tabelle oder Skizze erstellen

Gleichung aufstellen und lösen

❶ a) Vervollständige die Tabelle und die Gleichung in deinem Heft.
   b) Löse die Gleichung und beantworte die Rechenfrage.

❷ Die Fußball-B-Jugend des SV Diendorf hat in der letzten Saison mit 88 Treffern einen neuen Torrekord aufgestellt. Alois, Pedro und Karl sind die besten Torjäger ihrer Mannschaft. Alois traf dreimal häufiger als Pedro, Karl schoss ein Sechstel der Tore von Alois. Die übrigen Spieler ihrer Mannschaft erzielten zusammen ebenso viele Tore wie Pedro.
Wie viele Tore erzielte jeder der drei Torjäger?

❸ Ein Sportgeschäft bietet eine komplette Inline-Ausrüstung (Skates, Knieschoner, Hand- und Ellenbogenschützer, Helm) für 236,75 € an. Der Preis für den Helm beträgt 56 €, die Knieschoner kosten das 1,5-fache der Handschützer. Für die Skates sind 81 € mehr zu zahlen als für Helm und Handschützer zusammen.
Berechne die einzelnen Preise.

Lösungen zu 1 bis 4

165	310
31	16
48	8
12,5	18,75
149,5	672

❹ Bei einer Geschwindigkeitsmessung vor einer Mittelschule überschritt ein Viertel der Autos die Höchstgeschwindigkeit bis zu 10 $\frac{km}{h}$, ein Sechstel fuhr zwischen 10 $\frac{km}{h}$ und 20 $\frac{km}{h}$ zu schnell. Weitere 8 Autofahrer wurden wegen Geschwindigkeitsüberschreitung von mehr als 20 $\frac{km}{h}$ zur Anzeige gebracht. 384 Fahrzeuge überschritten die zulässsige Geschwindigkeit nicht.
Bestimme die Anzahl der insgesamt überprüften Fahrzeuge.

Teil B – Mit Prozenten rechnen

Herr Werner will sich einen Tablet-PC kaufen. Ein Versandhandel bietet diesen im Katalog zum Preis von 684 € an. Als Stammkunde erhält Herr Werner 2 Prozent Rabatt.
Für Verpackung und Transportversicherung werden zusätzlich 10 € in Rechnung gestellt. Wie teuer kommt der Tablet-PC im Versandhandel?

Angaben ordnen
Herausfinden, welche Größe dem Grundwert, Prozentsatz bzw. Prozentwert entspricht

Gesuchte Größe mit Hilfe von Dreisatz oder Formel berechnen

Lösung:
Gegeben:
Preis Tablet-PC: 684 € (G)
Rabatt 2 % (p)

Verpackung/Transportversicherung: 10 €

Gesucht:
Rabatt in € (P)
Ermäßigter Preis
Preis im Versandhandel

Rabatt in €:
Dreisatz   oder
100 % ≙ 684 €
1 % ≙ 6,84 €
2 % ≙ ▬

Formel:
$P = \frac{G \cdot p}{100}$

$P = \frac{684 \cdot 2}{100}$

$P = $ ▬

Ermäßigter Preis: 684 € − ▬ = ▬

Preis im Versandhandel: ▬ + 10 € = ▬

Lösungen

1,05	680,32
673,18	2,5

1 a) Übertrage den Lösungsweg ins Heft und vervollständige ihn.
b) Berechne ebenso, wie viel Herr Werner beim örtlichen Fachhändler für den gleichen Tablet-PC bezahlen müsste.

Preis: 694 €   Nachlass: 3 %

c) Um wie viel Prozent bietet der örtliche Fachhändler den Tablet-PC günstiger an als der Versandhandel? Vervollständige den Lösungsweg.
Runde die Prozentangabe auf zwei Dezimalstellen.

Angaben ordnen
Herausfinden, welche Größe dem Grundwert, Prozentsatz bzw. Prozentwert entspricht

Lösung:
Gegeben:
Preis im Versandhandel: ▬ (■)
Preis im Fachhandel: ▬

Gesucht:

Preisunterschied in € (●)
Preisunterschied in % (▲)

d) Der örtliche Fachhändler bietet auch die Möglichkeit zum Ratenkauf. Um wie viel Prozent ist der PC dabei teurer als beim Kauf mit Barzahlung?

*Anzahlung: 180 €
6 Raten je 85 €*

Teil B – Mit Prozenten rechnen

1 a) Berechne den Preisnachlass in Prozent.
b) Wie viel Euro beträgt die Mehrwertsteuer (19%) beim reduzierten Preis des Kleides?
c) In Europa sind die Mehrwertsteuersätze unterschiedlich:
Österreich: 20% – Italien: 21% – Finnland: 23%
Berechne, in welchem dieser Länder ein ähnliches Kleid gekauft wurde, wenn zum Verkaufspreis von 105 € noch die Mehrwertsteuer von 24,15 € dazukommt.

Lösungen zu 1 bis 3

17,12	1,40
23 000	23
60,42	14,2
13 800	

2 Frau Keller will sich ein neues Auto kaufen. Der Wagen kostet laut Liste 25 000 €. Bei ihrem Händler erhält sie einen Preisnachlass von 8%.
a) Wie viel bezahlt Frau Keller für den Wagen bei ihrem Händler?
b) Drei Jahre nach dem Erwerb des Autos geht Frau Keller für ihre Firma nach Indien. Sie verkauft deshalb ihr Auto und erhält 40% weniger als sie dafür bezahlt hat. Zu welchem Preis verkauft sie ihr Auto?

3 Der Gärtner Kindla hat einen Rosenstand auf dem Markt. Der Selbstkostenpreis pro Rose beträgt 0,80 €. Herr Kindla kalkuliert mit einem Gewinn von 75%. Bis 16.00 Uhr hat er 220 Rosen verkauft. Die restlichen 20 Rosen verschenkt er.
a) Berechne den Verkaufspreis einer Rose.
b) Berechne den Gesamtgewinn in Prozent.

4 Südafrika – das Land der Fußballweltmeisterschaft 2010

Merkmal	Einheit	Südafrika	Deutschland
Landfläche	km²	1 214 470	348 770
Bevölkerung	Personen	48 687 000	?
Bevölkerung unter 15 Jahren	%	30,76	13,70

Lösungen zu 4 und 5

285,23	19,23
8,05	248,22
82 140 000	
14 976 121	

a) Um wie viel Prozent ist die Landfläche Südafrikas größer als die Deutschlands?
b) Wie viele Kinder unter 15 Jahren lebten 2008 in Südafrika?
c) 2008 lebten in Deutschland 11 253 180 Kinder unter 15 Jahren. Berechne die Gesamtbevölkerung Deutschlands.

5 **Das Handy – Begleiter der Kids**

Durchschnittliche jährliche Handykosten der 6- bis 13-jährigen Handy-Besitzer in Deutschland in Euro (Umfrage)

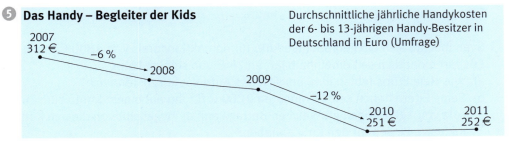

a) Berechne die Handy-Kosten für das Jahr 2009.
b) Um wie viel Euro nahmen die Handy-Kosten von 2008 auf 2009 ab?
c) Um wie viel Prozent nahmen die Handy-Kosten von 2007 auf 2011 ab?

172 **Teil B – Mit Zinsen rechnen**

Angaben ordnen

Herausfinden, welche Größe dem Kapital, dem Zinssatz, der Zeit bzw. den Zinsen entspricht

Gesuchte Größe mit Hilfe der Formel berechnen

Lösungen zu 1 bis 4

2,78	2450
5 212,50	1 545,32
15 575	4 500
1 649	695
2 033	

Arthur, Bernd und Carmen erben ihr Elternhaus und verkaufen es für 625 500 €. Jeder erhält den gleichen Anteil.
Arthur leiht einem Freund seinen Anteil für 10 Monate zu einem Zinssatz von 3%. Wie viele Zinsen bekommt Arthur von ihm?

Lösung:
Gegeben:
Verkaufssumme: ▬
Zinssatz: 3% (▲)
Zeit: 10 Monate (▰)

Gesucht:
Anteil Arthur (■)

Zinsen (Z)

Anteil Arthur:
625 500 € : ● = ▬

Zinsen:
$Z = \frac{K \cdot p \cdot t}{100 \cdot 12}$ $Z =$

① a) Übertrage den Lösungsweg ins Heft und vervollständige ihn.
b) Carmen legt 160 000 € neun Monate lang zu einem Zinssatz von 3,75% bei einer Bank an. Welchen Zinsbetrag erzielt sie?
c) Bernd verwendet zwei Drittel seines Anteils für den Erwerb eines kleinen Einfamilienhauses und vermietet dieses. Er will eine jährliche Verzinsung von 6% erreichen. Wie hoch muss er die Monatsmiete festlegen?

② Familie Schön besitzt zwei Sparverträge:
10 000 € hat sie als Festgeld zu einem Zinssatz von 3,25% angelegt. Die zweite Anlage ist zu 5% verzinst und bringt halbjährlich 125 € Zinsen. Auf welchen Betrag ist ihr gesamtes Kapital einschließlich Zinsen nach einem Jahr angewachsen?

③ Theo spart auf ein Mountainbike. Er legt 1 500 € zu einem Zinssatz von 1,75% an. Nach acht Monaten hebt er das Geld ab und nutzt die bessere Verzinsung von 2% bei einer anderen Bank. Weitere elf Monate später entdeckt er das Mountainbike seiner Wünsche für 1 700 €. Reicht ihm das Geld, wenn er vom Händler 3% Skonto erhält? Begründe durch Rechnung.

④ Sven möchte sich ein gebrauchtes Auto für den Aktionspreis von 3 800 € kaufen. Er spart monatlich seit eineinhalb Jahren 75 € von seinem Lohn.
a) Wie viele Euros fehlen ihm, um sich das Auto kaufen zu können?
b) Seine Eltern haben seit 11 Monaten 2 000 € für ihn auf einem Konto zum Zinssatz von 1,8% angelegt. Welchen Betrag kann er insgesamt von diesem Konto inklusive Zinsen für den Kauf abheben?
c) Der Aktionspreis gilt nur kurze Zeit und deshalb überzieht er sein Konto um den insgesamt noch fehlenden Betrag für 20 Tage. Wie hoch sind die Überziehungszinsen, wenn der Zinssatz bei 12% liegt?

Teil B – Im Koordinatensystem zeichnen

Zeichne ein Koordinatensystem mit der Einheit 1 cm.
a) Trage die Punkte A (–2,5|–2) und B (4|–1) ein. Verbinde diese zur Strecke [AB].
b) Zeichne eine zu [AB] parallele Gerade g, die durch den Punkt D (–2|1) verläuft.
c) Punkt C liegt auf der Geraden g und ist ein Eckpunkt des Parallelogramms ABCD. Bestimme Punkt C und verbinde die Punkte zu einem Parallelogramm.

Lösung:

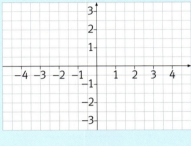
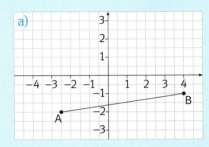
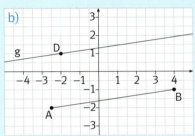
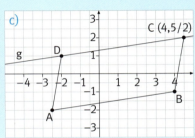

Koordinatensystem zeichnen
Achtung: Negative Koordinaten, also Koordinatenkreuz mit 4 Quadranten!

a) Punkte eintragen und verbinden

b) Punkt D eintragen; Parallele durch D mit dem Geodreieck zeichnen

c) Punkt C markieren; Punkte zu Parallelogramm verbinden

❶ Bearbeite die Aufgabe entsprechend im Heft.

❷ Trage in ein Koordinatensystem mit der Einheit 1 cm die Punkte B (1,5|–1) und D (–5|3,5) ein.
  a) Der Punkt M halbiert die Strecke [BD]. Trage M ein.
  b) Die Strecke [MB] ist eine Seite des gleichseitigen Dreiecks MBC. Zeichne dieses.
  c) Die Strecke [BC] ist eine Diagonale der Raute MBEC. Zeichne die Raute.

❸ Trage in ein Koordinatensystem mit der Einheit 1 cm die Punkte A (–4|2) und B (6,5|–4) ein. Die Gerade g verläuft durch diese Punkte.
  a) Die Gerade g schneidet die x-Achse im Punkt S. Gib die Koordinaten von S an.
  b) Zeichne die Senkrechte zur Geraden g durch den Punkt C (6|1).
  c) Zeichne zur Geraden g die Parallele p, die durch den Punkt C verläuft.

❹ Gegeben sind die Punkte A (2|4), B (6|2) und C (5,5|5).
  a) Zeichne das Dreieck ABC in ein Koordinatensystem mit der Einheit 1 cm.
  b) Zeichne die Senkrechte zur Strecke [AB] durch den Punkt C. Die Senkrechte schneidet die Strecke [AB] im Punkt E.
  c) Zeichne den Punkt D so ein, dass das Parallelogramm ABCD entsteht. Gib die Koordinaten von D an.

174 **Teil B – Flächen berechnen**

Berechne den Flächeninhalt des Buchstabens.

Hinweise:
- Die Figur ist achsensymmetrisch.
- Maße in cm
- Runde alle Ergebnisse auf zwei Dezimalstellen.

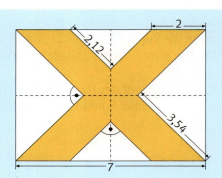

Lösungsweg überlegen

In einer Skizze Gesamtfläche und Teilflächen kennzeichnen

Lösungsplan:

Gesamtfläche	–	Teilflächen	=	Fläche von X
	–		=	

Fehlende Längen berechnen, z. B. mit dem Satz des Pythagoras

Lösung:
Gesamtfläche Rechteck:

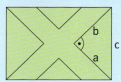

Breite des Rechtecks c:
$a^2 + b^2 = c^2$
$3{,}54^2 + 3{,}54^2 = c^2$
$25{,}0632 = c^2$
▬▬▬ $= c$

Rechtecksfläche:
$A_R = 7 \text{ cm} \cdot$ ▬▬▬ $=$ ■

Berechnungen übersichtlich darstellen

Teilflächen:

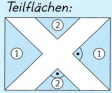

$A_{Dreiecke1} = \dfrac{3{,}54 \text{ cm} \cdot 3{,}54 \text{ cm}}{2} \cdot 2 = \blacktriangle$

$A_{Dreiecke2} = \dfrac{2{,}12 \text{ cm} \cdot 2{,}12 \text{ cm}}{2} \cdot 2 = \blacktriangledown$

Ergebnis überschlägig überprüfen

Fläche von X:

$A_X = $ ■ $- \blacktriangle - \blacktriangledown = \bullet$

Lösungen zu 1 und 2

62,4	11 400
18,05	

❶ Überprüfe den Lösungsweg. Rechne dann die Aufgabe vollständig im Heft.

❷ Aus einer Kreisfläche wird ein Quadrat ausgeschnitten (siehe Skizze).
   a) Wie groß ist der blau gefärbte Abfall?
   b) Um wie viele Zentimeter ist der Umfang der Kreisfläche größer als der Umfang des Quadrats?
   Hinweise:
   - Rechne mit $\pi = 3{,}14$.
   - Runde alle Ergebnisse auf eine Dezimale.

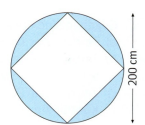

Teil B – Flächen berechnen

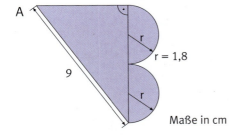

Maße in cm

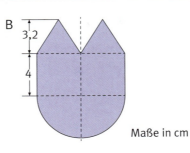

Maße in cm

Lösungen zu 1 bis 7

82,19	28,52
32,8	29,61
1,56	67,68
126,98	134,54
61,1	

1 Berechne den Flächeninhalt der Figur A.

2 Berechne den Flächeninhalt der Figur B. Die Länge der abgebildeten Halbkreislinie beträgt 14,13 cm. Rechne mit $\pi = 3{,}14$.

3 Berechne Flächeninhalt und Umfang der Figur.
  Hinweise: – Rechne mit $\pi = 3{,}14$.
   – Runde Ergebnisse auf eine Dezimalstelle.
   – Maße in cm

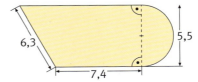

4 In ein größeres gleichseitiges Dreieck ist ein kleineres gleichseitiges Dreieck farbig eingezeichnet. Wie groß ist der Flächeninhalt des farbigen Dreiecks?
  Hinweis: – Runde Ergebnisse auf zwei Dezimalstellen.
   – Maße in cm

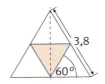

5 Die Ecken des Quadrats liegen alle auf der Kreislinie. Der Flächeninhalt des Kreises beträgt 78,5 cm². Berechne den Flächeninhalt der gefärbten Fläche.
  Hinweise: – Rechne mit $\pi = 3{,}14$.
   – Runde Ergebnisse auf zwei Dezimalstellen.

6 a) Berechne den Inhalt der weißen Fläche.
  b) Wie groß ist die farbige Fläche?
  Hinweise: – Die Figur ist achsensymmetrisch.
   – Rechne mit $\pi = 3{,}14$.
   – Runde Ergebnisse auf zwei Dezimalstellen.
   – Maße in cm

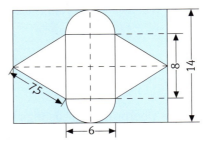

7 Berechne die gesamte Oberfläche des Körpers.
  Hinweise: – Rechne mit $\pi = 3{,}14$.
   – Runde Ergebnisse auf zwei Dezimalstellen.
   – Maße in cm

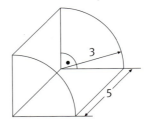

Teil B – Körper berechnen

Der Kopf eines Trennmeißels ist aus Stahl gefertigt. Bestimme seine Masse in kg.
Hinweise:
- Dichte$_{Stahl}$: 7,8 g/cm³
- Rechne mit π = 3,14.
- Maße in mm

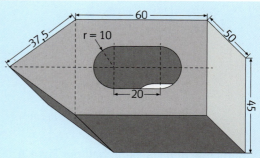

Lösung:

In die Skizze Teilkörper einzeichnen

Fehlende Größen berechnen, z. B. mit dem Satz des Pythagoras

Höhe des rechtwinkligen Dreiecks h_D:
$$s^2 = h_D^2 + g^2$$
$$h_D^2 = s^2 - g^2$$
$$= 37,5^2 - 22,5^2$$
$$= 900$$
$$h_D = \sqrt{900} = \rule{2cm}{0.3cm}$$

Volumen der Teilkörper mittels entsprechender Formeln berechnen

Volumen Quader 1:
$V_{Qu1} = G \cdot h_K$
$= 45 \cdot 50 \cdot 60$
$= \rule{1cm}{0.3cm}$

Volumen Quader 2:
$V_{Qu2} = G \cdot h_K$
$= 20 \cdot 50 \cdot 20$
$= \rule{1cm}{0.3cm}$

Volumen Zylinder:
$V_Z = G \cdot h_K$
$= 10 \cdot 10 \cdot 3,14 \cdot 50$
$= \rule{1cm}{0.3cm}$

Volumen Prisma:
$V_P = G \cdot h_K$
$= \frac{1}{2} \cdot 45 \cdot \rule{1cm}{0.3cm} \cdot 50$
$= \rule{1cm}{0.3cm}$

Gesamtvolumen und Masse des Meißels berechnen; Einheiten beachten

Ergebnisse überschlägig überprüfen

Volumen des Trennmeißels
$V = \rule{1cm}{0.3cm} - \rule{1cm}{0.3cm} - \rule{1cm}{0.3cm} + \rule{1cm}{0.3cm} = \rule{1cm}{0.3cm}$

Masse des Trennmeißels
$m = V \cdot \varrho = \rule{1cm}{0.3cm}$

Lösungen zu 1 und 2: 1 037,79 | 13 203,36

❶ Überprüfe den Lösungsweg. Rechne dann die Aufgabe vollständig im Heft.

❷ Einem Würfel wurde eine Pyramide aufgesetzt und ein Zylinder herausgefräst. Berechne das Volumen des Körpers.
Hinweise:
- Rechne mit π = 3,14.
- Maße in cm

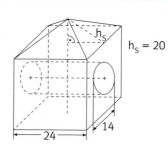

Teil B – Körper berechnen

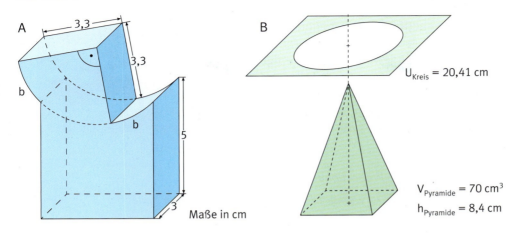

Maße in cm

1 Berechne das Volumen von Körper A. Runde Ergebnisse auf zwei Dezimalen.

2 Passt in B die Pyramide mit quadratischer Grundfläche durch die kreisförmige Öffnung? Begründe rechnerisch.

Lösungen zu 1 bis 6

26,49	4,0
86,39	6,5
7,07	48,06
2 249,8	

3 Mit einem Förderband wird Sand zu einem kegelförmigen Berg aufgeschüttet. Sein Volumen beträgt 4 200 m³. Das Förderband hat eine Länge von 46 m. Wie groß ist der Abstand zwischen dem Kegelrand und dem unteren Ende des Förderbands?

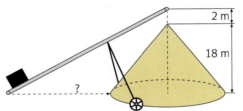

4 Im Rahmen eines Projekts werden in einem Pausenhof 9 Sitzgelegenheiten aufgestellt. Sie haben die Form eines regelmäßigen fünfeckigen Prismas. Sitz- und Seitenflächen sollen farbig gestrichen werden.
Wie viele m² sind das?

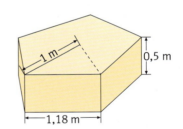

5 Die Grundflächen eines Würfels und eines Zylinders haben den gleichen Flächeninhalt. Die Mantelfläche des Zylinders beträgt 64 cm², seine Höhe 4,5 cm.
Wie lang ist eine Kante des Würfels? Runde auf eine Dezimalstelle.

6 Aus Bandstahl mit einer Dicke von 5 mm werden Bauelemente gestanzt.
Berechne die Masse eines Bauelements in Gramm.
Hinweise: – Maße in mm
– Dichte$_{Stahl}$ = 7,8 g/cm³
– Rechne mit π = 3,14 und runde auf eine Dezimalstelle.

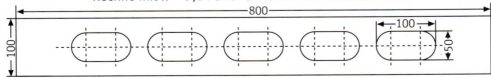

Teil B – Funktionswerte berechnen

Ein Industriebetrieb stellt Zubehörteile für Wildwasserkajaks her. Jeden Arbeitstag werden dabei von 20 Maschinen mit jeweils gleicher Fertigungsgeschwindigkeit insgesamt 9 000 Teile produziert. An einem Tag fallen drei Maschinen ganztägig wegen Wartungs- und Reparaturarbeiten aus. Wie hoch ist die Produktionsmenge an diesem Tag?

Lösung:

Art der Funktion überlegen

Art	Proportionale Funktion
Eigenschaft	Je weniger Maschinen, desto weniger Teile

Sachsituation tabellarisch erfassen

	Maschinen	Teile
Ausgangssituation	20	9 000
veränderte Situation	17	

Fehlenden Tabellenwert mit Dreisatz berechnen

Produktionsmenge an diesem Tag:
20 Maschinen → 9 000 Teile
 1 Maschine → ▇ Teile
17 Maschinen → ▇ Teile

❶ Übertrage den Lösungsweg ins Heft und vervollständige ihn.

Für den Abtransport des Erdaushubs bei einer Großbaustelle benötigen 7 Lastkraftwagen 40 Tage, wenn jeder täglich 9 Fahrten macht.
Um wie viel Tage verlängert sich der Abtransport, wenn von Anfang an nur 5 Lkw mit gleicher Ladefähigkeit eingesetzt werden können und jeder dabei 9-mal am Tag fährt?

Lösung:

Art der Funktion überlegen

Art	Umgekehrt proportionale Funktion
Eigenschaft	Je weniger Lkw, desto mehr Tage

Sachsituation tabellarisch erfassen

	Lkw	tägl. Fahrten je Lkw	Dauer (d)
Ausgangssituation	7	9	40
veränderte Situation	5	9	

Fehlenden Tabellenwert mit Dreisatz berechnen

Dauer bei 5 Lkw mit 9 Fahrten täglich:
7 Lkw → 40 d
1 Lkw → ▇ d
5 Lkw → ▇ d

Verlängerung berechnen

Verlängerung: ▇ d − 40 d = ▲ d

❷ Übertrage den Lösungsweg ins Heft und vervollständige ihn.

Teil B – Funktionswerte berechnen

1 Felix darf seinen Onkel in den USA besuchen. Daher interessiert ihn der Wechselkurs Euro (€) zu US-Dollar ($).
  a) Übertrage folgende Tabelle und ergänze die fehlenden Werte.

US-Dollar ($)	1,00	■	35,75	58,50	■
Euro (€)	■	1,00	27,50	■	50,00

  b) Seine „Traumsportschuhe" kosten hier im Geschäft 73,00 €. Durch die Homepage eines amerikanischen Sportgeschäfts erfährt Felix, dass die gleichen Schuhe in den USA 87,99 $ kosten. Kann er sie bei seinem Aufenthalt in den USA im Sportgeschäft günstiger kaufen?

Lösungen zu 1 bis 3

48	45
0,77	16
15	1,30
65	7
67,68/94,90	

2 Bei einem täglichen Ölverbrauch von 18 l reicht der Vorrat noch 160 Tage.
  a) Um wie viele Tage verkürzt sich die Vorratsdauer, wenn täglich zwei Liter mehr verbraucht werden?
  b) Bei welchem täglichen Verbrauch würde der Heizölvorrat noch 192 Tage reichen?

3 Eine Firma nimmt täglich die Sicherung ihrer Daten über Nacht vor. Bei einer durchschnittlich zu sichernden Datenmenge von 160 GB brauchen 11 gleichzeitig laufende Computer mit gleicher Leistungsfähigkeit von 22.00 Uhr bis 6.00 Uhr morgens.
  a) Wegen Wartungsarbeiten steht 1 Computer nicht zur Verfügung. Um wie viel Minuten verzögert sich dadurch die Speicherung der Daten?
  b) Es sind ausnahmsweise 140 GB an Daten zu sichern. Berechne, wie lange die Sicherung beim Einsatz von 11 Computern dauert.

4 Eine Putzkolonne hat den Auftrag, die gläserne Fassade eines Hochhauses zu reinigen. Die 18 Arbeiter haben dafür bei täglich 8 Stunden Arbeitszeit 24 Tage Zeit. Kurzfristig fallen 2 Arbeiter krankheitsbedingt für längere Zeit aus.
  a) Um wie viele Tage verzögert sich die Arbeit, wenn keine Arbeiter als Ersatz kommen und die tägliche Arbeitszeit gleich bleibt?
  b) Wie lange müsste jeder der verbliebenen Arbeiter täglich arbeiten, um die gesamte Reinigungsarbeit termingerecht zu beenden?

Lösungen zu 4 und 5

9	10
4	3

5 Der Aushub einer großen Baugrube kann von 10 Lkw bei einer täglichen Einsatzzeit von 8 h in 16 Tagen abtransportiert werden.
  a) Um wie viele Tage verlängert sich der Abtransport, wenn nur 8 Lkw an der Baustelle 8 h am Tag eingesetzt werden können?
  b) Wie viele Stunden müssten diese 8 Lkw täglich fahren, wenn die Arbeit in den ursprünglich vorgesehenen 16 Arbeitstagen beendet sein soll?

Teil B – Statistik auswerten und erstellen

Bürgerinitiative für den Bau einer Umgehungsstraße

Liebe Mitbürgerinnen und Mitbürger!

Der Verkehrslärm und die Abgase sind unerträglich geworden. Das Ergebnis der Verkehrszählung macht die Überlastung der Innenstadt deutlich:

Verkehrsaufkommen am 15. Juli 2012 von 6.00 bis 20.00 Uhr					
	Pkw	Lkw	Motorräder	Fahrräder	Busse
Hauptstraße	4786	820	412	1510	162
Bahnhofsstraße	2963	544	166	1684	218
Altstadtring	3055	282	247	1142	92
Lindenallee	4227	718	336	1468	146

a) Runde die Angaben zum Verkehrsaufkommen für Pkw auf Tausend und erstelle damit ein Säulendiagramm.
b) Berechne das durchschnittliche Verkehrsaufkommen in den einzelnen Straßen pro Stunde.
c) Berechne am Beispiel der Hauptstraße die relative Häufigkeit der unterschiedlichen Fahrzeuge und erstelle dazu ein Kreisdiagramm.

Lösung:

Säulendiagramm mit geeignetem Maßstab zeichnen

a)

	Pkw
Hauptstraße	5 000
Bahnhofsstraße	3 000
Altstadtring	
Lindenallee	

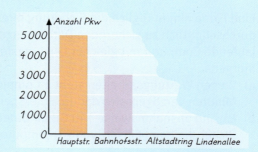

b) *Durchschnittliches Verkehrsaufkommen pro Stunde*
Hauptstraße: 7 690 : 14 ≈ 549
Bahnhofsstraße: 5 575 : 14 ≈ 398

Absolute und relative Häufigkeit unterscheiden

Kreisdiagramm zeichnen (1% ≙ 3,6°)

c)

Hauptstraße	Anzahl	rel. Häufigkeit	Winkelmaße
Gesamt	7 690	100%	360°
Pkw	4 768	62%	223°
Lkw	820	11%	

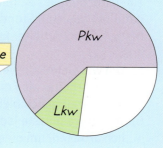

① Übertrage die Lösungen jeweils ins Heft und vervollständige sie.

② a) Runde die Angaben für Lkw und Motorräder auf Zehner und erstelle für jede Fahrzeugart ein Säulendiagramm.
b) Berechne die relativen Häufigkeiten der unterschiedlichen Fahrzeuge für die Bahnhofsstraße und die Lindenallee. Erstelle dann jeweils ein Kreisdiagramm.

Teil B – Statistik auswerten und erstellen

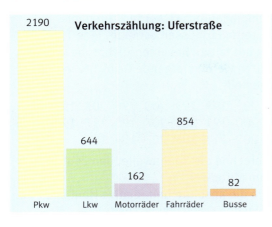

❶ Das Ergebnis von Verkehrszählungen wird in Zeitschriften oftmals auch durch Diagramme veranschaulicht.
a) Wie viele Fahrzeuge wurden in der Uferstraße insgesamt erfasst?
b) Berechne die relative Häufigkeit der einzelnen Fahrzeugarten in der Uferstraße und erstelle dazu ein Kreisdiagramm (r = 4 cm).
c) Das Kreisdiagramm zeigt das Ergebnis der Verkehrszählung in der Industriestraße. Berechne die Mittelpunktswinkel für die Prozentangaben und überprüfe die Richtigkeit der Darstellung.
d) Insgesamt wurden in der Industriestraße 4 400 Fahrzeuge gezählt. Wie viele entfallen davon auf die einzelnen Fahrzeugarten?

❷

Verkehrsunfälle 2011	Unfälle insgesamt	Verunglückte Personen	
		Verletzte	Getötete
Oberbayern	73 760	24 867	236
Niederbayern	35 336	7 158	107
Oberpfalz	29 922	6 335	90
Oberfranken	28 050	5 855	69
Mittelfranken	46 354	9 256	78
Unterfranken	37 122	6 888	78
Schwaben	46 476	10 514	116

Lösungen zu 1 und 2

3 932	56
16	4
22	2
148	79
29	97
7	42 431
3	4
31 329	7 095
12 509	14 381
3 923	5 309
4 045	37 122
3	3
1 804	968
352	1 188
88	

Bearbeite die folgenden Aufgaben zunächst nur anhand der Spalte „Unfälle insgesamt". Zur Übung kannst du später auch die anderen Spalten auswerten.
a) Berechne den Mittelwert und den Zentralwert.
b) Wie viele Regierungsbezirke liegen jeweils über (unter) dem Durchschnitt?
c) Gib die Abweichung für jeden Regierungsbezirk zum Mittelwert an.
d) Erstelle eine Rangliste der Regierungsbezirke. Beginne mit dem größten Wert.
e) Stelle die Daten in einem Säulendiagramm dar und zeichne den Zentralwert als grüne durchgehende Linie ein.
f) Wie viele Regierungsbezirke liegen jeweils über (unter) dem Zentralwert?

Zur Leistungsorientierung 1

1 Berechne die fehlenden Seitenlängen.

	a)	b)	c)
Kathete a	8 dm	8 cm	
Kathete b	6 dm		6 m
Hypotenuse c		17 cm	6,5 m

2 Ein Kegel hat einen Durchmesser von 12 cm und eine Körperhöhe von 18 cm. Berechne sein Volumen.

3 Herr Kunze möchte sich ein gebrauchtes Auto für 4 300 € kaufen.

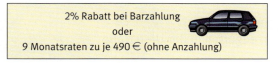

2% Rabatt bei Barzahlung
oder
9 Monatsraten zu je 490 € (ohne Anzahlung)

a) Berechne den Barzahlungsrabatt in €.
b) Um das Barzahlungsangebot nutzen zu können, würde ihm sein Bruder die benötigte Summe ein halbes Jahr lang zu einem jährlichen Zinssatz von 2,5% leihen. Würde sich das für Herrn Kunze lohnen?
c) Herr Kunze verdient monatlich 1 750 € netto und könnte $\frac{2}{7}$ davon jeweils für den Autoverkauf verwenden. Wäre damit der Ratenkauf möglich?

4 a) Zeichne die Graphen.
  I $1,5x + \frac{1}{2}y - 0,75 = 0$
  II $3y - 4,5x = -9$
b) Lies die Koordinaten des Schnittpunktes der beiden Graphen ab.
c) Bestimme rechnerisch den Schnittpunkt und vergleiche mit dem Wert aus b).

5 Bestimme das Volumen des zusammengesetzten Körpers.

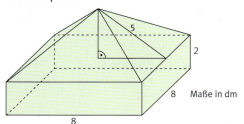

Maße in dm

6 Auf einem Jahrmarkt werden Tüten mit gerösteten Erdnüssen verkauft. Jede Tüte soll 200 g enthalten. Bei einer Stichprobe von 25 Tüten werden folgende Gewichte in Gramm festgestellt.

200 205 198 193 200 190 202 195 210
201 200 191 201 207 195 197 198 188
200 202 211 203 207 184 194

a) Berechne die Spannweite, den Zentral- und den Mittelwert.
b) Gib die absolute und relative Häufigkeit für folgende Gewichtsklassen (g) an.
184 bis 194; 195 bis 205; 206 bis 211

7 Wie lauten die Funktionsgleichungen zu folgenden Sachzusammenhängen?
a) Welchen Weg (y) legt jemand zurück, der x Stunden lang mit einer durchschnittlichen Geschwindigkeit von 15 $\frac{km}{h}$ fährt?
b) Wie hoch ist der Betrag (y) für einen Sportverein, wenn der Grundbetrag 20 € und für x Trainingseinheiten je 2,50 € berechnet werden?

8 Tobias möchte so viel Geld anlegen, dass er nach 5 Jahren zusammen mit den Zinsen und Zinseszinsen genau 10 000 € zurückbekommt. Der Bankangestellte empfiehlt ihm einen Sparbrief mit einer Laufzeit von 5 Jahren und einem gleichbleibenden Zinssatz von 4,5%. Welchen Betrag muss Tobias einzahlen?

9 $\frac{3 \cdot (x + 20)}{4} - \frac{5}{8} - \frac{1}{2} \cdot (2x + 0,5x) = \frac{x + 0,75}{2}$

10 a) $4x^2 - 72 = 2x^2$ b) $4x^2 - 20 = 16$
    c) $\frac{100}{x + 2} - 1 = 9$ d) $\frac{3}{x - 4} = \frac{21}{x + 2}$

11 Notar Wiedemann wusste keinen Rat. Den drei Töchtern eines verstorbenen Geschäftsmannes verkündete er das Testament, aber niemand wusste damit etwas anzufangen:
„Meine Tochter Laura erhält von meinem Vermögen 6 000 € und vom Rest den 3. Teil. Meine Tochter Sina erbt 9 500 € und ein Viertel meines Vermögens. Marie erhält den sechsten Teil meines Vermögens."
Damit ist alles aufgeteilt.

Zur Leistungsorientierung 2

1 Herr Wolf möchte 15 000 € gewinnbringend anlegen. Vergleiche die beiden Angebote.
  A Sparbrief mit 4,5 % Zinssatz über die gesamte Laufzeit von 5 Jahren. Die Zinsen werden mitverzinst.
  B Bundesschatzbriefe mit einer Laufzeit von 5 Jahren und gestaffeltem Zinssatz:
  1. Jahr 3,5 %, 2. Jahr 4 %, 3. Jahr 4,5 %, 4. Jahr 5,25 %, 5. Jahr 5,5 %.
  Zinsen werden mitverzinst.

2 a) Löse das Gleichungssystem.
  I $8x + 3y = 47$ II $4x - 2y - 6 = 0$
  b) Stelle ein Gleichungssystem auf und löse:
  Ein Rechteck hat einen Umfang von 84 cm. Die eine Seite ist um 6 cm länger als die andere Seite. Wie lang sind die beiden Seiten?

3 a) $4x - 16 + 22x = 16x + 2 - 8x$
  b) $3 \cdot (2 - 1{,}5x) - 5(4 - 1{,}8x) - 8 \cdot 0{,}5 = 0$
  c) $\frac{4x + 6}{3} + \frac{9x - 1}{4} = \frac{17 - 2x}{3} + \frac{10 - 8x}{6}$

4 Multipliziert man die Summe aus dem 2-Fachen einer Zahl und 7 mit 4 und subtrahiert davon die Differenz aus der Zahl und $\frac{3}{5}$, so erhält man genauso viel, wie wenn man vom 17,2-Fachen der Zahl das Produkt aus $\frac{6}{15}$ und 5 subtrahiert. Wie heißt diese Zahl? Löse mit einer Gleichung.

5 Ermittle Volumen und Oberfläche der Pyramide. $h_K = 8$ dm $s_h = 10$ dm

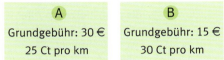

6 a) Zeichne mithilfe des Thaleskreises ein Rechteck mit der Diagonalen d = 9 cm und der Seite a = 6 cm.
  b) Zeichne eine Raute mit der Seitenlänge a = 7 cm und der Diagonalen e = 10 cm.

7 Zeichne das Dreieck ABC (c = 3 cm, α = 50°, β = 60°). Zeichne dann das Dreieck A'B'C' (c' = 6 cm, α' = 50°, β' = 60°).
  a) Stelle fest, ob die beiden Dreiecke zueinander ähnlich sind.
  b) Bestimme gegebenenfalls den Faktor k.

8 Für eine Ausstellung werden 20 Schilder aus weißem Kunststoff hergestellt. Die schraffierte Fläche soll blau lackiert werden.

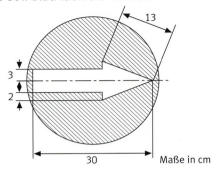

Maße in cm

Berechne die zu lackierende Fläche aller Schilder, wenn nur die Vorderseiten lackiert werden. Der Umfang des Schildes beträgt 109,9 cm. Rechne mit π = 3,14.

9 Eine Autovermietung bietet folgende Wahlmöglichkeiten an.

A	B
Grundgebühr: 30 €	Grundgebühr: 15 €
25 Ct pro km	30 Ct pro km

  a) Stelle jeweils eine Funktionsgleichung auf.
  b) Berechne bei beiden Angeboten die Kosten für 500 Kilometer.
  c) Stelle beide Funktionen in einem Koordinatensystem dar.
  x-Achse: 1 cm ≙ 50 km; y-Achse: 1 cm ≙ 20 €

10 Fünf Freunde hatten je ein alkoholfreies Getränk bestellt. Simone nahm nicht das gelbe. Thomas trank nicht das blaue. Marvin hasst alle grünen Getränke. Obwohl Ismails Lieblingsfarbe orange ist, nahm er nicht dieses Getränk. Linea würde nie etwas Rosafarbenes essen oder trinken. Sie trank aus dem Glas, das entweder rechts oder links außen in der Reihe steht. Marvin trank aus dem Glas, das neben dem orangen Getränk steht, nachdem eine Frau schon von der blauen Flüssigkeit getrunken hatte. Welche Farbe hat Ismails Getränk?

Grundwissen

Brüche erweitern und kürzen

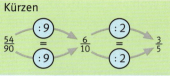

Erweitern: Zähler und Nenner mit der gleichen Zahl multiplizieren

Kürzen: Zähler und Nenner durch die gleiche Zahl dividieren

Brüche addieren subtrahieren multiplizieren dividieren

$\frac{4}{5} + \frac{3}{4} - \frac{1}{2}$

$= \frac{16}{20} + \frac{15}{20} - \frac{10}{20}$

$= \frac{21}{20} = 1\frac{1}{20}$

1. Hauptnenner bestimmen
2. Brüche gleichnamig machen
3. Addieren bzw. subtrahieren
4. Umformen

$\frac{2}{3} \cdot \frac{4}{7} = \frac{2 \cdot 4}{3 \cdot 7} = \frac{8}{21}$

$\frac{3}{4} \cdot 10 = \frac{3 \cdot 10}{4} = \frac{15}{2} = 7\frac{1}{2}$

$1\frac{1}{2} \cdot 1\frac{5}{9} = \frac{3 \cdot 14}{2 \cdot 9} = \frac{7}{3} = 2\frac{1}{3}$

Zähler mal Zähler / Nenner mal Nenner

$\frac{7}{9} : 14 = \frac{7 \cdot 1}{9 \cdot 14} = \frac{1}{18}$

$\frac{3}{5} : \frac{3}{4} = \frac{3 \cdot 4}{5 \cdot 3} = \frac{4}{5}$

$4\frac{1}{5} : 2\frac{1}{10} = \frac{21 \cdot 10}{5 \cdot 21} = 2$

Erster Bruch mal Kehrwert des zweiten Bruches

Brüche in Dezimalbrüche umformen

endliche Dezimalbrüche

$\frac{3}{4} = 3 : 4 = 0{,}75$ $\frac{3}{4} = \frac{75}{100} = 0{,}75$

unendliche Dezimalbrüche

$\frac{1}{3} = 1 : 3 = 0{,}\overline{3}$ $\frac{1}{6} = 1 : 6 = 0{,}1\overline{6}$

Runden

Ist die nächstfolgende Ziffer
- eine 0, 1, 2, 3 oder 4, wird abgerundet.
- eine 5, 6, 7, 8 oder 9, wird aufgerundet.

3,9345**6** gerundet auf Zehntausendstel: 3,9346
3,934**5**6 gerundet auf Tausendstel: 3,935
3,93**4**56 gerundet auf Hundertstel: 3,93
3,9**3**456 gerundet auf Zehntel: 3,9
3,**9**3456 gerundet auf Einer: 4

rationale Zahlen

Rechenregeln

Addieren
$(+a) + (+b) = a + b$ $(-a) + (+b) = -a + b$
$(+a) + (-b) = a - b$ $(-a) + (-b) = -a - b$

Subtrahieren
$(+a) - (-b) = a + b$ $(-a) - (-b) = -a + b$
$(+a) - (+b) = a - b$ $(-a) - (+b) = -a - b$

Multiplizieren
$(+a) \cdot (+b) = a \cdot b$ $(+a) \cdot (-b) = -(a \cdot b)$
$(-a) \cdot (-b) = a \cdot b$ $(-a) \cdot (+b) = -(a \cdot b)$

Dividieren
$(+a) : (+b) = a : b$ $(+a) : (-b) = -(a : b)$
$(-a) : (-b) = a : b$ $(-a) : (+b) = -(a : b)$

Rechengesetze

Assoziativgesetz
$(a + b) + c = a + (b + c)$
$(a \cdot b) \cdot c = a \cdot (b \cdot c)$

Kommutativgesetz
$a + b = b + a$
$a \cdot b = b \cdot a$

Distributivgesetz
$a \cdot (b + c) = a \cdot b + a \cdot c$
$(a - b) : c = a : c - b : c$

Multiplikation von Summen und Differenzen

$(a + b) \cdot (c + d)$
$= a \cdot c + a \cdot d + b \cdot c + b \cdot d$

$(a - b) \cdot (c - d)$
$= a \cdot c - a \cdot d - b \cdot c + b \cdot d$

Grundwissen

$5 \cdot 5 = 5^2 = 25$ 25 ist die Quadratzahl von 5. $0^2 = 0 \quad 1^2 = 1$	$\sqrt{36} = \sqrt{6 \cdot 6} = \sqrt{6^2} = 6$ 6 ist die Quadratwurzel aus 36. $\sqrt{0} = 0 \quad \sqrt{1} = 1$	Quadratzahl Quadratwurzel
$3 \cdot 3 \cdot 3 = 3^3 = 27$ 27 ist die dritte Potenz von 3. $0^3 = 0 \quad 1^3 = 1$	$\sqrt[3]{8} = \sqrt[3]{2 \cdot 2 \cdot 2} = \sqrt[3]{2^3} = 2$ 2 ist die Kubikwurzel aus 8. $\sqrt[3]{0} = 0 \quad \sqrt[3]{1} = 1$	dritte Potenz dritte Wurzel (Kubikwurzel)

bei großen Zahlen
$10^1 = 10$
$10^2 = 10 \cdot 10 = 100$
$10^3 = 10 \cdot 10 \cdot 10 = 1000$
$10^4 = 10 \cdot 10 \cdot 10 \cdot 10 = 10\,000$
…
$4{,}5 \cdot 10^4 =$
$4{,}5 \cdot 10 \cdot 10 \cdot 10 \cdot 10 = 45\,000$
$126\,000\,000 = \underline{1{,}26} \cdot 10^8$
Standardschreibweise:
Vorzahl zwischen 1 und 10

bei kleinen Zahlen
$10^{-1} = \frac{1}{10^1} = \frac{1}{10} = 0{,}1$
$10^{-2} = \frac{1}{10^2} = \frac{1}{10} \cdot \frac{1}{10} = \frac{1}{100} = 0{,}01$
$10^{-3} = \frac{1}{10^3} = \frac{1}{10} \cdot \frac{1}{10} \cdot \frac{1}{10} = \frac{1}{1000} = 0{,}001$

$4{,}5 \cdot 10^{-5} = \frac{4{,}5}{10^5} = 0{,}000045$
$0{,}0000000126 = 1{,}26 \cdot 10^{-8}$
Standardschreibweise:
Vorzahl zwischen 1 und 10

Zehnerpotenzen

Mit dem Hauptnenner multiplizieren	$\overset{4}{}\frac{4x+6}{3} - \overset{3}{}\frac{7x-3}{4} = -1 \quad /\cdot 12$	Gleichungen mit Brüchen lösen
Kürzen	$\frac{\cancel{12}\,(4x+6)}{\cancel{3}_1} - \frac{\cancel{12}\,(7x-3)}{\cancel{4}_1} = 12 \cdot (-1)$	
Klammern auflösen	$4(4x+6) - 3(7x-3) = -12$	
Zusammenfassen	$16x + 24 - 21x + 9 = -12$	
Wertgleiche Umformung: zuerst addieren (subtrahieren), dann multiplizieren (dividieren)	$-5x + 33 = -12 \quad /-33$ $-5x = -45 \quad /:(-5)$	wertgleiche Umformung (Äquivalenzumformung)
Lösung	$x = 9$	

Mit dem Hauptnenner multiplizieren	$-10 + \frac{1}{3x} = \frac{62}{6x} \quad /\cdot 6x$ $6x \cdot (-10) + \frac{6x}{3x} = \frac{6x \cdot 62}{6x}$	Bruchgleichungen lösen
Kürzen	$-60x + 2 = 62 \quad /-2$	
Äquivalenzumformung	$-60x = 60 \quad /:(-60)$	
Lösung	$x = -1$	

$x^2 = -9 \Rightarrow$ keine Lösung, da $x^2 < 0$ $x^2 = 9; \Rightarrow$ zwei Lösungen, da $x > 0$	$x^2 = 0 \Rightarrow$ eine Lösung, da $x = 0$ $x_{1;2} = \pm\sqrt{9};\ x_1 = 3;\ x_2 = -3$	reinquadratische Gleichungen lösen

Einsetzungsverfahren		**Gleichsetzungsverfahren**	lineare Gleichungssysteme mit zwei Variablen lösen
I $\quad 3y + x = 6$	eine Gleichung	I $\quad x - 2y = -1$	beide Gleichungen
II $\quad 2y - 3x = 11$	auflösen	II $\quad x + 3y = 9$	nach x auflösen
I $\quad\quad x = 6 - 3y$	einsetzen in II:	I $\quad\quad x = 2y - 1$	gleichsetzen: I = II
II $\quad 2y - 3x = 11$	$2y - 3(6 - 3y) = 11$	II $\quad\quad x = 9 - 3y$	$2y - 1 = 9 - 3y$

Additionsverfahren
I $\quad 2y - 3x = 1 \quad /\cdot(-2)$ umformen, sodass bei einer Variablen
II $\quad 4y - 5x = 3$ Gegenzahlen auftreten
I $\quad -4y + 6x = -2$ Gleichungen addieren
II $\quad\ 4y - 5x = 3$
$\quad\quad\quad\quad x = 1$

Grundwissen

Rechnen mit Formeln

Formeln enthalten mehrere Variablen. Kennt man bis auf einen die Werte aller Variablen, so lässt sich dieser unbekannte Wert berechnen.

Gegeben: $V_{Qu} = 800\ cm^3$; $c = 20\ cm$; $a = 8\ cm$ Gesucht: Breite b

Einsetzen der bekannten Werte und die entstehende Gleichung lösen	Auflösen nach der gesuchten Variablen, dann Einsetzen der bekannten Werte
Formel: $V_{Qu} = a \cdot b \cdot c$ Einsetzen: $800 = 8 \cdot b \cdot 20$ Lösung: $5 = b$	Formel: $V_{Qu} = a \cdot b \cdot c$ /:a /:c Auflösen: $\frac{V_{Qu}}{a \cdot c} = b$ Einsetzen: $\frac{800}{8 \cdot 20} = b$ Lösung: $5 = b$
Antwort: Der Quader ist 5 cm breit.	Antwort: Der Quader ist 5 cm breit.

Prozentrechnung

Grundwert
Prozentsatz
Prozentwert

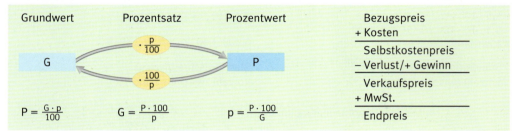

$P = \frac{G \cdot p}{100}$ $G = \frac{P \cdot 100}{p}$ $p = \frac{P \cdot 100}{G}$

Bezugspreis
+ Kosten
—————
Selbstkostenpreis
− Verlust/+ Gewinn
—————
Verkaufspreis
+ MwSt.
—————
Endpreis

Grundwert	Prozentwert	Prozentsatz
100 % ≙ 340 €	3 % ≙ 10,20 €	100 % ≙ 340 €
1 % ≙ 340 € : 100	1 % ≙ 10,20 € : 3	1 % ≙ 3,40 €
3 % ≙ 3,40 € · 3	100 % ≙ 3,40 € · 100	x % ≙ 10,20 € : 3,40 €

$\frac{1}{4} = 0{,}25 = 25\%$ $\frac{1}{2} = 0{,}5 = 50\%$ $\frac{1}{5} = 0{,}2 = 20\%$ $\frac{1}{8} = 0{,}125 = 12{,}5\%$ $\frac{1}{10} = 0{,}1 = 10\%$

vermehrter und verminderter Grundwert

Wachstumsfaktor

$1200\ € \cdot 1{,}03 = 1236\ €$ $1600\ € \cdot 0{,}925 = 1480\ €$

Zinsrechnung
Zinsen
Kapital
Zinssatz
Zeit

Z: Zinsen   K: Kapital   p: Zinssatz   t: Zeit

1 Jahr: 12 Monate   1 Jahr: 360 Zinstage   1 Monat: 30 Zinstage

Jahreszins	Monatszinsen (t in Monaten)	Tageszinsen (t in Tagen)
$Z = \frac{K \cdot p}{100}$	$Z = \frac{K \cdot p \cdot t}{100 \cdot 12}$	$Z = \frac{K \cdot p \cdot t}{100 \cdot 360}$

Zinseszinsen

Kapitalwachstum mit Zinseszinsen

Zinssatz 10 % ⇒ Zinsfaktor 1,1   100 € —·1,1→ 110 € —·1,1→ 121 € —·1,1→

Promille

$1‰ = \frac{1}{1000} = 0{,}001$ $1{,}7‰ = \frac{1{,}7}{1000} = 0{,}0017$ $0{,}5‰ = \frac{0{,}5}{1000} = 0{,}0005$

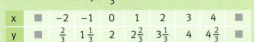

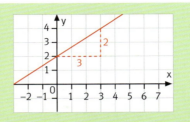

Funktionen
lineare Funktion

Eine Funktion mit der Gleichung
$y = mx + t$ heißt lineare Funktion.
Ihr Graph ist eine Gerade mit der
Steigung m und dem y-Achsenabschnitt t.
Wertetabelle für $y = \frac{2}{3}x + 2$:

x	■	−2	−1	0	1	2	3	4	■
y	■	$\frac{2}{3}$	$1\frac{1}{3}$	2	$2\frac{2}{3}$	$3\frac{1}{3}$	4	$4\frac{2}{3}$	■

Steigung

$m > 0$ Die Gerade steigt.
$m = 0$ Die Gerade verläuft parallel zur x-Achse.
$m < 0$ Die Gerade fällt.

y-Achsenabschnitt

$t > 0$ Die Gerade schneidet die positive y-Achse.
$t = 0$ Die Gerade ist Ursprungsgerade.
$t < 0$ Die Gerade schneidet die negative y-Achse.

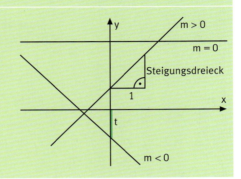

Funktionsgleichungen
bestimmen

Funktionsgleichung aus Punkt P (2,5|0,25) und Steigung $m = -0{,}5$:

Allgemeine Form:
$y_P = mx_P + t \Leftrightarrow t = mx_P + y_P$

Einsetzen von Punkt P:
$0{,}25 = -0{,}5 \cdot 2{,}5 + t$
$\Rightarrow t = 1{,}5$

Funktionsgleichung:
$y = -0{,}5x + 1{,}5$

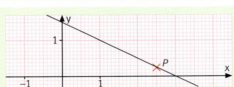

umgekehrt
proportionale
Funktion

Zum n-fachen der einen Größe gehört der n-te Teil der anderen.

Die Größenpaare sind produktgleich:
$x \cdot y = a \quad y = \frac{a}{x} \quad (a, x \neq 0)$

Wertetabelle:

x	■	30	40	■
y	■	2	1,5	■

Der Graph ist eine Hyperbel.

Allgemeine Form: $y = \frac{a}{x} \quad (a, x \neq 0)$

produktgleich: $a = 30 \cdot 2 = 60$

Funktionsgleichung: $y = \frac{60}{x}$

·2 :6 ·4

v ($\frac{km}{h}$)	30	60	10	40
t (h)	2	1	6	1,5

:2 ·6 :4

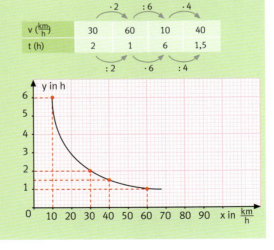

Grundwissen

Dreiecke / Winkel / Winkelsumme

Dreieck

gleichseitiges	gleichschenkliges	rechtwinkliges	spitzwinkliges	stumpfwinkliges
	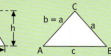	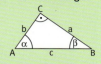		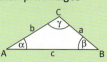

$A = \frac{g \cdot h}{2}$ $\qquad$ $u = a + b + c$ $\qquad$ Winkelsumme im Dreieck: $\alpha + \beta + \gamma = 180°$

Geometrie / Vierecke

Rechteck

$u = 2 \cdot (a + b)$
$A = a \cdot b$

Quadrat

$u = 4 \cdot a$
$A = a \cdot a$

Parallelogramm

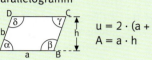

$u = 2 \cdot (a + b)$
$A = a \cdot h$

Trapez

$u = a + b + c + d$
$m = \frac{a + c}{2}$
$A = \frac{a + c}{2} \cdot h$

Raute

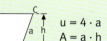

$u = 4 \cdot a$
$A = a \cdot h$

Drachen

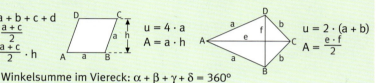

$u = 2 \cdot (a + b)$
$A = \frac{e \cdot f}{2}$

Winkelsumme im Viereck: $\alpha + \beta + \gamma + \delta = 360°$

Vielecke / regelmäßige Vielecke

Regelmäßiges n-Eck

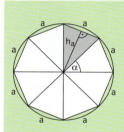

Bestimmungsdreieck
n: Anzahl der Ecken
α: Mittelpunktswinkel
$\alpha = 360° : n$
$u = n \cdot a$
$A = n \cdot a \cdot h_a : 2$
$A = n \cdot \frac{1}{2} a \cdot h_a$

Regelmäßiges Sechseck

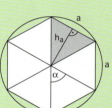

$n = 6$
$\alpha = 360° : 6$
$\alpha = 60°$
$u = 6 \cdot a$
$A = 6 \cdot a \cdot h_a : 2$
$A = 6 \cdot \frac{1}{2} a \cdot h_a$

Kreis / Kreissektor / Kreisring

Kreis

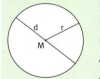

$u = 2 \cdot r \cdot \pi$
$u = d \cdot \pi$
$u = d \cdot 3{,}14$
$A = r^2 \cdot \pi$
$A = r \cdot r \cdot 3{,}14$

Kreissektor

$b = 2 \cdot r \cdot 3{,}14 \cdot \frac{\alpha}{360}$
$A = r \cdot r \cdot 3{,}14 \cdot \frac{\alpha}{360}$

Kreisring

$A = r_1 \cdot r_1 \cdot \pi - r_2 \cdot r_2 \cdot \pi$

Satz des Thales / Satz des Pythagoras

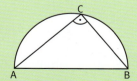

Liegt der Punkt C auf dem Kreis mit dem Durchmesser AB, dann ist das Dreieck rechtwinklig bei C.

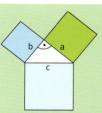

Im rechtwinkligen Dreieck gilt:
$a^2 + b^2 = c^2$

Grundwissen

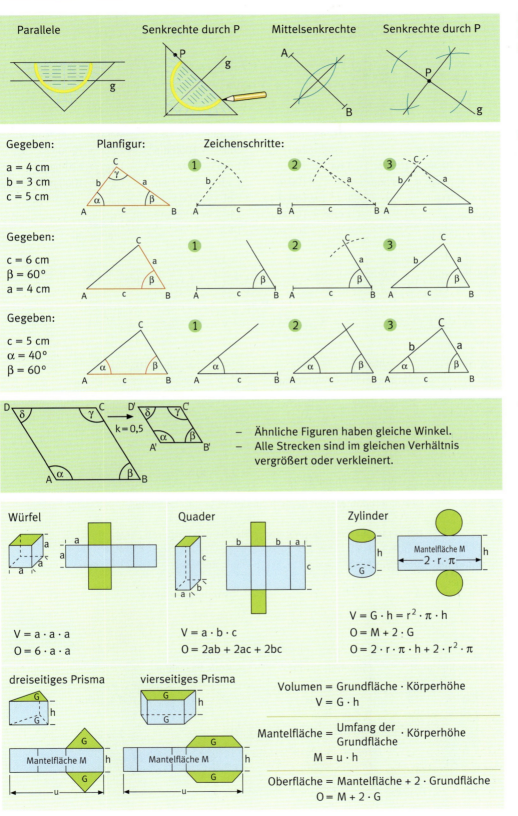

Zeichnen mit Geodreieck und Zirkel

Dreiecke zeichnen

ähnliche Figuren

Volumen und Oberfläche von Würfel, Quader, Zylinder und Prismen

Grundwissen

Volumen und Oberfläche von Pyramide und Kegel

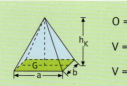

$O = G + M$
$V = \frac{1}{3} G \cdot h_K$
$V = \frac{1}{3} a \cdot b \cdot h_K$

$O = r^2 \cdot \pi + r \cdot s \cdot \pi$
$V = \frac{1}{3} G \cdot h_K$
$V = \frac{1}{3} r^2 \cdot p \cdot h_K$

Größen

Längen	Flächeninhalte	Rauminhalte	Massen („Gewichte")
1 km = 1000 m	1 km² = 100 ha	1 m³ = 1000 dm³	1 t = 1000 kg
1 m = 10 dm = 100 cm	1 ha = 100 a	1 dm³ = 1000 cm³	1 kg = 1000 g
1 dm = 10 cm = 100 mm	1 a = 100 m²	1 cm³ = 1000 mm³	1 g = 1000 mg
1 cm = 10 mm	1 m² = 100 dm²	1 hl = 100 l	Zeitspannen
Geldwerte	1 dm² = 100 cm²	1 l = 1000 ml	1 h = 60 min = 3600 s
1 € = 100 Ct	1 cm² = 100 mm²	1 l = 1 dm³	1 min = 60 s

Geschwindigkeit

Geschwindigkeit $= \frac{\text{Weg}}{\text{Zeit}}$ $v = \frac{s}{t}$ $s = v \cdot t$ $t = \frac{s}{v}$ $1 \frac{m}{s} = 3{,}6 \frac{km}{h}$ $1 \frac{km}{h} = 0{,}278 \frac{m}{s}$

Dichte

Dichte $= \frac{\text{Masse}}{\text{Volumen}}$ $\varrho = \frac{m}{V}$ $m = V \cdot \varrho$ $V = \frac{m}{\varrho}$ $1 \frac{g}{cm^3} = 1 \frac{kg}{dm^3} = 1 \frac{t}{m^3}$

beschreibende Statistik
Strichliste
Rangliste
absolute Häufigkeit

Strichliste:
||||/

Rangliste: größenmäßige Anordnung von Einzelwerten:
4 9 1 7 3 ⇒ 1 3 4 7 9

absolute Häufigkeit: Anzahl eines Wertes
Bei 10 Würfen dreimal die 6: absolute Häufigkeit: 3

Mittelwert (Arithmetisches Mittel)

Mittelwert $\bar{x}$: $\frac{\text{Summe aller Werte}}{\text{Anzahl der Werte}} = \frac{4+9+1+7+3}{5}$

relative Häufigkeit

relative Häufigkeit: $\frac{\text{absolute Häufigkeit}}{\text{Gesamtzahl der Werte}} = \frac{3}{10} = 0{,}3 = 30\%$

Zentralwert (Median)

Zentralwert z: bei ungeraden Werten der Wert in der Mitte der Rangliste
1 3 4 7 9   z = 4
bei geraden Werten der Mittelwert der beiden mittleren Zahlen
1 3 4 7 9 11   z = 5,5

Spannweite

Spannweite s (Intervallbreite):   s = größter Wert – kleinster Wert

Schaubilder (Diagramme)

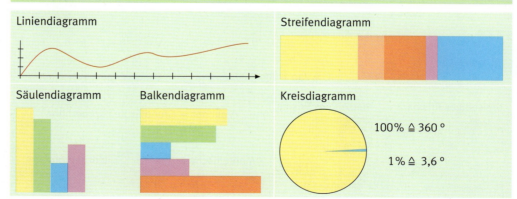

Liniendiagramm, Streifendiagramm, Säulendiagramm, Balkendiagramm, Kreisdiagramm
100% ≙ 360°
1% ≙ 3,6°

Lösungen

Prozent- und Zinsrechnung wiederholen
Seite 29 bis 31

1. a) P = 22 €   b) G = 800 €   c) p = 17,5 %

2. a) P = 237,71 €   b) p = 71,1 %   c) P = 3 979 l
   d) p = 16 %   neuer Preis: 294 €

3. vor 5 Jahren: 192 000 €
   vor 4 Jahren: 201 600 €
   vor 3 Jahren: 211 680 €
   vor 2 Jahren: 222 264 €
   vor 1 Jahr: 233 377,20 €

4. nach 3 Tagen: 35 mg
   nach 6 Tagen: 24,5 mg
   nach 9 Tagen: 17,15 mg
   nach 12 Tagen: 12,005 mg

5. A: Kosten: 650 €   B: Kosten: 625 €
   ⇒ Angebot B ist günstiger

6. Jahreszinsen: 720 €
   Zinsen für 7 Monate: 420 €

7. nach 1 Jahr: 2 529,60 €
   nach 2 Jahren: 2 580,19 €
   nach 3 Jahren: 2 631,80 €
   nach 4 Jahren: 2 684,43 €
   nach 5 Jahren: 2 738,12 €

8. Geschäft A: 134,00 €   Geschäft B: 136,00 €
   Ersparnis bei Geschäft A: 2 €

9. Preis: 53,76 €

10. p = 50 %

11. Reduzierter Preis der Stiefel: 74,96 €

12. Ölverbrauch bei 7,3 % Senkung: 39 726,59 l

13. Kosten bei 5,8 % Steigerung: 4 504 964 €

14. Erhöhung nach dem ersten Lehrjahr: p = 15,63 %
    Erhöhung nach dem zweiten Lehrjahr: p = 13,51 %

15. Barzahlungspreis Grafikkarte: 188,29 €
    Barzahlungspreis Digitalkamera: 329,52 €
    Barzahlungspreis TFT-Display: 541,35 €

16. Anzahl Pkw: 2 655 820

17. a) 100 € · 0,80 = 80 €   80 € · 1,20 = 96 €
    b) Einmal ist der Grundwert 100 €, dann 80 €.

18. a) Z = 744 €   K = 9 920 €   b) 24 800 €

19. a) p = $\frac{1654}{1462}$ · 100 ≈ 113 %
       Erhöhung: 13 %
    b) Verbrauch 2011: ≈ 1 176 PJ
    c) –/–

20. Zinsen pro Monat: Z = 14,40 €
    Zinsen gesamte Laufzeit: 518,40 €
    Gebühr: 60 €   Kosten: 578,40 €

21. a) Restbetrag: 204,99 €   Zinsen: 7,31 €
       Gesamtkosten: 497,30 €
    b) Gesamtkosten: 530,59   Ersparnis: 33,29 €

22. a) Entwicklungsländer: 20 %
       Westliche Industrieländer: 45 %
       Osteuropa / China: 35 %
    b) Entwicklungsländer: 2,366 Mrd. Tonnen
       Westliche Industrieländer: 3,367 Mrd. Tonnen
       Osteuropa / China: 3,367 Mrd. Tonnen
    c) 100 % · $\underbrace{1,01 \cdot 1,01 \cdot 1,01 \cdot \ldots \cdot 1,01}_{10 \text{ mal}}$ ≈ 110,4622 %
       ≙ 10,5 % Zunahme

23. a) Kapital: 15 375 €
    b) Guthaben: 17 304,70 €
    c) Guthaben: 17 355,65 €
    d) Verkaufspreis: 8 698,88 €

Potenzen und Wurzeln wiederholen
Seite 47 bis 49

1. a) 4 · 10^4 b) 5 · 10^5 c) 1,4 · 10^7
   d) 3,8 · 10^9 e) 4,77 · 10^8 f) 3,45 · 10^{11}

2. A und E   B und D   C und F

3. a) 0,00007   b) 0,0000657
   c) 0,000000108   d) 0,007808

4. a) 3,4 · 10^{-8} b) 3,4 · 10^{-10}
   c) 4,8 · 10^{-7} d) 8,4 · 10^{-8}

5. a) $0,4^2$ = 0,16 < 0,4
   b) $1,4^2$ = 1,96 > 1,4
   c) $0,15^2$ = 0,0225 < 0,15
   d) $0,9^2$ = 0,81 < 0,9
   e) $1,3^2$ = 1,69 > 1,3
   f) $0,25^2$ = 0,0625 < 0,25

6. richtig: a, c, f   falsch: b, d, e

7. a) 22 500   b) 225   c) 2,25
   d) 0,0225   e) $\frac{1}{16}$ f) $\frac{1}{121}$

8. a) >   b) >   c) <
   d) <   e) >   f) >

9. Afrika   3,03 · 10^7 km²
   Nordamerika   2,49 · 10^7 km²
   Südamerika   1,78 · 10^7 km²
   Australien/Ozeanien 8,5 · 10^6 km²
   Antarktis   1,22 · 10^7 km²
   Europa   1,05 · 10^7 km²
   Asien   4,44 · 10^7 km²

192 Lösungen

10 a) $1{,}24 \cdot 10^{12}$ b) $9{,}64 \cdot 10^{16}$
    c) $1{,}5 \cdot 10^{-7}$ d) $3{,}4 \cdot 10^{-7}$

11 a)

s (m)	15	45	78	150	200
v ($\frac{km}{h}$)	39	67	88	122	141

b)

v ($\frac{km}{h}$)	30	50	100	130	180
s (m)	9	25	100	169	324

12 Er berechnet nicht die Wurzel, sondern halbiert die Zahl. Zufällig stimmt das Ergebnis bei $\sqrt{4}=2$, da sowohl die Wurzel aus 4 als auch 4 : 2 gleich 2 ist.

13 a) -9 b) $2{,}81$ c) $12{,}5$ d) $-0{,}665$

14 a) $9{,}4608 \cdot 10^{12}$ km   b) $7{,}0956 \cdot 10^{14}$ km
    c) $\approx 1{,}27$ s   d) 500 s

15 Länge: 40 m   Breite: 20 m

16 a) $A = 81$ cm^2 $O = 486$ cm^2
    b) $a = 7$ cm   c) $G = 20{,}25$ cm^2 $a = 4{,}5$ cm

17 $V = r^2 \cdot \pi \cdot 10$
    a) $d \approx 5$ cm   b) $d \approx 1{,}1$ cm   c) $d \approx 16$ cm

18 a) $a = 5$ cm   b) $a = 6$ cm

19 a) $x_{1;2} = \pm 1$ b) keine Lösung
    c) $y_{1;2} = \pm 2$ d) keine Lösung

20 a) $x^2 - 15 = 2 \cdot 33$ b) $x^2 : 2 = 4 : 8$
       $x_{1;2} = \pm 9$ $x_{1;2} = \pm 1$

21 Gesamtfläche: 72 cm^2; $a \approx 8{,}49$ cm

22 Fläche eines roten Quadrats:
30 cm $\cdot$ 30 cm : 2 = 450 cm^2
Seitenlängen einer dreieckigen Fliese:
15 cm, 15 cm und $\sqrt{450 \text{ cm}^2} \approx 21{,}2$ cm

23 a) $V = 2{,}5$ l, $h = 12{,}2$ cm $\Rightarrow r \approx 8{,}1$ cm
      für $V = 0{,}5$ l: $h \approx 2{,}4$ cm
    b) für $V = 0{,}5$ l und $h = 12{,}2$ cm: $d \approx 7{,}2$ cm

24 $a \cdot a + 9 = 2a \cdot a$
    $a_{1;2} = \pm 3$
Die Seitenlänge des Quadrats beträgt 3 cm.

25 Grundfläche: $8\,000 : 12 \approx 666{,}67$ (cm^2)
$r \approx 14{,}57$ cm $d \approx 29{,}14$ cm
Die Torte passt auf die Tortenplatte.

26 a) Erdumfang: 40 009,880 km
      Mondumfang: 10 914,640 km
    b) Umlaufbahn der Erde um die Sonne:
      $\approx 9{,}395 \cdot 10^{11}$ m $\approx 9{,}4 \cdot 10^{8}$ km

27 a) Länge der Grundkante: 4 m
      Höhe des Körpers: 6 m
    b) Durchmesser: 7 m; Höhe des Körpers: 7 m

28 a) $\approx 33\,333\,333$ b) 300 km

Geometrische Konstruktionen und Berechnungen wiederholen

Seite 73 bis 75

1 a) G, H, I, K, L   b) E, B, C, D   c) K   d) M
   e) eigene Lösungen

2 Zeichnungen entsprechend den Planfiguren

3 a)

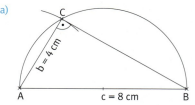

b)

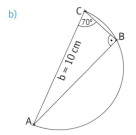

4

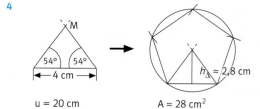

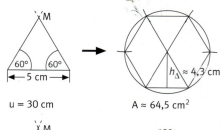

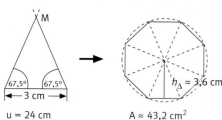

Lösungen

5 a) 30°   b) Zwölfeck

6 Alle Seitenlängen und Abstände müssen dreifach vergrößert sein. Die Winkel bleiben gleich.

7 a) Zeichnen von vier Halbkreisen:
Bei k = 0,5 halbiert sich der Radius auf
r = 1 cm.
b) Zeichnen von vier Viertelkreisen:
Bei k = 0,5 halbiert sich der Radius auf
r = 2 cm.

8 Die Dreiecke sind ähnlich, weil jede Seite mit dem gleichen Faktor (k = 1,5) vergrößert wird.

9 Dreieck: b' = 6,3 cm; k = 3
Rechteck: c' = 2 cm; d = 2,5 cm

10 a) 75 mm   b) 64 mm   c) ≈ 29,2 mm

11 a) Möglicher Maßstab: 1:100
α ≈ 23°
b) Strecke AB ≈ 6,07 m

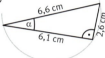

12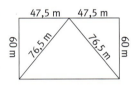
a) Sprintstrecke: ≈ 765 m
b) Gesamtstrecke: 1 840 m

13 Annahme: 185 Schultage
normaler Weg: 38 m + 15 m = 53 m
Abkürzung: 40,85 m
Ersparnis: 53 m – 40,85 m = 12,15 m
In einem Schuljahr (Hin- und Rückweg):
12,15 m · 185 · 2 = 4 495,5 m ≈ 4,5 km

14 Anmerkung: Messtoleranzen berücksichtigen
Fünfeckseite: 1,5 cm
Dreiecksseite: 3 cm
u = 30 cm; A = 15 cm²

15 a) Möglicher Maßstab: 1:10

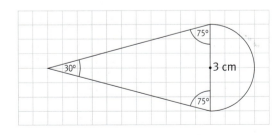

b) Anmerkung: Messtoleranzen berücksichtigen
Fläche des Zwölfecks: A = 30 cm · 56 cm : 2 · 12
= 10 080 cm² = 100,8 dm²
Fläche der sich anschließenden Halbkreise:
A = 15 cm · 15 cm · 3,14 : 2 · 12
= 4 239 cm² = 42,39 dm³
Fläche des gesamten Fensters: A = 143,19 dm²
= 1,43 m²
c) Anmerkung: Messtoleranzen berücksichtigen
Umfang der Dreiecke: u = 12 · (58 cm + 58 cm + 30 cm)
= 1 752 cm
Umfang der Halbkreise: u = 12 · (30 cm + 47,1 cm)
= 925,2 cm
Gesamte Länge der Metallleisten: 2 677,2 cm = 26,77 m

16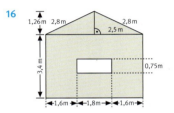

V = (5 m · 3,4 m + 2 · 0,5 · 2,5 m · 1,26 m – 1,35 m²) · 0,24 m
= 18,8 m² · 0,24 m
= 4,51 m³
Masse: 4,51 m³ · 2,4 g/m³ = 10,82 t

17 a = 6,7 cm; b = 4,2 cm; c = 5,2 cm
Das Dreieck ist rechtwinklig, da hier gilt: 6,7² + 4,2² = 5,2²

18 a) Die Dreiecke sind ähnlich, weil alle drei Winkel gleich groß sind.
b) k = 18/12 = 1,5 ⇒ x = 14 · 1,5 = 21 cm

19 Konstruktion einer Mittelsenkrechten, da jeder Punkt auf der Mittelsenkrechten von den beiden Vögeln gleich weit entfernt ist.

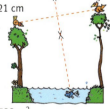

20 A_Bauplatz = (34 m + 16 m) : 2 · 28 = 700 m²
Bauplatzkosten: 700 · 210 € = 147 000 €
Zaunlänge: 33,29 m
A_graue Fläche = A_Rechteck + A_Viertelkreis + A_Rechteck
= 10 m · 7 m + 9 m · 9 m · 3,14 : 4 + 11 · 1,5
= 150,1 m²

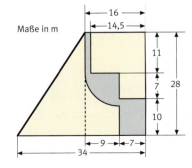

21 Steffi kann zuerst k und anschließend die Höhe der Bildkerze berechnen, weil es sich um zwei ähnliche Dreiecke handelt.

$k = \frac{7}{52{,}5} = \frac{2}{15}$

$h_{Bildkerze} = 15 \cdot \frac{2}{15} = 2$ cm

22 a) Die Fliege kann fliegen, daher ist die Raumdiagonale gesucht:
z. B. erst Zimmerdiagonale c:
$c^2 = 4^2 + 5^2 \Rightarrow c \approx 6{,}4$ m
Raumdiagonale x:
$x^2 = 2{,}5^2 + 6{,}4^2 \Rightarrow x \approx 6{,}87$ m
b) Zimmerdiagonale + Höhe:
$6{,}4 + 2{,}5 = 8{,}9$ m
c) Maße aus der maßstabsgetreuen Zeichnung

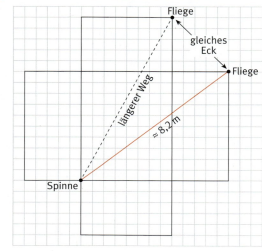

Gleichungen und Formeln wiederholen
Seite 101 bis 103

1 a) $-3y - 10x - 2$ b) $3x - 4y - 20$
c) $-2a - 6 - 6b$ d) $-31y + 9 - 30x$
e) $-3b - 16 - a$

2

		4	3	2	1	0	−1	−2	−3	−4
a)	$\frac{5}{x}$	$\frac{5}{4}$	$\frac{5}{3}$	$\frac{5}{2}$	5	–	−5	$-\frac{5}{2}$	$-\frac{5}{3}$	$-\frac{5}{4}$
b)	$\frac{2}{x-2}$	1	2	–	−2	−1	$-\frac{2}{3}$	$-\frac{1}{2}$	$-\frac{2}{5}$	$-\frac{1}{3}$
c)	$\frac{6}{2x-8}$	–	−3	$-\frac{3}{2}$	−1	$-\frac{3}{4}$	$-\frac{3}{5}$	$-\frac{1}{2}$	$-\frac{3}{7}$	$-\frac{3}{8}$
d)	$\frac{3}{(x-1)(x+1)}$	$\frac{3}{15}$	$\frac{3}{8}$	1	–	−3	–	1	$\frac{3}{8}$	$\frac{1}{5}$

3 a) $x^2 - 2x - 15$ b) $6y^2 + 16y + 10$
c) $6x^2 - 17x + 12$ d) $49x^2 - 7x - 6$
e) $2x^2 + 7x + 20$

4 a) $x = 30$ b) $x = -13$
c) $x = 17$ d) $x = -4$
e) $x = -2$

5 a) D: alle Zahlen außer 0 $x = -3$
b) D: alle Zahlen außer 0 $x = -6$
c) D: alle Zahlen außer 0 $x = 0{,}5$
d) D: alle Zahlen außer 0 $x = -4$
e) D: alle Zahlen außer −2 $x = 8$
f) D: alle Zahlen außer −4 und 3 $x = 10$

6 a) $x = 1{,}5$ $y = 4$ b) $x = 3$ $y = 4$
c) $x = 16$ $y = 24$ d) $x = -2$ $y = 3$

7 a) $x = 2$ b) $x = 16$ c) $x = 0{,}25$ d) $x = 8$

8 a) $A = r_1^2 \cdot \pi - r_2^2 \cdot \pi$ und $A = (r_1^2 - r_2^2) \cdot \pi$
b) $A_{Kreisausschnitt} = r^2 \cdot \pi \cdot \alpha : 360$
$b_{Länge des Kreisbogens} = d \cdot \pi \cdot \alpha : 360$

9 a) $A = 48$ cm^2 b) $A = (8 - x) \cdot (6 + y)$
c) $A = 54$ cm^2

10 a) $V_Q = a \cdot b \cdot h_k \Rightarrow \frac{V_Q}{a \cdot b} = h_k$
b) $V_Z = r^2 \cdot \pi \cdot h_k \Rightarrow \sqrt{\frac{V_Z}{\pi \cdot h_k}} = r$
c) $V_K = \frac{1}{3} \cdot r^2 \cdot \pi \cdot h_k \Rightarrow \frac{V_K \cdot 3}{r^2 \cdot \pi} = h_k$

11 a) $5 \cdot (3 + x) = 10 \cdot x$ $x = 3$ cm
b) $8 \cdot x = 12 \cdot (x - 4)$ $x = 12$ cm

12 a) $x - 12 + x + 0{,}25x + 33 + 14 = 98$ $x = 28$
Herr Sauer: 28 Stimmen
Frau Artner: 16 Stimmen
Herr Grünwald: 40 Stimmen
b) $x - 4 + x + 0{,}5x + 3(x - 4) = 39$ $x = 10$
10 Birnen, 6 Äpfel, 5 Mangos, 18 Kiwis

13

	Metal	Rockmusik	Hip Hop	Techno
Anzahl	$\frac{1}{6}x$	$\frac{1}{3}x$	$\frac{1}{3}x + 28$	38
Gesamtanzahl	x			
Gleichung	$\frac{1}{6}x + \frac{1}{3}x + \frac{1}{3}x + 28 + 38 = x$			
Lösung	$396 = x$			

Metal: 66 Gäste   Rockmusik: 132 Gäste
Hip Hop: 160 Gäste   Techno: 38 Gäste

14 Es passen die Gleichungssysteme c) und d).

15 a) I $\;\;6x + y = 10$ b) I $\;\;x - y = 15$
II $\;\;6x - y = 18$ II $\;\;3x + 5y = 29$
$L = \{2\tfrac{1}{3} | -4\}$ $L = \{13 | -2\}$

Lösungen

16 a) I $x + y = 25$
  II $2x + 4y = 60$ $L = \{20|5\}$

17 a) I $18x + y = 30{,}30$
  II $15x + y = 25{,}80$ $L = \{1{,}50|3{,}30\}$
  Grundgebühr: 3,30 €; Preis pro km: 1,50 €
 b) I $80 \cdot x + y = 284$
  II $105 \cdot x + y = 351{,}5$ $L = \{2{,}7|68\}$
  Grundgebühr: 68 €; Preis pro m³: 2,70 €

18 a) I $3x + 2y = 5 \cdot 8{,}80$
  II $3x + 5y = 8 \cdot 9{,}25$ $L = \{8|10\}$
  Sorte A: 8,00 €/kg   Sorte B: 10,00 €/kg
 b) I $24x + 16y = 40 \cdot 10{,}80$
  II $16x + 24y = 40 \cdot 9{,}80$ $L = \{12{,}8|7{,}8\}$
  Exquisit: 12,80 €/kg   Premium: 7,80 €/kg

19 I $x + y = 62$
  II $x + 3 = 3(y + 3)$ $L = \{48|14\}$
  Alter der beiden: 48 Jahre und 14 Jahre

20 a) I $x + y = 160$
  II $1{,}5x = y$ $L = \{64|96\}$
  $x = 64$ cm; $y = 96$ cm
 b) I $a = b - 26{,}3$
  II $2a + 2b = 233{,}8$ $L = \{45{,}3|71{,}6\}$
  $a = 45{,}3$ cm; $b = 71{,}6$ cm

Geometrische Körper wiederholen
Seite 121 bis 123

1 Zweitafelbild 1

2 Zeichnungen nach Vorgabe

3
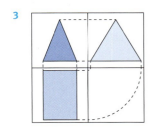 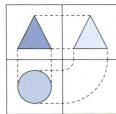

4 $V_A = 7\,065$ cm³ $O_B \approx 4\,867$ cm²

5 a)
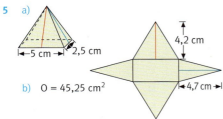
 b) $O = 45{,}25$ cm²

6 Recht haben: Frida, Clara
 Oscars Aussage wäre richtig mit „... sind gleichschenklige Dreiecke."

7 $h_{Wasser} = 20$ cm
 Begründung: Pyramide: $\frac{1}{3}$ Volumen; Rest: $\frac{2}{3}$ Volumen
 bei gleicher Grundfläche gilt:
 $h_{Wasser} = \frac{2}{3} \cdot h_{Würfel} = \frac{2}{3} \cdot 30$ cm $= 20$ cm

8 $h_{Zylinder} = 6{,}2$ cm
 Überlegung bei gleicher Grundfläche und gleicher Höhe:
 $V_{Kegel} = \frac{1}{3} V_{Zylinder}$
 ⇒ Bei gleichem Volumen (und gleicher Grundfläche):
 $h_{Kegel} = 3 \cdot h_{Zylinder} \Rightarrow h_{Zylinder} = 6{,}2$ cm

9 $h_{Kegel} = 15$ cm (12 cm)
 Grundfläche: 50,24 cm²

10 a)

r_{Kegel}	6 cm	3 cm	3 cm
h_{Kegel}	5 cm	6 cm	8 cm
V_{Kegel}	188,4 cm³	56,52 cm³	75,36 cm³

 b) $h_{Kegel} \cdot 2 \Rightarrow V_{Kegel} \cdot 2$ c) $r_{Kegel} \cdot 2 \Rightarrow V_{Kegel} \cdot 4$

11
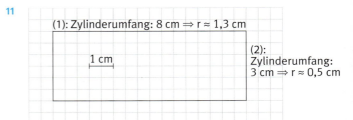

 (1): Zylinderumfang: 8 cm ⇒ r ≈ 1,3 cm
 (2): Zylinderumfang: 3 cm ⇒ r ≈ 0,5 cm

 $O_1 = 2 \cdot$ Grundfläche + Mantelfläche
  $= 2 \cdot 1{,}3$ cm $\cdot 1{,}3$ cm $\cdot 3{,}14 + 24$ cm² $\approx 34{,}61$ cm²

 $O_2 = 2 \cdot$ Grundfläche + Mantelfläche
  $= 2 \cdot 0{,}5$ cm $\cdot 0{,}5$ cm $\cdot 3{,}14 + 24$ cm² $= 25{,}57$ cm²

12

13 $V_{Quader} = 30$ cm $\cdot 30$ cm $\cdot 60$ cm $= 54\,000$ cm³ $= 54$ dm³
 Abfall 1 und Abfall 3:
 $V_{Pyramide} \triangleq \frac{1}{3}$ des Quadervolumens
 Abfall $\triangleq \frac{2}{3}$ des Quadervolumens
 Abfall: $\frac{2}{3} \cdot 54$ dm³ $= 36$ dm³
 In Prozent: 36 dm³ : 54 dm³ $= 0{,}666 = 66{,}7\%$

 Abfall 2:
 $V_{Kegel} = \frac{1}{3} \cdot 15$ cm $\cdot 15$ cm $\cdot 3{,}14 \cdot 60$ cm $= 14\,130$ cm³ $= 14{,}13$ dm³
 Abfall: 54 dm³ $-$ 14,13 dm³ $= 39{,}87$ dm³
 In Prozent: 39,87 dm³ : 54 dm³ $= 0{,}738 = 73{,}8\%$

14 Beispiel a) 1:

$V_{Kegel} = \frac{1}{3} \cdot r^2 \cdot 3{,}14 \cdot h$

$1000 \text{ cm}^3 = \frac{1}{3} \cdot 10 \text{ cm} \cdot 10 \text{ cm} \cdot 3{,}14 \cdot h$

$1000 \text{ cm}^3 = \frac{1}{3} \cdot 3{,}14 \cdot h \quad | : 3{,}14 \cdot 3$

$9{,}55 \text{ cm} = h$

d	20 cm	15 cm	10 cm	≈ 13,8 cm	≈ 11,3 cm
h	≈ 9,6 cm	≈ 17 cm	≈ 38,2 cm	20 cm	30 cm

15 a) r = 6 cm; s = $\sqrt{72}$ ≈ 8,5 (cm) O ≈ 273,2 cm²
b) s = d = 12 cm; r = 6 cm O ≈ 339,1 cm²

16 2 Umdrehungen um die eigne Achse:
Begründung: $d_{Grundkreis} = 2 \cdot d_{Kegel}$
⇒ $u_{Grundkreis} = 2 \cdot u_{Kegel}$

17 a) h_K ≈ 22,9 cm V ≈ 2 396,9 cm³
b)

d	20 cm	30 cm	0,60 m	0,70 m
s	20 cm	50 cm	1,20 m	2,10 m
h_K	≈ 17,3 cm	≈ 47,7 cm	≈ 1,16 m	≈ 2,07 m
V_K	≈ 1 810,7 cm³	≈ 11 233,4 cm³	≈ 0,110 m³	≈ 0,265 m³

18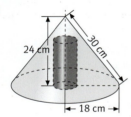

$V_{Kegel} = \frac{1}{3} \cdot 18 \text{ cm} \cdot 18 \text{ cm} \cdot 3{,}14 \cdot 24 \text{ cm} = 8138{,}88 \text{ cm}^3$
$V_{Zylinder} = 4 \text{ cm} \cdot 4 \text{ cm} \cdot 3{,}14 \cdot 16 \text{ cm} = 803{,}84 \text{ cm}^3$
$V_{gesamt} = 7335{,}04 \text{ cm}^3$
m = 19 804,608 g

19 a) $h_{Bestimmungsdreieck}$ ≈ 2,6 cm
$A_{Sechseck}$ = 23,4 cm²
V_{Gesamt} = 23,4 cm² ⋅ (4 cm + 8 cm + 16 cm)
= 655,2 cm³
b) O = 3 ⋅ 23,4 cm² + 18 ⋅ (4 cm + 8 cm + 16 cm)
= 574,2 cm²
c) O = 18 cm ⋅ (4 cm + 8 cm + 16 cm) − 4 ⋅ 3 cm ⋅ 4 cm
− 2 ⋅ 3 cm ⋅ 8 cm = 408 cm²

20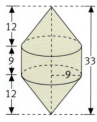

Maße in cm

V = 9 cm ⋅ 9 cm ⋅ 3,14 ⋅ 9 cm
+ 2 ⋅ 9 cm ⋅ 9 cm ⋅ 3,14 ⋅ 12 cm ⋅ $\frac{1}{3}$
= 4 323,78 cm³
O = 18 cm ⋅ 3,14 ⋅ 9 cm + 2 ⋅ 9 cm ⋅ 3,14
⋅ 15 cm
= 1 356,48 cm²

21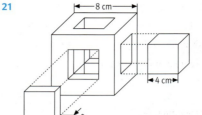

$V_{Würfel}$ = 512 cm³

$V_{neu} = V_{Würfel} − V_{6 \text{ seitl. Quader}} − V_{Innenwürfel}$
V_{neu} = 512 cm³ − 6 ⋅ 4 cm ⋅ 2 cm ⋅ 4 cm − 4 cm ⋅ 4 cm ⋅ 4 cm
= 256 cm³

$V_{neu} : V_{Würfel}$ = 50 %

$O_{Würfel}$ = 384 cm²
O_{neu} = 384 cm² − 4 cm ⋅ 4 cm ⋅ 6 + 2 cm ⋅ 4 cm ⋅ 4 ⋅ 6
= 480 cm²
$O_{neu} : O_{Würfel}$ = 1,25 ≙ 125 %

22 $A_{Kreisring}$ = [(1,2 m)² − (0,6 m)²] ⋅ 3,14
≈ 3,39 m²
$A_{Körper}$ = 2,4 m ⋅ 2,4 m − 1 m ⋅ 0,75 m − 0,6 m ⋅ 0,6 m ⋅ 3,14 : 2
≈ 4,44 m²
A_{Gesamt} = 7,83 m²
V = 7,83 m² ⋅ 0,005 m = 0,03915 m³
= 39,15 dm³
Masse: m = 105,71 kg

23 a) $V_{Werkstück}$ = 12 cm ⋅ 12 cm ⋅ 14 cm : 3 − 2 cm ⋅ 2 cm
⋅ 3,14 ⋅ 6 : 3
= 646,88 cm³
b) Hinweis: Dichte auf S. 113 oder in der Formelsammlung
(2,7 g/cm³)
Masse: m = 1 746,576 g
c) V_{Quader} = 258 720 cm³   Anzahl ≈ 399

Funktionen wiederholen
Seite 143 bis 145

1 Lineare Funktionen: B, C
Begründung: Der Graph ist eine Gerade.
Keine linearen Funktionen: A, D
Begründung: Der Graph ist keine Gerade.

2

	linear	proportional	umgekehrt prop.
a	x	x	■
b	■	■	■
c	x	x	■
d	■	■	x
e	x	■	■
f	■	■	x

Lösungen

3 a) Leergewicht Lkw: 3 t   Gewicht 1 m³ Sand: 1,5 t

b)
m³	1	3	4	6	5,5
t	4,5	7,5	9	12	11,25

c) Funktionsgleichung: y = 1,5 · x + 3

4 a)
Teilnehmer	10	40
Kosten je Teilnehmer (€)	8	2

b)
Kosten je Teilnehmer (€)	4	16
Teilnehmer	20	5

c) Funktionsgleichung: $y = \frac{80}{x}$

5 a)
Menge (kg)	Preis (€)
3	7,50
5	12,50
12	30

b)
Stückzahl	Preis (€)
4	2,80
9	6,30
15	10,50

6 a)
Ladekapazität eines Lkw (t)	Anzahl der Fahrten
36	24
9	96
12	72

b)
Anzahl der Teilnehmer	Fahrpreis je Teiln. (€)
48	15
40	18
32	22,50

7
Länge (cm)	1	2	3	4	6	8	9	12	18	36
Breite (cm)	36	18	12	9	6	4,5	4	3	2	1

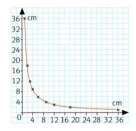

8 a)
m³	0	10	20	40	50	70	75
€	60	80	100	140	160	200	210

b)
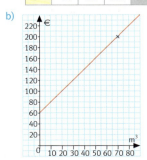

c) Die Funktion ist nicht proportional, da der Graph keine vom Nullpunkt ausgehende Halbgerade ist.

9 $m = \frac{12,5}{5} = 2,5 \Rightarrow y = 2,5 \cdot x$
Graphen über Steigungsdreieck mit m = 2,5 zeichnen

10
	a)	b)	c)	d)	e)	f)	g)	h)
t	–3	–1	4	2,5	1	0,5	2	–1,5
m	2	0,5	–4	–1	1	2	–2	0,5

Graphen jeweils ausgehend vom Schnittpunkt mit der y-Achse über entsprechendes Steigungsdreieck zeichnen

11 g: y = 0,5 · x + 1,5
h: y = –x – 0,5
i: y = 0,25 · x

12 a) und d): Die Geraden sind parallel, da die Steigungsfaktoren jeweils gleich sind.
b) und c): Die Geraden schneiden sich, da die Steigungsfaktoren jeweils verschieden sind.

13 a) b) c)
Text- und Befehlseingabe analog vorgegebener Beispiele;
Grafikerstellung gemäß S. 139/3b;
Ergebnis- und Graphenkontrolle durch Vergleich mit den rechnerisch ermittelten Ergebnissen bzw. per Hand gezeichneten Graphen

14 a) Tarif A: y = 0,40 · x + 150
Tarif B: y = 0,50 · x + 50
x-Achse: 1 cm ≙ 200 m³
y-Achse: 1 cm ≙ 100 €
Schnittpunkt der Geraden: S (1 000|550)
b) Tarif A: Verbrauch > 1 000 m³
Tarif B: Verbrauch < 1 000 m³

15 a) Pumpe 1: 1200 $\frac{l}{h}$ Pumpe 2: 800 $\frac{l}{h}$
b) Pumpe 1: in 5 h   Pumpe 2: in 7,5 h
c) Füllzeit beider Pumpen: 3 h
d) Graph 3 stellt dar, wie ein Becken mit 6 000 l in 3 h gleichmäßig leergepumpt wird.
Der Funktionsgraph ist eine fallende Gerade.
e) Leistung von Pumpe 3: 2 000 $\frac{l}{h}$

16 a) 1,5 h = 90 min
Kalorienverbrauch Mountain-Biking:
(90 : 15) · 140 = 840 (kcal)
Kalorienverbrauch Badminton:
(90 : 15) · 94 = 564 (kcal)
Differenz: 276 (kcal)
oder: (140 – 94) · (90 : 15) = 276 (kcal)
b) Kalorienverbrauch bei 3,5 h Mountain-Biking:
(140 · 4) · 3,5 = 1 960 (kcal)
Zeitdauer Badminton:
1 960 : (94 · 4) ≈ 5,21 (h) ≈ 5 h 13 min
oder: 3,5 · (140 : 94) ≈ 5,21 (h)

17 a) Firma A: 7,50 € + 24 · 1 € = 31,50 €
Firma B: 24 · 1,50 € = 36 €
⇒ Angebot A ist preisgünstiger.

b)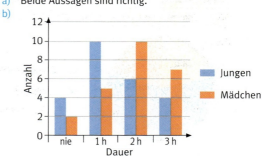

c) Bei 15 km Entfernung gleich große Kosten.

18 a) Anzahl der Futtersäcke: 6 · 14 : 15 = 5,6 ⇒ 6
b) Preis der 15-kg-Säcke: 6 · 40 € = 240 €
Anzahl der 30-kg-Säcke: 6 : 2 = 3
Kosten der 30-kg-Säcke einschließlich Lieferung:
3 · 75 € + 4,50 € = 229,50 €
⇒ Das Angebot für die 30-kg-Säcke ist günstiger.

19 a) Liter pro Haushalt: 4 500 000 : 250 = 18 000
b)

Angenom. Dürretage	30	60	90	120
Tägl. Wasserm. pro Haushalt (l)	600	300	200	150

c)

20 a)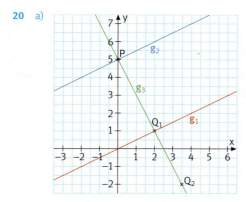

b) g_2: $y = \frac{1}{2}x + 5$
g_3: $y = -2x + 5$
c) g_4: $y = -2x + 1$
d) Beispiele:
g_5: $y = -2x + 3$
g_6: $y = -2x$
g_7: $y = -2x - 1,5$

Beschreibende Statistik wiederholen
Seite 157 bis 159

1 a) Beide Aussagen sind richtig.
b)

2 a) 126 Schüler
b)

	Anzahl der Jugendlichen	Anteil in %	Mittelpunktswinkel
Inlineskaten	25	19,8	71°
Reiten	22	17,5	63°
Tennis	20	15,9	57°
Judo	38	30,2	109°
Streetball	21	16,7	60°

3 a) 120 Jugendliche   b) 15,9 Jahre
c)

Alter	15	16	17	18
Anzahl	48	49	14	9
Anteil in %	40	40,8	11,7	7,5

Streifendiagramm:

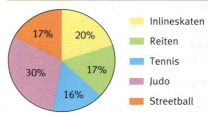

4 a), b) und c)

Noten	1	2	3	4	5	6
Schüler 9a	2	3	10	6	3	0
Anteil in %	8,3	12,5	41,7	25	12,5	0
Schüler 9b	3	4	7	5	2	2
Anteil in %	13	17,4	30,4	21,7	8,7	8,7
Schüler 9a/9b	5	7	17	11	5	2
Anteil in %	10,6	14,9	36,2	23,4	10,6	4,3

Lösungen

5 a)

	7a	8a	8b	9a	9b
Ehrenurkunde (Anteil in %)	19	35	25	29	24
Siegerurkunde (Anteil in %)	57	45	55	62	67
Keine Urkunde (Anteil in %)	24	20	20	10	10

b) 7a:

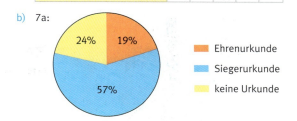

6 a) 125 148 173 195 197 198 220 235 236 238
245 247 280 312 332 380 432 576
b) ≈ 461 %   c) Besucherschnitt pro Spiel: ≈ 265

7 a) 15 22 27 32 38 41 45 55 62 72
b) Höchstwert: 72 min, Niedrigstwert: 15 min
Zentralwert: z = 39,5 min, Mittelwert: $\bar{x}$ = 40,9 min,
Spannweite: s = 57 min
c) Dunjas Überlegung ist richtig: 440 min : 11 = 40 min.

8 a) 12,50 25 25 50 50 70 100 120 145 160
200 220 300 320 420
Zentralwert: z = 120 €, Mittelwert: $\bar{x}$ = 147,83 €,
Spannweite: s = 407,50 €
b) Zentralwert: z = 132,50 €, Mittelwert: $\bar{x}$ = 451,09 €
Durch die sehr hohe Spende von 5 000 € wird der Mittelwert sehr verzerrt.

9 a) Mittelwert: $\bar{x}$ = 140 cm, Zentralwert: z = 130 cm
b) Aussagekräftiger ist hier der Zentralwert. Der Mittelwert ist durch die verhältnismäßig hohe Körpergröße des Jugendlichen sehr verzerrt.

10 a) 456 Schüler   b) ≈ 13 Jahre
c)

Alter der Schüler	10	11	12	13	14	15	16	17
Anzahl der Schüler	45	73	77	82	85	38	44	12
Anteil in %	10	16	17	18	19	8	10	3

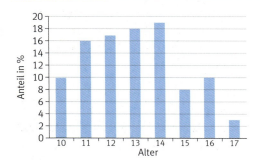

11 a) z = 28   b) 18, 19 oder 20
c) Spannweite: s = 32
Bei Wert 18: $\bar{x}$ = 30,9
Bei Wert 19: $\bar{x}$ = 31   Bei Wert 20: $\bar{x}$ = 31,1

12 a) Rangliste 100-m-Lauf: 13,7 13,8 14,0 14,4 14,7
Rangliste 800-m-Lauf: 3:12 3:42 3:51 4:10 4:43
b) 100-m-Lauf:
Mittelwert: $\bar{x}$ = 14,12 s, Zentralwert: z = 14,0 s,
Spannweite: s = 1,0 s
800-m-Lauf:
Mittelwert: $\bar{x}$ ≈ 3:56 min, Zentralwert: z = 3:51 min,
Spannweite: s = 1,31 min

13 a)

	Nadine	Evelyn	Daniela
1. Wurf	32 m	36 m	45 m
2. Wurf	45 m	39 m	41 m
3. Wurf	43 m	39 m	41,5 m
Durchschnitt	40 m	38 m	42,5 m

b) Nadine: s = 13 m; Evelyn: s = 3 m; Daniela: s = 4 m

14 a) 2er-Gruppen: (53 kg + 47 kg) : 2 = 50 kg
3er-Gruppen: (39 kg + 51 kg + 60 kg) : 3 = 50 kg
(51 kg + 53 kg + 46 kg) : 3 = 50 kg
(43 kg + 47 kg + 60 kg) : 3 = 50 kg
4er-Gruppen: (46 kg + 43 kg + 51 kg + 60 kg) : 4 = 50 kg
(39 kg + 48 kg + 60 kg + 53 kg) : 4 = 50 kg
5er-Gruppen: (51 kg + 60 kg + 47 kg + 53 kg + 39 kg) : 5 = 50 kg
6er-Gruppen: (51 kg + 60 kg + 53 kg + 46 kg + 47 kg + 43 kg) : 6 = 50 kg
Bei 7-er- und 8-er-Gruppen sind keine Lösung möglich.
b) $\bar{x}$ = 45,7 kg   z = 46,5 kg   s = 26 kg
c) $\bar{x}$ = 47,9 kg   z = 47 kg   s = 36 kg

15 a) Texteingabe gemäß Vorgabe
b)

Alter der Schüler	6	7	8	9	10	11
Anzahl der Schüler	72	84	91	98	55	12
Anteil in %	17,48	20,39	22,09	23,79	13,35	2,91

c)

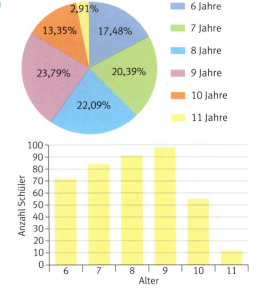

Quali-Training Teil A

Seite 163

1. $(6x - 12) + 6 = 32 - (8 - x)$
   $6x - 12 + 6 = 32 - 8 + x$
   $6x - 6 = 24 + x$ / $-x$
   $5x - 6 = 24$
   $5x = 30$ / $:5$
   $x = 6$

2. a) $3 \cdot (7 + \boxed{2x}) - 4x = \boxed{21} + 6x - 4x$
   b) $4 \cdot (\boxed{-3} \cdot x + \boxed{5}) - 4 = -12x + 20 - 4$
   c) $(\boxed{-7} \cdot x - 5) \cdot 3 = -21x - 15$
   d) $(-15 \cdot x - 35) : 5 + 9 = -3x - \boxed{7} + 9$

3. a) $3x + 2 = 8$ b) $x : 5 - 4 = -1$

4. a) $5x - 18 = 2 + 3x$ b) $48 - 24x - 2x + 4 = 0$
         $x = 10$ $x = 2$

5. Gleichung: $x + x + 5 = 25$ $x = 10$
   Es sind 10 Mädchen und 15 Jungen.

6. a) $x + x + 3 = 15$ $x = 6$
   Es sind 6 Narzissen und 9 Tulpen.
   b) $x + x + 3 = 91$ $x = 44$
   Frau Heinrich ist 44, Herr Heinrich 47 Jahre
   c) $x + x + x - 3 = 30$ $x = 11$
   Schenkel: 11 cm, Grundseite: 8 cm

Seite 164

1. a)

Preisklasse	A	B	C
Verk. Karten	100	160	140
Anteil	25%	40%	35%

   b) Beispiel: 3) → 4) → 1) → 2)

2. Anteil Schüler: 35%

3. a) A: Weiße Kreisfläche: 20%, B: Winkel α: 72°
   b) Winkel gefärbter Teil: 144°
   c)

Anteil (%)	10	50	60
Winkelgröße (°)	36	180	216

4. Zu zahlender Betrag insgesamt: 112 €

5. Preisminderung insgesamt: 32%

Seite 165

1. a) 40 Formelsammlungen: 200 €
      20 Arbeitshefte: 200 €
      ⇒ Aussage wahr
   b) 20 Schulbücher: 500 €
      20 Formelsammlungen: 100 €
      ⇒ Aussage falsch
   c) 20 Schulbücher: 500 €
      2 Schulbücher: 50 €
      ⇒ Aussage wahr

2. a) Ankunft am Ziel: 12.45 h
   b) Pausenzeit insgesamt: 75 min
   c) höchste Geschw.: 12.15 h–12.45 h

3. – Geringste Geschwindigkeit: ⑦
     Kurve verläuft am flachsten.
   – Höchste Geschwindigkeit: ①
     Kurve verläuft am steilsten.

4. a) Stromerzeugung durch Kohle: 42%
   b) Anteil erneuerbarer Energie: $\approx \frac{1}{6}$

5. Elif hat Recht, da der Anstieg von 2000 auf 2005 mit rund 3 Mrd. t etwa doppelt so groß ist wie der von 1995 auf 2000.

Seite 166

1. $A_{Figur} = 40$ cm^2

2. a) $A = 1$ cm^2 b) $A = 1$ cm^2

3. $A_{Figur} = 28$ cm^2

4. a) $V_{Körper} = 80$ cm^3
   b) $O_{Körper} = 136$ cm^2

5. Kiste: 8 Quader ⇒ 400 Steine

6. Es fehlen 8 Würfel.

7. Oberfläche: $+2$ cm^2

Seite 167

1. Bezugsgröße: Mann ($\approx 1{,}80$ m)
   ⇒ $d = 4 \cdot 1{,}80$ m $= 7{,}2$ m
   ⇒ $u = 7{,}2$ m $\cdot 3 = 21{,}6$ m ≈ 22 m

2. Bezugsgröße: Mann ($\approx 1{,}80$ m)
   ⇒ Stapelhöhe: ≈ 1 m
   Lösung:
   20 Packungen → 1 m (hoch)
      1 Packung → 5 cm (hoch)
       500 Blatt → 5 cm = 50 mm
         1 Blatt → 50 mm : 500 = 0,1 mm

3. Bezugsgröße: PKW (≈ 4 m)
   Abstand zum Rand (jeweils ≈ 1 m)
   ⇒ d_{Sockel}: 4 m + 2 · 1 m = 6 m ⇒ $u = 18$ m

4. Bezugsgröße: Mensch ($\approx 1{,}80$ cm), dessen Schuh (≈ 30 cm)
   ⇒ Größe$_{Mensch} \approx 6 \cdot$ Länge$_{Schuh}$
   Lösung: Abgebildeter Schuh $\approx$ Größe$_{Mensch}$ (≈ 180 cm)
   ⇒ Größe des dazu passenden Menschen:
       $6 \cdot 180$ cm = 10,80 m

5. 1 Element (E) → ca. 30 Algen (A) ⇒ 8 E (1 mm^2) → 240 A
   ⇒ 1 cm^2 = 100 mm^2 → 24 000 A

Stichwortverzeichnis

A
Achsenabschnitt 132, 187
Additionsverfahren 94, 185
Ähnliche Figuren 70 ff., 189
Ansichten 108
Äquivalenzumformung 82, 185
Arithmetisches Mittel 154, 190
Assoziativgesetz 184

B
Balkendiagramm 151, 190
Basiswinkel 59
Bestimmungsdreieck 59, 188
Bruchgleichungen 85 f., 185
Bruchterme 84
Brüche 8 f., 184

C
Computer
- Diagramme erstellen 151
- Funktionen bearbeiten 141
- Körper berechnen 120
- Preise kalkulieren 18
- Tilgungsplan 26 f.

D
Darlehen 22
Definitionsbereich 84 ff.
Dezimalbrüche 8 f., 184
Diagonale
- Flächendiagonale 66
- Raumdiagonale 68
Diagramme 13, 151, 152, 156, 190
Dichte 115, 190
Distributivgesetz 81, 184
Drachen 56, 188
Draufsicht 108
Dreiecke 55, 188, 189
Dreisatz 10 ff., 186
Dreitafelbild 108
Durchschnitt 154, 190

E
Endwert 15, 17, 186
Exponent 36

F
Fallunterscheidungen 45
Faktorenkette 16, 20 f.
Flächen 188
Formeln 89 f.
Freihandskizze 109
Funktionen
- lineare 128 ff., 187
- proportionale 128
- umgekehrt proportionale 135 ff., 187
Funktionsgleichungen 153 f., 187

G
Geometrisches Zeichnen 54, 188 f.
Geschwindigkeit 190
Gleichsetzungsverfahren 92
Gleichungen
- aufstellen 87 f., 96 ff., 185
- umformen 82 f., 185
- mit Brüchen 83, 185
- rein quadratische 44 f., 185
Gleichungssysteme 91 ff., 185 f.

Graph 128 f., 187
Größen 190
Grundwert 11, 186
- vermehrter 15 ff.
- verminderter 15 ff.

H
Häufigkeit
- absolute 150 f., 190
- relative 150 f., 190
Häufigkeitstabelle 150 f.
Hochzahl 36
Hyperbel 137, 187
Hypotenuse 64

K
Kapital 22 f., 186
Kathete 64
Kegel
- Mantelfläche 117
- Oberfläche 117 f., 190
- Volumen 114 ff., 190
Körper
- zeichnen 108 ff.
- berechnen 189 f.
Kredit 22, 186
Kreis, Umkreis 58, 188
Kreisdiagramm 13, 151, 190
Kreisring 188
Kreissektor 188
Kubikwurzel 43, 185

L
Lot 54

M
Median 154, 190
Mittelpunktswinkel 59, 188
Mittelsenkrechte 54, 189
Mittelwert 154, 190

O
Operator 10 ff.

P
Parallele 54, 189
Parallelogramm 56, 188
Potenzen
- Zehnerpotenzen 36 ff.
- dritte Potenz 43
Prismen
- regelmäßige 118 f.
Promille 19, 186
Prozent
- berechnen 9 ff., 186
- Formel 14, 186
- Grundwert 11, 186
- Prozentsatz 12, 186
- Prozentwert 10, 186
- Schaubilder 13, 190
Pyramide
- Oberfläche 116 f., 190
- Schrägbild 109
- Volumen 110 f., 190
Pythagoras
- Satz 63 ff., 190
- anwenden 66 ff.
- beweisen 65

Q
Quader 189
Quadrat 188
Quadratwurzel 39 f., 185
Quadratzahl 39 f., 185
Quali-Training 162 ff.

R
Rangliste 153, 190
Rationale Zahlen 184
Raute 56, 188
Rechengesetze 184
Rechenregeln 184
Runden 184

S
Schaubilder 13, 151, 152, 156, 190
Schrägbilder 109
Seitenansicht 108
Seitenhöhe 116
Selbstkostenpreis 18
Senkrechte 54, 189
Spannweite 155, 190
Standardschreibweise 36 f., 185
Steigung
- Steigungsdreieck 134, 187
- Steigungsfaktor 134, 187
Strichliste 150, 190

T
Tabellenkalkulation 18
Thales, Satz 61 f., 188
Terme 80 f.
Trapez 57, 188

V
Vergrößerung 69 f., 189
Verkleinerung 69 f., 189
Verteilungsgesetz 184
Vielecke 56 ff.
- allgemeine 56 ff., 188
- regelmäßige 58 ff., 188
- zeichnen 58 ff.
- berechnen 60, 188
Vorderansicht 108

W
Wachstumsfaktoren
- bestimmen 15, 186
- verketten 16, 20 f.
Wertetabelle 128 ff., 187
Winkel
- Bezeichnungen 188
- Summe 188
Würfel 189
Wurzel 39 f., 185

Z
Zahlbereiche 184
Zehnerpotenzen 36 ff., 185
Zentralwert 154, 190
Zinsen
- Jahreszins 22 f., 186
- Monats- und Tageszins 24, 186
- Zinssatz 22, 186
- Zinsfaktoren 25, 186
Zweitafelbild 108
Zylinder 189

Bildnachweis

Ägyptisches Museum, Kairo – S. 63; Agentur Focus, Hamburg – S. 37; Archiv für Kunst und Geschichte / Erich Lessing, Berlin – Vorderer Vorsatz, S. 3, 52/53; Astrophoto, Sörth – S. 36; Bavaria Verlag, Gauting – S. 6; Bildagentur Mauritius, Mittenwald – S. 39 (2); Bildagentur Superbild, Taufkirchen – S. 112; Bildarchiv Okapia, Frankfurt – S. 37 (3); Fotolia / Apart Foto – S. 172; Fotolia / Riccardo Bruni – S. 60; Fotolia / Eisenhans – S. 14; Fotolia / Ina van Hateren – S. 60; Fotolia / ilposeidone – S. 46; Fotolia / industrieblick – S. 129; Fotolia / K.-U. Häßler – S. 25; Fotolia / LianeM – S. 90; Fotolia / photo 5000 – S. 142; Fotolia / Peter Pyka – S. 14, 130; Fotolia / Manfred Steinbach – S. 137; Fotolia / Schlierner – S. 28; Fotolia / Tsuboya – S. 68; Fotolia / valdistorms – S. 38; Getty Images / Daniel Osterkamp – S. 4, 78/79; Karl Haubner, Plößberg – S. 4, 126/127; iStockphoto / spooh – S. 130; Keystone Pressedienst / Volkmar Schulz, Hamburg – S. 19; Uwe Kraft Fotografie, Düsseldorf – Einband; Alfred Spachtholz, Neustadt – S. 6/7; Ströer Media Deutschland GmbH, Köln – S. 4, 106/107; Thinkstock / Digital Vision – S. 179; Thinkstock / Hemera – S. 11, 30, 128; Thinkstock / iStockphoto – S. 3, 5, 11, 19, 20 (2), 21 (2), 30 (2), 34/35, 49, 102, 105, 138, 142, 148/149, 155, 161, 169 (2), 170, 178 (2), 179; Thinkstock / Photodisc – S. 5, 51, 77, 161, 162; Georg Vollmer, Bamberg – S. 37; www.sxc.hu.de – S. 50; www.students.uni-marburg.de – S. 37; www.udo-leuschner.de – S. 39; www.wikipedia.de – S. 39; www.wikipedia.de / Skies – S. 65; www.wikipedia.de / Ernst Wallis et al – S. 61; www.zwickau.de – S. 39.